Supply Chain Management

Holger Arndt

Supply Chain Management

Optimierung logistischer Prozesse

7., aktualisierte und überarbeitete Auflage

 Springer Gabler

Holger Arndt
Nürnberg, Deutschland

ISBN 978-3-658-19791-9   ISBN 978-3-658-19792-6   (eBook)
https://doi.org/10.1007/978-3-658-19792-6

Die Deutsche Nationalbibliothek verzeichnet diese Publikation in der Deutschen Nationalbibliografie; detaillierte bibliografische Daten sind im Internet über http://dnb.d-nb.de abrufbar.

Springer Gabler
© Springer Fachmedien Wiesbaden GmbH 2004, 2005, 2006, 2008, 2010, 2013, 2018

Lektorat: Susanne Kramer

Springer Gabler ist Teil von Springer Nature
Die eingetragene Gesellschaft ist Springer Fachmedien Wiesbaden GmbH
Die Anschrift der Gesellschaft ist: Abraham-Lincoln-Str. 46, 65189 Wiesbaden, Germany

Vorwort zur siebten Auflage

Diese Auflage enthält einige inhaltliche Aktualisierungen und Überarbeitungen. Weiterhin wurde das Planspiel des vierten Kapitels statt mit *Powersim* mit *Insight Maker* neu erstellt und steht nun kostenlos und ohne Implementierungsaufwand zur Verfügung. Entsprechend wurden auch die Ausführungen zur Modellbildung und Simulation in Anhang A auf *Insight Maker* umgestellt.

Für an Modellierung und Simulation interessierte Leser könnte mein Buch „Systemisches Denken im Wirtschaftsunterricht" von Interesse sein, das ebenfalls zum kostenlosen Download zur Verfügung steht (https://opus4.kobv.de/opus4-fau/frontdoor/index/index/docId/8006).

Östringen, im August 2017   Holger Arndt

Vorwort zur ersten Auflage

Der Stellenwert der Logistik nimmt seit Jahren zu: sie ist aufgrund ihres großen Potenzials zur Ergebnisverbesserung zunehmend in Unternehmensvorständen vertreten. Fast alle Unternehmensberatungen beziehen logistikrelevante Überlegungen in ihre Untersuchungen ein. Universitäten, Fachhochschulen und Fachschulen bieten theorie- und praxisorientierte Bildungsgänge zur Logistik an und die Zahl der entsprechenden Publikationen steigt exponentiell.

Neben stetig wachsenden marktinduzierten Optimierungszwängen liegt dem höheren Stellenwert der Logistik sowohl ein Paradigmenwechsel von der Funktions- zur Prozessorientierung zugrunde als auch die Entwicklung der Informations- und Kommunikationstechnologie, die diese Veränderungen erst ermöglicht.

Unternehmen können den Wandel zur Prozessorientierung allerdings nicht erfolgreich bewältigen, wenn sie ihr Hauptaugenmerk nur auf Organisationsveränderung und entsprechende IT legen, und dabei die Weiterentwicklung ihrer Mitarbeiter vernachlässigen. Durch die verstärkte Prozessorientierung ergeben sich erhöhte Anforderungen bzgl. Qualifikation und Kundenorientierung an alle Mitarbeiter – und nicht nur die des Top-Managements.

Wer sich dieser Herausforderung stellen und seine logistikrelevanten Kompetenzen erweitern möchte, findet sich oft mit einem Problem konfrontiert: die einschlägige Fachliteratur überfordert den Einsteiger vielfach in sprachlicher Hinsicht wie auch bzgl. des Abstraktionsgrads der Inhalte. So werden Fachbegriffe und Konzepte verwendet, aber nicht immer hinreichend erläutert. Natürlich begünstigt eine Netzwerkorganisation den Agilitätsgrad eines Unternehmens – wer jedoch weder mit einer Netzwerkorganisation noch mit dem Begriff der Agilität eine konkrete Vorstellung verbinden kann, hat Schwierigkeiten mit solchen Aussagen. Entsprechend bleiben derlei Sätze allgemeine, schwammige Worthülsen, die zwar ein Jonglieren mit der passenden Fachterminologie ermöglichen, ihr tieferer Sinn bleibt vielen jedoch verborgen und wird somit nicht wissens- und handlungsrelevant.

Das vorliegende Buch sucht diesem Problem zu begegnen. Es erhebt nicht den Anspruch akademischer Vollständigkeit und stellt nicht sämtliche Management-konzepte und Optimierungsvarianten in ihrer Breite dar, sondern zeigt in verständlicher Sprache die wichtigsten Fragestellungen der modernen Logistik auf und versucht dabei, die Inhalte möglichst konkret darzustellen. Mag dieser Ansatz weniger eloquent und phasenweise gar banal erscheinen, so dürfte er um diesen Preis sein Ziel erreichen: die Förderung des tatsächlichen Verständnisses und damit der Handlungskompetenz des Lesers.

Der im ersten Kapitel geschilderte Einstiegsfall ist bewusst aus einer subjektiven Perspektive geschrieben und zeigt eine Vielzahl logistischer Problemstellungen auf. Auf eine Strukturierung und das Aufzeigen von Lösungsansätzen wird an dieser Stelle verzichtet, da ‚nur' eine erste Sensibilisierung des Lesers beabsichtigt ist.

Kapitel zwei zeigt logistikrelevante Trends der letzten Jahre und Jahrzehnte auf. Dieser Blick in die Vergangenheit ermöglicht sowohl ein besseres Verständnis gegenwärtiger Probleme als auch – in Teilen – die Antizipation künftiger Herausforderungen.

Im dritten Kapitel folgen Inhalte bzgl. der Entwicklung der Logistik, deren jeweiliger Entwicklungsstand sich eng an ihrer organisatorischen Integration im Unternehmen kristallisiert. Deshalb werden bereits in diesem Kapitel Inhalte des recht abstrakten Themas Organisation behandelt.

Logistische Prozesse machen nicht an den Unternehmensgrenzen halt. Diese Erkenntnis ist ein wesentliches Element des Supply Chain Management. Ein vertieftes Verständnis der entsprechenden Zusammenhänge erfolgt im vierten Kapitel anhand eines computergestützten Planspiels. Es basiert auf der Software Powersim, mit der sich einfach und intuitiv dynamische Modelle generieren und anschließend simulieren lassen. Eine Kurzeinführung zu diesem Tool findet sich in Anhang A.

Nachdem die wichtigsten Grundlagen der Logistik (Kapitel eins bis vier) und der Prozessoptimierung (Kapitel fünf) dargestellt sind, wird in den letzten drei Kapiteln die Vorgehensweise der Prozessoptimierung vertieft erläutert.

Kapitel sechs zeigt Techniken, um den Ist-Zustand als Ausgangsbasis von Optimierungen zu analysieren: neben der vielfach anwendbaren ABC-Analyse wird insbesondere auf die Prozessmodellierung eingegangen. Dafür findet in der Unternehmenspraxis oftmals die Software ARIS Verwendung, deren Bedienung in Anhang B erklärt ist.

Der angestrebte Soll-Zustand ist mit Zielen zu definieren und möglichst mit Kennzahlen zu konkretisieren. Informationen hierzu finden sich im siebten Kapitel, in dem ebenfalls die Benchmarking-Methode erläutert wird. Benchmarking hilft beim Setzen realistischer Ziele und zeigt gleichzeitig Ansätze auf, sie zu erreichen.

Eine Auswahl von Maßnahmen, mit denen die Ist-Soll-Diskrepanz überwunden werden kann, ist im achten Kapitel vorgestellt.

Das Buch schließt mit einer komplexen Fallstudie, zu deren Lösung die zuvor dargestellten Konzepte hilfreich sind. Dadurch wird dem Leser ermöglicht, seine neu gewonnenen Kenntnisse anzuwenden.

Als Lehrbuch konzipiert, finden sich am Ende jedes Kapitels Verständnis- und Diskussionsfragen. Erst durch die aktive Auseinandersetzung mit den geschilderten Inhalten und deren Verknüpfung zur eigenen (Berufs-)Erfahrungswelt wandeln sie sich von bloßen Informationen zu handlungsrelevantem Wissen und Können.

An dieser Stelle möchte ich mich herzlich für die Unterstützung beim Verfassen dieses Buchs bedanken. Georg Jooß stellte mir Material zur Verfügung, auf dem der Fall des ersten Kapitels großteils basiert. Ernst Gamber stellte großzügig die von ihm programmierten Dateien zum ‚Kuchenplanspiel' des achten Kapitels zur Verfügung. Ein herzliches Dankeschön auch an Oliver Loose für dessen Korrekturlesen und Verbesserungsanregungen. Besonderer Dank geht an meine Frau Eva-Maria, die das Manuskript verbesserte und mich während des Schreibens in vielerlei Hinsicht entlastete.

Interessierte Leser können zu mir in Kontakt treten über holger@arndt-sowi.de. Über Anregungen, Kritik und Diskussionsbeiträge freue ich mich sehr.

Holger Arndt

Inhaltsverzeichnis

1 Einstiegsfall: Die Rentag GmbH – ein mittelständisches Unternehmen

Ein Unternehmen stellt sich vor (Grobübersicht):

Bei der Rentag GmbH handelt es sich um ein (fiktives) mittelständisches Unternehmen, das seit Jahren erfolgreich im Verkauf von Fahrrädern und allem damit zusammenhängendem Zubehör tätig ist. Der Hauptmarkt ist Deutschland. Jedoch werden auch gute Verkaufserfolge in der Schweiz und Österreich sowie zunehmend in den osteuropäischen Ländern (Polen, Tschechien und Ungarn) erzielt. Es ist leider noch nicht gelungen, in den großen süd- und westeuropäischen Fahrradländern Fuß zu fassen. Entsprechende Bemühungen sind bisher gescheitert.

Das Unternehmen hat ein verkehrsgünstig gelegenes Stammwerk im südwestdeutschen Raum. Weiterhin gibt es ein Zweigwerk in Norddeutschland. Kürzlich wurde eine Produktionsstätte in Polen zugekauft. Im Jahr 2016 betrug der Umsatz des Gesamtunternehmens 31 Mio. EUR.

Folgende Personen sind im Unternehmen in verantwortlichen Positionen bzw. sind in der jetzt geschilderten Situation von Bedeutung:

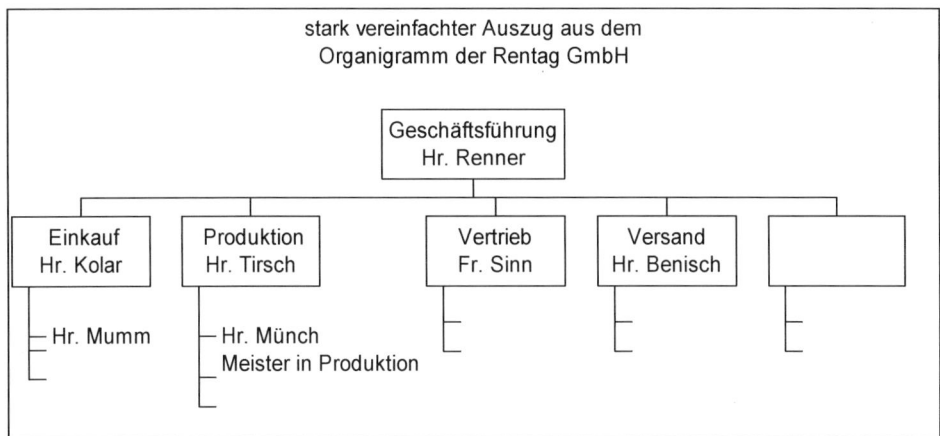

Abb. 1-1: Organigramm Rentag GmbH

Die Situation des Unternehmens an einem Freitag im April 2017

Herr Renner sitzt an seinem Schreibtisch. Er ist verärgert über ein Telefonat, das er gerade mit seinem Produktionsleiter, Herrn Tirsch, führte. Dieser beschwerte sich - wieder einmal - über die Vertriebsleiterin, Frau Sinn. Sie hatte aus einem noch nicht ganz zu Ende produzierten Fertigungslos 15 Einheiten entnommen, um einem (angeblich) sehr wichtigen Kunden noch schnell vor dem Wochenende per Express diese Teile zukommen zu lassen. Tirsch war empört. Von ihm würden kostenoptimale Losgrößen mit einer vernünftigen Arbeitsplanung für seine Leute verlangt, bei den vielen kurzfristigen Änderungen sei dies aber nicht möglich.

Renner kennt die Argumente von Tirsch längst auswendig, die dieser in den letzten Monaten in sich quälend hinschleppenden Sitzungen mit Frau Sinn immer wieder vorbringt. Renner hat Tirsch, der schon seit zwanzig Jahren im Unternehmen ist, viel zu verdanken. Mit hohem Engagement hat er in den letzten Jahren die Umstellung auf das neue flexible Fertigungszentrum bewältigt, mit dem es möglich ist, auch kleine Lose effektiv zu produzieren. Der Ausstoß ist gerade in den letzten beiden Jahren erfreulich gestiegen. Dabei fertigt die Rentag GmbH heute allerdings nicht mehr nur 8 Standardprodukte nach Katalog, sondern 14 und geht mit Spezialanfertigungen immer servicefreundlicher auf die speziellen Bedürfnisse und Wünsche der Kunden ein. Aber dies erzwingt der Wettbewerb. Weiterhin schätzt Renner an Tirsch, dass dieser die Wertschöpfung im Unternehmen gesteigert hat. So werden kaum noch Fremdteile zugekauft, sondern überwiegend selbst gefertigt. Dadurch kann die Rentag optimal an ihre Fahrräder angepasste Bauteile wie Bremsen und Gangschaltungen produzieren und muss den Gewinn nicht mit anderen Unternehmen teilen.

In Gedanken geht er die Argumente durch, die Frau Sinn in diesen Streitgesprächen immer wieder gebetsmühlenartig wiederholt und die er auch heute seinem Werkleiter sagte, um ihn zu beruhigen. Es würden kaum noch Lieferzeiten akzeptiert, die bei Standardausführungen mehr als eine Woche betragen. Selbst bei Spezialanfertigungen erwarten die Kunden Lieferzeiten von unter zwei Wochen. Sofern es sich um langfristige Kontrakte handelt, ließen sich die Kunden immer weniger mit Lieferversprechungen abspeisen, sondern wollen schon Wochen im Voraus Liefertermine und -mengen genau bestätigt haben. Sinn erzählt immer wieder und in letzter Zeit vermehrt von den Fällen, wo Kunden durch nicht eingehaltene Liefertermine verärgert waren. „Wozu haben wir denn ein neues flexibles Fertigungszentrum?" Diese Standardfrage markierte dann häufig den Schluss der Diskussion und führte vollends zum Konflikt zwischen Vertriebsleiterin und Werksleiter.

Renner weiß, dass es so nicht weitergehen kann. Aber was soll er machen? Will Sinn eventuell doch nur ihren eigenen Schlendrian in der Bearbeitung der Kundenaufträge kaschieren? Ist Tirsch, wie von Sinn behauptet, in der Zwischenzeit wirklich so unflexibel, pedantisch und egozentrisch auf seine Produktion ausgerichtet?

Ein weiteres Problem zwischen Vertriebs- und Produktionsabteilung scheint der Umgang mit Kunden zu sein. Kürzlich rief ein Kunde bei Herrn Tirsch an, um sich über sein Fahrrad zu beschweren, dessen Bremsen versagt haben. Tirsch hat ihn an Frau Sinn verbunden, da er sich nicht für Kundenkontakte verantwortlich fühlt. Der Kunde war entsprechend verärgert, als er vom Vertrieb an Tirsch zurückverbunden wurde.

Am späten Nachmittag geht Renner, wie immer vor dem Wochenende, durch den gesamten Betrieb. Die Versandrampe ist jetzt, im Gegensatz zum Vormittag, ordentlich aufgeräumt. Im Gebäude selbst sieht es dagegen weniger ordentlich aus. Auf den Fahrwegen steht noch Ware, teils lose verpackt in Kleinmengen, teils versandverpackt in Gitterboxen. Provisorisch aufeinander gestapelt stehen mehrere Pakete vor dem Büro von Versandleiter Benisch. Dies war sicher der Eilauftrag, der am Montag vom Paketdienst abgeholt werden soll. Ob diesmal alle Teile dabei sind? Vergangene Woche musste er selbst für einen Hauptkunden, den er besuchte, zwei Pakete ins Auto laden, die irrtümlich nicht mitgeliefert wurden.

Renner weiß nicht, wie er die Arbeit von Benisch einschätzen soll. Positiv ist sicherlich, dass er ohne zusätzliches Personal die Umsatzsteigerung im Versandbereich bewältigt hat. Benisch klagt jedoch laufend, dass auf Grund des gestiegenen Umsatzvolumens der Lagerplatz nicht mehr reiche. Die letzte Inventur weist einen höheren Fertigbestand von 55% aus, gleichzeitig kommt es zu diesen kurzfristigen Entnahmen aus der laufenden Produktion, die dort die ganze Planung stören.

3

Etwas verärgert bei diesem Gedanken geht Renner weiter. In der Fertigung ist es zwar sehr sauber. Überall stehen jedoch zwischen den Maschinen Behälter, Kisten und Kartons. Soll er nun Münch bewundern, dass er trotz des hier vorherrschenden Prinzips „Chaos" es schafft, jeden Tag die Aufträge zu erledigen? Ob eigentlich jemand weiß, was aktuell alles zwischen den Kisten an Material bzw. Halbfertigprodukten abgestellt ist? Wahrscheinlich hat Tirsch dazu die beste Übersicht.

Ohnehin ist das ganze Wissen des Unternehmens nur in den Köpfen der Mitarbeiter gespeichert. Als letzten Sommer Herr Kolar einen Autounfall hatte und mehrere Monate ausfiel, hat der ganze Einkauf nicht mehr funktioniert. Herr Mumm war über viele grundlegende Sachverhalte und Abläufe nicht informiert und brauchte Wochen, bis er wenigstens die dringendsten Aufgaben bewältigen konnte. Gut nur, das er Herrn Kolar immer wieder im Krankenhaus anrufen konnte. Was wird erst passieren, wenn Herr Tirsch in zwei Jahren in Rente geht?

Renner verlässt die Fertigung und kommt in das angrenzende Materiallager. Auffallend ist, dass dort wenig freier Platz ist. Zwischen und vor den Regalen ist auch auf dem Boden allerhand „gelagert"; von kleinen Ersatzteilpackungen bis hin zu Ölkanistern für die Maschinenwartung. In einem Regal fällt sein Blick auch auf einige Motoren, die schon völlig verstaubt sind. Ob man diese wohl jemals noch gebrauchen kann?

Für den Einkauf ist Herr Kolar zuständig, ihm obliegt auch die Verantwortung für die Lagerung der beschafften Waren. Betreut wird das Wareneingangslager von Herrn Mumm, einem Mitarbeiter von Herrn Kolar. Soweit Renner bekannt ist, erfolgt die Bestellung aufgrund der Anforderung der Arbeitsvorbereitung, die dem Produktionsleiter, Herrn Tirsch, unterstellt ist. Auch hier gibt es in den letzten Monaten zunehmend Probleme. Zum einen klagt Tirsch, dass geplante Losgrößen häufiger zurückgestellt werden müssen, da das Material nicht rechtzeitig geliefert ist. Andererseits hält Herr Kolar dem entgegen, dass durch die gestiegenen Umsätze der Lagerraum ohnehin nicht ausreiche. Außerdem müsse man an die Kosten von hohen Lagerbeständen denken. Gewisse Engpässe seien da eben in Kauf zu nehmen. Irgendwie scheinen sich auch hier Probleme zu ergeben, die den Erfolg des Unternehmens beeinträchtigen. Außerdem sei die Produktion an den späten Lieferungen selbst schuld, da sie ihre Aufträge immer sehr spät und in großen Mengen dem Einkauf mitteilt. So kurzfristig kann der

Lieferant seine Produkte nicht herstellen. Der hat sich ohnehin schon darüber beschwert, dass er wochenlang keine einzige Bestellung erhält und dann plötzlich riesige Mengen auf einmal.

Missmutig geht Renner ins Wochenende, ohne dass er die Fragen, die ihn am Freitagnachmittag beschäftigt haben, vergessen kann. Immer wieder fragt er sich, warum diese Probleme in den letzten beiden Jahren, ja verstärkt erst in den letzten sechs Monaten so deutlich zu Tage treten. Vorher lief es doch auch. Voller Nostalgie denkt er an die Jahre des Aufbaus in den 70er Jahren und an die Zeit um 1985, wo er bei deutlich geringeren Umsätzen mit einer Eigenkapitalrendite von 10-12 % im Schnitt hoch zufrieden sein konnte. Mit Skepsis denkt er dagegen an die nächste Bilanzauswertung, da er allenfalls mit 2,5 % Eigenkapitalrentabilität rechnet. Aber, so versucht er dies vor sich selbst zunächst zu rechtfertigen, dies bringt der zunehmende Wettbewerbsdruck mit sich, gerade auch durch die neuen Anbieter aus Italien und Spanien, die sich zunehmend auf dem gesamten europäischen Binnenmarkt tummeln. Renner hat gerade eine Studie gelesen, der zufolge die europäischen Marktführer im Fahrradbereich bei niedrigeren Verkaufspreisen, kürzeren Lieferzeiten und mehr Fahrradvarianten höhere Gewinne erwirtschaften als die Rentag GmbH. Ob dies nur an den niedrigeren Lohnkosten liegt?

Bei diesem Gedanken fällt ihm eine Unterhaltung mit einem Mitarbeiter aus der Produktion ein. Dieser sprach Renner kürzlich in der Kantine an, weil er wissen wollte, was der Geschäftsführer von seinem Vorschlag zur Verbesserung der Produktionsabläufe halte. Renner hatte jedoch noch nie etwas davon gehört. Er erzählte Renner seine Ideen, die sehr interessant waren. Tirsch wird den Vorschlag wohl vergessen haben. Schade, dass nicht mehr Mitarbeiter gute Ideen haben.

Aber wirklich gute Ideen sind selten. Beispielsweise wollte Frau Sinn vor einigen Jahren mit dem Internet einen neuen Vertriebsweg aufbauen und ließ eine Homepage programmieren. Aber das Ganze war ein Flop: anfänglich kamen kaum Bestellungen per E-Mail ins Unternehmen, weshalb sie nur noch zweimal pro Monat abgerufen werden. In den letzten beiden Wochen gingen gerade vier Bestellungen ein.

Große Sorgen bereitet Renner auch der Zukauf des polnischen Unternehmens. Mit dem Kauf wollte er einen besseren Marktzugang für den osteuropäischen

Markt erreichen und sich außerdem das spezielle Gangschaltungs-Know-how des Unternehmens sichern. Allerdings funktioniert die Zusammenarbeit mit dem teuer erworbenen Unternehmen nicht gut. Die dortigen Mitarbeiter haben eine andere Mentalität und wollen sich wenig von uns sagen lassen. Außerdem haben die besten Mitarbeiter das Unternehmen bereits verlassen.

Angesichts all dieser Probleme ist Renner fast verzweifelt. Er überlegt, ob er vielleicht einen Unternehmensberater um Hilfe bitten sollte.

Fragen zum Kapitel

1. Welche Faktoren haben sich für die Rentag GmbH in den letzten Jahren deutlich geändert?

2. Erörtern Sie die aktuellen Schwierigkeiten der Rentag GmbH.

3. Kennzeichnen Sie allgemein die Hauptprobleme, denen sich das Unternehmen gegenüber sieht, indem Sie die Schwierigkeiten den Personen (Abteilungen) zuordnen und dabei den Geschäftsprozess des Unternehmens beachten.

4. Was haben diese Probleme mit der ‚Logistik' des Unternehmens zu tun? (Gehen Sie dabei von Ihrem bisherigen Logistikverständnis aus.)

5. Mit welchen logistikrelevanten Problemen sind Sie in Ihrem Unternehmen konfrontiert?

2 Einfluss der Megatrends auf die Logistik

> **Überblick und Lernziele**
>
> Die letzten Jahre und Jahrzehnte sind von mehreren Trends geprägt, die die Logistik beeinflussen. Sie zu kennen hilft, aktuelle und künftige Probleme besser zu verstehen und ihnen erfolgreich zu begegnen. Zunehmende Globalisierung, steigende Kundenanforderungen, verkürzte Produktlebenszyklen und eine sich rasch entwickelnde Informationstechnologie stellen Unternehmen vor Herausforderungen, denen sie sich stellen müssen.
>
> Im Rahmen dieses Kapitels lernen Sie …
>
> - was unter Globalisierung verstanden wird, welche Ursachen dieses Phänomen hat und welche Konsequenzen (insbesondere für Unternehmen) sich daraus ergeben;
>
> - warum Kunden höhere Anforderungen stellen und durchsetzen können;
>
> - weshalb sich Produktlebenszyklen verkürzen und was dies für Unternehmen bedeutet;
>
> - dass Informationstechnologie zu einem tiefgreifenden Wandel des unternehmerischen Umfelds führt.

2.1 Globalisierung

Mit Globalisierung ist ein Prozess fortschreitender weltwirtschaftlicher Verflechtung gemeint. Er ist von stark ansteigenden internationalen Handels- und Kapitalströmen geprägt und von technologischem Wandel gezeichnet. Eine wichtige Ursache der

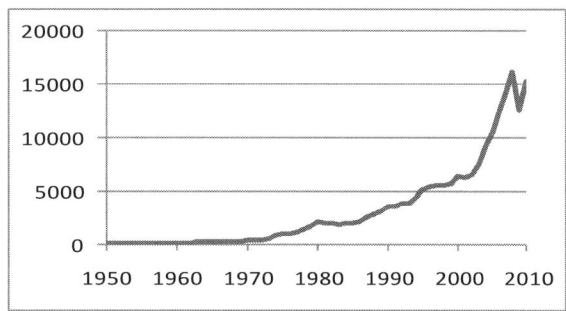

Abb. 2-1: Weltweiter Außenhandel in Mrd. US-$

Globalisierung besteht in der Liberalisierung des Handels in den Jahrzehnten

nach dem Zweiten Weltkrieg. Im Rahmen von multinationalen Verhandlungen (GATT/WTO) und politischen Entwicklungen (Europäische Integration, Ende des Kalten Kriegs) öffneten sich die meisten Volkswirtschaften dem Import von ausländischen Gütern und Dienstleistungen. So fielen die durchschnittlichen Zollsätze in den Industrieländern von zweistelligen Prozentsätzen auf weniger als vier Prozent während sich die weltweiten Exporte vervielfachten (siehe Abb. 2-1). In Deutschland hängt beispielsweise jeder fünfte Arbeitsplatz vom Welthandel ab. Des Weiteren sind mittlerweile über 140 Länderwährungen konvertibel, die meisten Währungen können legal und zu Marktpreisen getauscht werden. Beschränkungen auf den Kapitalmärkten wurden ebenfalls reduziert. So können Devisen länderübergreifend gehandelt und Investitionen direkt in ausländischen Märkten getätigt werden. Wichtig für den Anstieg der Direktinvestitionen (siehe Abb. 2-2) war auch die Abschaffung von Monopolen und Zugangsbeschränkungen in vielen Wirtschaftssektoren (Telekommunikation, Post, Strom, Wasser, Transporte) und damit einhergehende Privatisierungstendenzen.

Neben der wirtschaftlichen Liberalisierung sind Fortschritte in den Bereichen Transportwesen, Informations- und Kommunikationstechnologie wesentliche Ursachen der weltwirtschaftlichen Integration. Wichtige Innovationen seit Beginn der Industriellen Revolution hatten deutlichen Reduzierungen der Transportzeiten und -kosten zur Folge, sodass sich der Fernhandel nicht mehr nur auf kleine und hochwertige Waren (früher beispielsweise Gewürze) beschränkt. Im 19. Jahrhundert wurde diese Entwicklung hauptsächlich vom Ausbau des Eisenbahnnetzes getrieben, aber auch von verbesserten Transport- und

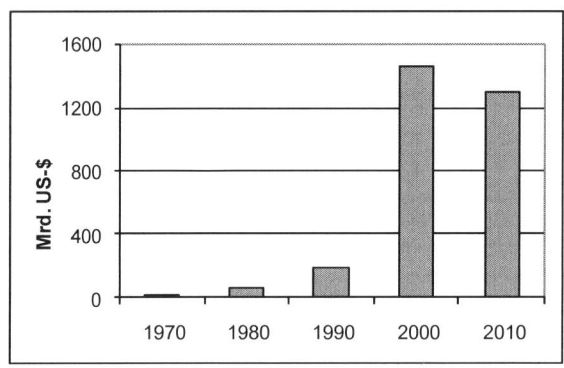

Abb. 2-2: Weltweite Direktinvestitionen in Mrd. US-$

Containerschiffen und neuen Transportwegen, die durch die Inbetriebnahme des Suez- und des Panamakanals ermöglicht wurden. Im letzten Jahrhundert verbesserten sich die Transportmöglichkeiten durch Automobile und Flugzeuge nochmals erheblich, mit stetig sinkenden Kosten: so fielen allein in den letzten zwanzig Jahren die Luftfrachtkosten real um über 40 Prozent und die Kosten für Seefracht um ca. 70 Prozent.

Fortschritte der Informations- und Kommunikationstechnologie ermöglichten ein weiteres Zusammenwachsen der weltweiten Märkte. Durch Innovationen wie Telefon, Fax und Internet können Menschen weltweit kostengünstig miteinander kommunizieren und Informationen austauschen.

Die Globalisierung ermöglicht Unternehmen Zugang zu neuen Märkten, die nicht mehr durch Zölle oder Investitionshemmnisse abgeschottet sind. Letztlich können die Güter und Dienstleistungen weltweit angeboten werden, sodass sich viel größere Absatzmöglichkeiten eröffnen. Mit steigenden Verkaufszahlen sind gleichzeitig Skaleneffekte[1] (economies of scale) realisierbar. Durch die Möglichkeit, direkt in anderen Ländern Kapital zu investieren, Betriebe zu gründen bzw. zu erwerben und die dort produzierten Güter zu exportieren können Unternehmen für verschiedene Tätigkeiten den jeweils optimalen Standort wählen: Vorprodukte werden beim weltweit besten Anbieter beschafft (global sourcing), arbeitsintensive Produkte lassen sich gut in Niedriglohnländern herstellen, anspruchsvolle Aufgaben werden dort verrichtet, wo entsprechend qualifiziertes Personal und eine geeignete Infrastruktur vorhanden ist. Allerdings müssen im Einzelfall die Gesamtzusammenhänge berücksichtigt werden: möglicherweise sind die zusätzlichen Transportkosten bei Verlagerung der Produktion ins Ausland höher, als die Einsparungen durch günstigere Arbeitskräfte.

Nike – ein globales Unternehmen

Das Design der Nike Air Sportschuhe wird in den USA entworfen, während Nike ihre Technik gemeinsam in den USA und Taiwan entwickeln lässt. In einem arbeitsintensiven Prozess werden die Schuhe in Indonesien hergestellt, wobei die benötigten Teile aus Japan, Taiwan, Südkorea und den USA stammen. Erhältlich sind Nike Sportschuhe weltweit.

---

[1] Das Konzept der Größenkostenersparnisse bzw. Skaleneffekte (economies of scale) beschreibt den Zusammenhang sinkender Stückkosten bei steigenden Produktionsmengen. Die sinkenden Kosten ergeben sich u.a. aus der Verteilung der Fixkosten auf mehr Einheiten, aus Spezialisierungsvorteilen aufgrund von Arbeitsteilung und effizienteren Produktionstechniken.

Neben dem geschilderten Nutzen der Globalisierung ergeben sich auch einige unternehmerische Herausforderungen. Die Zahl der Konkurrenten steigt, da zu den nationalen Wettbewerbern die ausländischen hinzukommen, die möglicherweise günstigere Kostenstrukturen haben. So müssen deutsche Speditionen auf dem Heimatmarkt mit Wettbewerbern aus mitteleuropäischen Speditionen konkurrieren, deren Arbeitskräfte günstiger und Steuerbelastungen niedriger sind. Weiterhin sind mehr Güterströme über lange Strecken und Ländergrenzen zu koordinieren, teilweise über Kontinente hinweg. Aus den Chancen der Globalisierung folgt auch ein starker Anstieg der Komplexität logistischer Entscheidungen. Bei der Zusammenarbeit mit Menschen anderer Länder gilt es sprachliche und kulturelle Hürden zu überwinden. Unterschiedliche gesetzliche Regelungen müssen genauso berücksichtigt werden, wie verschiedene Steuersysteme, Zeitzonen, Infrastrukturgegebenheiten, Gesetze, Umweltschutzvorschriften und Konsumentenwünsche.

Think global – act local

Zwar ermöglicht die Globalisierung den weltweiten Vertrieb der Waren, doch sollten dabei lokale Besonderheiten berücksichtigt werden. Die Sprache auf den Verkaufsverpackungen den jeweiligen Ländern anzupassen, ist eine Selbstverständlichkeit. Darüber hinaus sollten Unterschiede der Verbraucherwünsche berücksichtigt werden. Ein typisches Beispiel sind Waschmaschinen: Deutsche bevorzugen hohe Schleuderdrehzahlen, während Italiener niedrigere Drehzahlen wünschen. In Frankreich werden hauptsächlich Maschinen nachgefragt, die von oben gefüllt werden, während in England Frontöffnungen beliebter sind. Die amerikanischen Waschmaschinen wiederum werden mit einer Spannung von 110 Volt betrieben. Auch bei den Distributionskanälen ergeben sich Unterschiede. In Großbritannien werden Waschmaschinen überwiegend in großen Handelsketten verkauft, während sie in Italien verstärkt durch kleinere Einzelhändler vertrieben werden.

2.2   Exkurs: Europäischer Binnenmarkt

Die meisten deutschen Exporte gehen in Länder der Europäischen Union. Wichtige, teilweise bereits angesprochene Aspekte der Globalisierung werden im Folgenden vertieft und auf den europäischen Binnenmarkt bezogen und um eine persönliche Komponente erweitert. So wird deutlich, dass die weltweite und die europäische Integration neben wirtschaftlichen auch persönliche Konsequenzen hat.[2]

Thema Binnenmarkt 1: Warum die Europäer einen Binnenmarkt geschaffen haben

Die Erleichterungen und Freiheiten, die der Binnenmarkt für den grenzüberschreitenden Waren- und Personenverkehr mit sich brachte, erscheinen heute als etwas Selbstverständliches. Vielen ist nicht mehr bewusst, welche Hindernisse vor einigen Jahren Unternehmen und Privatleute noch zu bewältigen hatten. Hier einige Beispiele:

- Zweimal Mehrwertsteuer: Eine Lektion zum Thema "Alltag in Europa" erteilten die Zollbehörden einem Ehepaar, das sich ausgerechnet auf einer deutsch-französischen Freundschaftsveranstaltung kennen gelernt hatte. Weil der Mann aus Kehl regelmäßig in der Wohnung seiner französischen Ehefrau in Straßburg übernachtete, musste er insgesamt 47% Mehrwertsteuer für sein neues Auto zahlen. Nachdem der deutsche Fiskus die damals noch üblichen 14 Prozent kassiert hatte, griff der Zoll in Straßburg zu und verlangte weitere 33%.
- Vorschriftenflut und unterschiedliche Normen: Vielfältige Beispiele für die Zersplitterung in nationale Teilmärkte bietet der Lebensmittelsektor. So dürfen die bei Fruchtjoghurt verarbeiteten Kirschen in der Bundesrepublik Deutschland mit der Farbe von Roter Bete gefärbt werden, nicht aber der Joghurt selbst. In Belgien ist es genau umgekehrt: Dort dürfen die Kirschen nicht gefärbt werden, wohl aber der Joghurt. So ist es schon so weit gekommen, dass viele Hersteller der EG ihre Produkte in 12 Varianten auf den

---

[2] Die folgenden Ausführungen des Abschnitts entstammen weitgehend:
Moritz, Petra; Zandonella Bruno: Europa für Einsteiger. Bonn 1998

Markt brachten, um deren Verkaufsfähigkeit in allen EG-Staaten sicherzustellen.

- Nichttarifäre Handelshemmnisse: Aus der Fülle der Belege für den Einfallsreichtum bei marktabschottenden Maßnahmen sei hier nur die sogenannte Poitiers-Schikane herausgegriffen. Durch die Verlagerung sämtlicher Zollabfertigungen für Videorecorder aus Drittländern, nämlich Japan, in das innerfranzösische Städtchen Poitiers, in dem sich obendrein nur ein einziger Zöllner mit den Geräten beschäftigte, wurde der Import über Monate hinaus praktisch lahmgelegt - eine verbotene mengenmäßige Beschränkung durch die Hintertür.

- Importerschwernisse: Bei der Beschaffung von Waren und Dienstleistungen im Ausland gibt es für die Wirtschaft unterschiedliche Schwierigkeiten. Hier sind die früher stärksten Handelshemmnisse in Europa:

1. Währungsrisiken   28 %
2. Unterschiedliche Normen   20 %
3. Sprachliche und kulturelle Barrieren   19 %
4. Zollschranken   16 %
5. Verwaltungsregelungen   11 %
6. Politische oder naturbedingte Risiken   6 %

Thema Binnenmarkt 2: Die Ziele und Vorteile des Binnenmarktprojekts

Die Umsetzung eines gemeinsamen Marktes war bereits im EWG-Vertrag von 1957 ('Römische Verträge') angestrebt. Die darin angestrebte Zollunion wurde – früher als geplant – bereits 1968 realisiert. Aber eine völlige Öffnung der nationalen Märkte kam nur schleppend in Gang: häufig behinderten nationale Regelungen auf dem Gebiet des Verbraucher-, Gesundheits- und Umweltschutzes den freien Warenverkehr. Unterschiedliche Ausbildungsverordnungen und Berufsfähigkeitsnachweise erschwerten die Freiheit des Personenverkehrs, also Niederlassung von Selbständigen oder die Jobsuche im europäischen Ausland. Beschränkungen im Kapitalverkehr verzerrten Investitionsentscheidungen scheinbar zugunsten des eigenen Landes.

Die nachlassende Wettbewerbsfähigkeit der europäischen Wirtschaft gegenüber der nordamerikanischen und japanischen Konkurrenz führte Anfang der achtziger Jahre zu der Einsicht, dass die Zersplitterung der europäischen Wirtschaft und der nach wie vor vorhandene Protektionismus überwunden werden müsse, um mehr Wohlstand in Europa zu generieren. In der „Einheitlichen Europäischen Akte" von 1986 wurde die Vollendung des Binnenmarktes vertraglich vereinbart. „Die Gemeinschaft trifft die erforderlichen Maßnahmen, um bis zum 31. Dezember 1992 ... den Binnenmarkt schrittweise zu verwirklichen. Der Binnenmarkt umfasst einen Raum ohne Binnengrenzen, in dem der freie Verkehr von Waren, Personen, Dienstleistungen und Kapital gemäß den Bestimmungen dieses Vertrages gewährleistet ist."

Die volkswirtschaftlichen Vorteile des Binnenmarktes
Viele Arbeitnehmer und Arbeitgeber, Unternehmer und Politiker, Produzenten und Konsumenten unterstützen und befürworten Integration, weil sie sich davon persönliche Vorteile versprechen. Das letzte wirtschaftliche Ziel internationaler Integration ist somit die Steigerung des Wohlstands der Bevölkerung, der sich in höherem Wachstum und steigendem Realeinkommen ausdrückt. Dies ergibt sich aus unterschiedlichen Ursache-Wirkungszusammenhängen:
- Die vorhandenen Ressourcen können besser verteilt, also effektiver eingesetzt werden. Jedes Land kann aus seinen Besonderheiten größeren Nutzen ziehen, wenn es sich auf die Produktionsbereiche konzentriert, in denen es komparative Vorteile besitzt, das heißt vergleichsweise effizient produziert oder seine relativ reichlich vorhandenen Ressourcen intensiver nutzt.
- Die Konsumenten haben ein variantenreicheres und preiswerteres Angebot zur Auswahl.
- Es wird auch deshalb kostengünstiger produziert, weil Vorteile des größeren Marktes und damit der größeren Produktionsserien genutzt werden können (economies of scale).
- Der Zwang zur Rationalisierung, zur Produkt- und Prozessinnovation (Erneuerung der Produkte und ihrer Herstellungsweise) ergibt sich durch den schärferen Wettbewerb. Unternehmen stehen nicht nur in Konkurrenz mit inländischen, sondern auch mit ausländischen Unternehmen.

Thema Binnenmarkt 3: Wege der Umsetzung

Um einen einheitlichen Markt ohne Binnengrenzen zu schaffen, mussten in Europa drei Arten von Hindernissen überwunden werden:

- die materiellen Schranken. Darunter fallen alle Kontrollen und Formalitäten, die beim grenzüberschreitenden Verkehr nötig waren.
- die technischen Schranken, auch „nichttarifäre" Handelshemmnisse genannt. Im Unterschied zu Zöllen ist der Import nicht mit einer Geldzahlung verbunden, aber die national unterschiedlichen Normen und Zulassungs- bzw. Prüfverfahren erschweren oder verbauen ausländischen Herstellern den Zugang zum Markt.
- die Steuerschranken. Unterschiedliche nationale Steuersysteme verzerren den Wettbewerb. Das gilt vor allem für die Mehrwertsteuer und verschiedene Verbrauchssteuern.
- Grundsätzlich lassen sich diese Handelshemmnisse auf folgenden zwei Wegen abbauen:
- durch die Vereinheitlichung der Steuern und Normen in ganz Europa (Prinzip der Harmonisierung)
- durch die gegenseitige Anerkennung der in den einzelnen Ländern bereits bestehenden nationalen Vorschriften.

In der EU wurden beide Wege beschnitten. Ein Beispiel für eine europaweit einheitliche Vorschrift ist die „Verordnung über neuartige Lebensmittel und neuartige Lebensmittelzutaten", worin geregelt wird, welche gentechnisch veränderten Lebensmittel zugelassen sind und wie sie gekennzeichnet werden müssen.

Wo keine Gefahr für die Sicherheit und die Gesundheit des Verbrauchers vorliegt, gilt dagegen das Prinzip der gegenseitigen Anerkennung. Man vertraut also darauf, dass Lebensmittel, die bei unseren europäischen Nachbarn zugelassen sind, auch uns nicht schaden, sondern das kulinarische Angebot bereichern. Letztlich entscheidet dann der Käufer. Damit setzt das Prinzip der gegenseitigen Anerkennung auf die Mündigkeit der Konsumenten statt auf staatliche Regelungen.

Thema Binnenmarkt 4: Freier Personenverkehr

Was früher nur für Studenten galt - Erfahrungen über Grenzen hinweg zu sammeln - wird zunehmend auch für die Berufsausbildung und Fortbildung immer wichtiger. So können Schreiner und Maurer während eines Auslandsaufenthaltes in Italien neueste Restaurationsverfahren lernen und Köche ihre Fähigkeiten in Frankreich auf Vordermann bringen. Bereits in der Berufsschule lassen sich die Chancen auf dem Arbeitsmarkt mit Hilfe des europäischen Programms LEONARDO verbessern.

- über 15.000 Jugendliche nehmen jährlich an Ausbildungsaufenthalten und Arbeitspraktika der EU teil.
- viele von ihnen lernen nicht nur Fremdsprachen, sondern verbessern gleichzeitig ihre berufliche Qualifikation.
- Auslandsaufenthalte sind als Teil der Ausbildung in Deutschland anerkannt.
- gefördert werden sowohl langfristige (drei bis neun Monate), aber auch kurzfristige (drei bis zwölf Wochen) Aufenthalte.
- Priorität haben die Bereiche Umwelt und Gesundheit, ebenso Berufe mit Bedeutung für das kulturelle Erbe und die verschiedenen Regionen (z.B. Handwerker im Restaurationsbereich, Landschaftspflege).
- Praktika und Weiterbildungsmaßnahmen im europäischen Ausland gibt es auch für junge Berufstätige zwischen 18 und 27 Jahren.

Freie Mobilität der Arbeitnehmer

Freizügigkeit im Binnenmarkt beinhaltet: freie Einreise, freien Aufenthalt, freies Wohnrecht, Niederlassungsfreiheit und Freiheit der Arbeitsplatzwahl. Freizügigkeit gilt im Binnenmarkt grundsätzlich für alle: für Angestellte und für Selbständige, für nahezu alle gewerblichen Berufe, außerdem für Studenten, Rentner und Nichterwerbstätige (auch deren Angehörige), wenn sie über ausreichende finanzielle Mittel verfügen, um ihren Lebensunterhalt zu bestreiten und eine Krankenversicherung abgeschlossen haben, die im jeweiligen Aufenthaltsstaat der EU alle Risiken abdeckt. Jeder Unionsbürger kann also in jedem Unionsland arbeiten und leben, als sei er in seinem Heimatland.

Die gesetzlichen Schranken, die einer solchen Mobilität im Wege standen sind inzwischen weitgehend aufgehoben. Auch die gegenseitige Anerkennung der beruflichen Qualifikation wird nun Realität. Dennoch gib es weiterhin Probleme:

Erstens die Information: Das System der Gesundheitsvorsorge, der Besteuerung und der Altersversorgung sind von Land zu Land verschieden. Wer informiert über offene Stellen im Ausland?

Zweitens die Sprachbarrieren: Die Verständigung muss funktionieren, ob im Arbeits- oder Freizeitbereich. Die Verständigungsschwierigkeiten, die ausländische Arbeitnehmer bei uns haben, haben wir im Ausland.

Drittens die kulturellen Unterschiede. Das gesellschaftliche Leben kann einem Minenfeld gleichkommen. Ein simples Beispiel betrifft das Mitbringen eines Gastgeschenkes, wenn man zum Essen eingeladen ist. Die meisten Briten würden eine gute Flasche Wein mitbringen. In Frankreich würde dies dagegen als unhöflich empfunden, da man sozusagen dem Gastgeber unterstellt keinen guten Wein im Keller zu haben. In Italien kommt ein Mitbringsel für die Kinder gut an. In Spanien sollte der eingeladene Gast kein Geschenk mitbringen. Ein weiteres Problem stellt der Gebrauch des Du/Sie dar, es ist für einen Briten in Deutschland einerseits ein Alptraum, andererseits sehr amüsant.

2.3   Steigende Kundenanforderungen

Unternehmen sehen sich immer anspruchsvolleren Kunden gegenübergestellt. Sind sie nicht bereit oder in der Lage, den Forderungen ihrer Kunden zu genügen, müssen sie in den meisten Märkten mit dem Verlust des Kunden rechnen. Dass sich viele Branchen zu Käufermärkten[3] entwickelt haben, hat mehrere Ursachen.

Die im Rahmen der Globalisierung verstärkte Konkurrenzsituation gibt Kunden eine große Auswahl an Lieferanten. Die Macht der Kunden steigt durch zunehmend gesättigte Märkte. Während in Wachstumsmärkten die Unternehmen leicht von der steigenden Nachfrage profitieren können, ist Wachstum in gesättigten Märkten nur auf Kosten der Marktanteile der Konkurrenz möglich. Als der Markt

---

[3] Von Käufermärkten wird gesprochen, wenn die Käufer eine stärkere Marktstellung als die Verkäufer haben. Sie sind normalerweise durch einen Angebotsüberhang (Angebot übersteigt Nachfrage) gekennzeichnet. Im umgekehrten Fall handelt es sich um Verkäufermärkte, ein Beispiel hierfür sind Eintrittskarten bei Konzerten erfolgreicher Stars. Sie sind oft schwer erhältlich und werden teilweise deutlich über ihrem Ursprungspreis weiterverkauft.

für Mobiltelefone Ende der 90er Jahre rasant wuchs, konnten auch weniger wettbewerbsstarke Unternehmen überleben, die im mittlerweile gesättigten Markt von den Top-Unternehmen verdrängt werden. Zusätzlicher Wettbewerbsdruck entsteht durch weltweite Überkapazitäten, die u.a. ehrgeizigen Investitionsprogrammen der asiatischen Tigerländer entspringen. Bekannte Beispiele hierfür sind Speicherchips, Automobile und Containerschiffe.

Mit Hilfe des Internets können sich Kunden schnell und preiswert einen Überblick über mögliche Lieferanten und deren Konditionen informieren. Die erhöhte Markttransparenz erleichtert es dem Kunden, seine besten Lieferanten zu ermitteln und sie in Verhandlungen gegeneinander auszuspielen.

Unternehmenskonzentration

Wenngleich seit der Baisse an den Börsen die Zahl der Fusionen seit 2000 etwas rückläufig ist, bleibt der langfristige Trend zunehmender Unternehmensfusionen intakt. Das zentrale Motiv für Fusionen ist die Hoffnung auf Synergieeffekte. So können Kosten gesenkt, Absatzmärkte erweitert, Einkaufskonditionen verbessert und die Produktpalette erweitert werden. Letztlich wird dieser Trend auch durch die Globalisierung forciert, da global agierende Kunden vielfach auch von ihren Lieferanten eine globale Präsenz erwarten. Dabei sind fast alle Branchen von der zunehmenden Konzentration betroffen: Automobilhersteller, Computerproduzenten, Handelsketten, Unternehmensberatungen und Anwaltskanzleien, Banken, Energieunternehmen, Telefonnetzbetreiber u.v.m.

Allerdings lassen sich Vorteile von Fusionen auch durch andere Formen der Zusammenarbeit realisieren, die weniger riskant und kapitalintensiv sind (siehe 8.2).

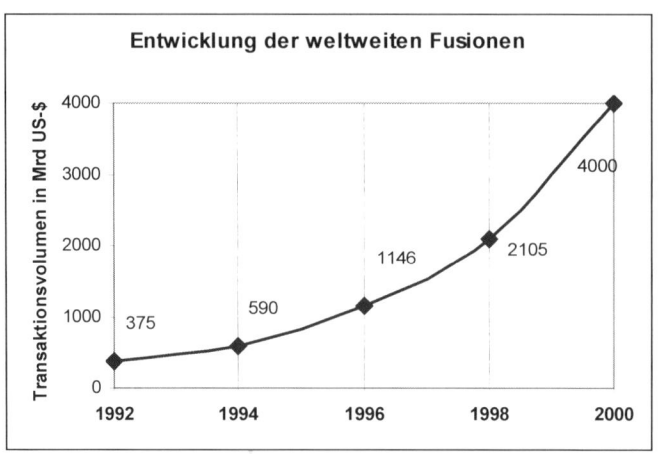

Abb. 2-3: Entwicklung der weltweiten Fusionen

Durch anhaltende Konzentrationsprozesse entstehen größere Unternehmen, also größere Kunden. Je größer ein Kunde, desto höher sein Einkaufsvolumen und damit seine Macht gegenüber seinen Lieferanten.

Da sich Unternehmen von ihren Kunden verstärktem Druck ausgesetzt sehen, geben sie ihn teilweise an ihre Lieferanten weiter. Muss ein Produkt aufgrund der Marktanforderungen beispielsweise günstiger werden, so wird der Hersteller auch verstärkt auf günstigere Einkaufspreise seiner Materialien drängen.

Lange wurde in einer starken Marke eine wirkungsvolle Möglichkeit gesehen, sich von ähnlichen Konkurrenzprodukten abzusetzen und dadurch den Wettbewerbsdruck zu reduzieren. In den letzten Jahren hat jedoch die Markentreue der Konsumenten abgenommen; sie sind weniger auf eine spezielle Marke fixiert. Vielmehr sind mehrere Marken in den Augen des Käufers austauschbar. Sind keine Taschentücher von Tempo im Regal oder sind sie zu teuer, greifen viele markenbewusste Kunden zu Softies.

Nach Produktqualität und Preis sind Service, Liefertreue, Lieferzeit und Flexibilität wichtige Kaufkriterien der Kunden, wobei die Prioritäten abhängig vom Markt und vom Kunden variieren. So sind Kunden bereit, länger auf ein neues Auto zu warten als auf ein dringend benötigtes Medikament oder Arbeitsmaterial für Heimwerker. Während bei Autos Wartezeiten von mehreren Monaten in Kauf genommen werden, sollte ein Medikament möglichst noch am gleichen Tag verfügbar sein, und Heimwerker sind gemeinhin gar nicht bereit zu warten, weil die gewünschte Ware oftmals sofort benötigt wird, beispielsweise um das Wochenendprojekt weiterführen zu können. Erschwert wird die optimale Produktverfügbarkeit durch schwerer prognostizierbares Einkaufsverhalten der Kunden. Hohe Liefertreue wird letztlich von allen Lieferanten erwartet, bei Kunden mit geringen Sicherheitsbeständen kommt ihr noch größere Bedeutung zu. Vielen Kunden ist die Servicefunktion des Track & Trace wichtig, die ihnen erlaubt, online den Bearbeitungsstand ihres Auftrags abzufragen. Ein bekanntes Beispiel hierfür ist Amazon für Bücherlieferungen (siehe S. 196). Immer mehr Käufer wollen keine Massenware mehr beziehen, sondern eine breite Auswahl haben, und sich im Idealfall ihr Produkt individuell zusammenstellen.

In den späteren Kapiteln des vorliegenden Buchs werden Möglichkeiten der Logistik erörtert, den obengenannten Anforderungen zu entsprechen, um in einem härteren Wettbewerbsumfeld erfolgreich zu sein.

Kundenindividuelle Automobilproduktion

Henry Ford führte 1908 in der Automobilproduktion intensive Arbeitsteilung mit Hilfe des Fließbands ein. Durch diese Prozessinnovation der Produktionslogistik vervielfachte sich die Produktivität immens, was es Ford ermöglichte, sein Fahrzeug Modell-T zu einem konkurrenzlos günstigen Preis zu verkaufen. In der Folge wurde Ford zum größten Automobilhersteller der Welt.

Die effiziente Massenfertigung hatte bei dem Produktionsverfahren jedoch den Nachteil geringer Flexibilität: „Sie können das Modell-T in jeder Farbe erwerben, solange sie schwarz ist." Nach einigen Jahren verlor Ford seine führende Marktposition, da Wettbewerber ebenfalls die Fließbandfertigung einführten und gleichzeitig mehrere Farben zur Auswahl boten.

Mittlerweile stehen fast unendlich viele Varianten des gleichen Fahrzeugtyps zur Verfügung. Kunden können sich ihr persönliches Auto zusammenstellen und dabei u.a. zwischen unterschiedlichsten Farben, Motoren, Innenraumverkleidungen und Extraausstattungen wählen. Kunden der Automobilindustrie erwarten individuelle Produkte zu Kosten von Massenware. Hierauf muss die Logistik adäquate Antworten finden.

Mehrere Unternehmen ermöglichen die Konfiguration der Ware im Internet. Dort lässt sich das Auto – aber auch zunehmend andere Produkte wie Computer und sogar Sportschuhe – Schritt für Schritt erstellen, wobei das Auto grafisch dargestellt wird und die anfallenden Kosten sofort angegeben sind. Denkbar wäre darüber hinaus, sich den Fertigungsprozess des eigenen Autos live per Internet anzusehen.

2.4 Verkürzte Produktlebenszyklen

Der Produktlebenszyklus ist das Leben eines Produktes am Markt, gemessen an dem Umsatz, den es erzielt. Dabei durchläuft es verschiedene Phasen. In der *Einführungsphase* sind die Umsätze noch gering, da das Produkt noch weitgehend unbekannt ist. Gleichzeitig fallen hohe Kosten für Werbung an, sodass meistens Verluste entstehen. Das Produkt wird zunehmend bekannter, in der *Wachstumsphase* steigt der Umsatz, das Produkt beginnt Gewinn zu erwirtschaften. Gleichzeitig wird weiterhin in Werbung investiert, um noch mehr Kunden zu erreichen. Mittlerweile kommen Konkurrenten mit Nachahmerprodukten auf den Markt. In der *Reife- und Sättigungsphase* erreicht das Produkt seinen höchsten Umsatz und Gewinn, Werbeaufwendungen werden zurückgeführt. In der *Degenerationsphase* gehen Umsatz und Gewinn stark zurück, das Produkt wird vom Markt genommen.

Um möglichst viel Gewinn mit einem Produkt zu erwirtschaften, sollte die Degenerationsphase möglichst lange hinausgezogen werden, was beispielsweise mit Produktvariationen erreicht werden kann.

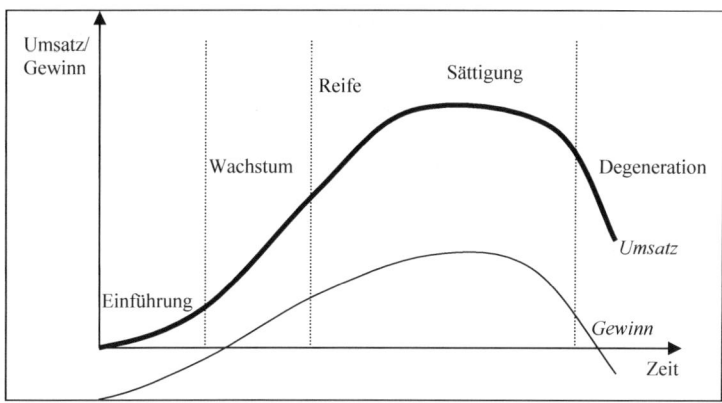

Abb. 2-4: Produktlebenszyklus I

Allerdings besteht aufgrund verstärkter Konkurrenz, erhöhten Kundenanforderungen und des technischen Fortschritts ein Trend zu immer kürzeren Produktlebenszyklen. So hatte die mechanische Schreibmaschine eine Lebenszeit von ca.
30 Jahren, in denen an einem Modell kaum Änderungen vorgenommen wurden.
Bei den elektro-mechanischen Schreibmaschinen kam hingegen schon alle 10
Jahre ein neues, überarbeitetes Modell auf den Markt, während es bei den elektronischen Schreibmaschinen schon alle 4 Jahre zu einem Modellwechsel kam.
Die Lebenszeit moderner Textverarbeitungsprogramme beträgt weniger als zwei
Jahre.

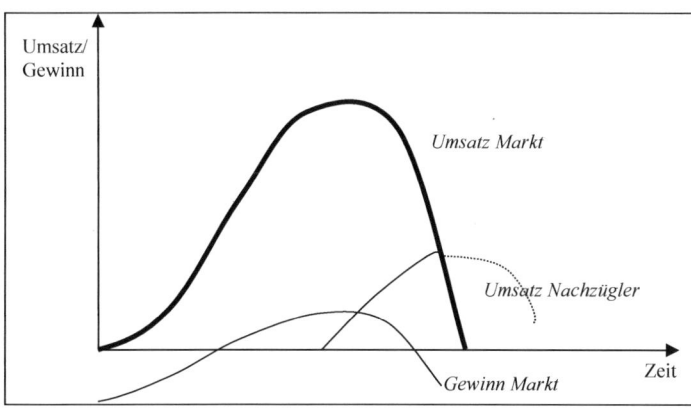

Abb. 2-5: Produktlebenszyklus II

Abb. 2.5 zeigt die Auswirkungen eines verkürzten Produktlebenszyklus: den Unternehmen verbleibt weniger Zeit, um Gewinn zu erzielen. Dies ist besonders problematisch für Unternehmen, die verspätet auf den Markt kommen. Bei langen Produktlebenszyklen haben auch Nachzügler genügend Zeit, Gewinne zu erwirtschaften. Kommen sie mit ihrem Produkt jedoch erst, wenn sich das Produkt auf dem Markt schon im Ende seines Lebenszyklus befindet, werden sie nur schwer profitabel arbeiten können. Im Extremfall kann die technologische Entwicklung so rasant sein, dass ein Produkt schon veraltet ist, bevor es auf den Markt kommt.

Verkürzte Lebenszyklen haben zur Folge, dass Unternehmen ihre Produkte so schnell wie möglich (Time-to-market) auf den Markt bringen müssen. Dies stellt erhöhte Anforderungen an die Produktentwicklung, die Anlaufproduktion, die Markteinführung und die entsprechende Logistik. Ein extremes Beispiel für Produkte mit kurzen Produktlebenszyklen sind Tintenstrahldrucker, die normalerweise nur wenige Monate hergestellt werden. Ähnliches gilt für Handys.

2.5   Informationstechnologie

Die rasche Entwicklung der Informationstechnologie erhöht den Leistungsdruck der Unternehmen. Die Marktposition der Kunden wird insbesondere durch das Internet weiter gestärkt. Sie können sich mithilfe von Suchmaschinen, Online-Katalogen und virtuellen Marktplätzen schnell und kostengünstig über die Konditionen des jeweiligen Markts informieren. Mit Hilfe von Unternehmen wie Letsbuyit.com können Konsumenten ihre Einkaufsmacht bündeln und dadurch günstigere Preise erzielen.

Gleichzeitig ermöglicht die IT bessere, schnellere und kostengünstigere Prozesse. Informationen lassen sich schnell austauschen, wodurch Konzepte wie Just-in-Time überhaupt erst möglich werden. Unternehmen können alternative Geschäftsmodelle wie Direktvertrieb oder Vendor Managed Inventory mithilfe des Internets umsetzen. Weiterhin lassen sich komplexe Situationen und Szenarien durch computergestützte Verfahren simulieren. Die hier nur angedeuteten Möglichkeiten der Informationstechnologie sind in 8.3 detailliert geschildert. Es wird bereits deutlich, dass die weiterhin fortschreitende Entwicklung der Informationstechnologie einerseits den Wettbewerbsdruck steigert und gleichzeitig Möglichkeiten zur Differenzierung von Wettbewerbern und Optimierung betrieblicher Abläufe bietet.

2.6   Fragen, Denkanregungen und Zusammenfassung

Verständnisfragen

1. Welcher Zusammenhang besteht zwischen der Privatisierung von Unternehmen wie Deutsche Telekom oder Deutsche Bahn und der Globalisierung?

2. Schildern Sie die Bedeutung der technologischen Fortschritte für die Globalisierung.

3. Zeigen Sie die Ursachen der steigenden Kundenanforderungen auf.

4. Worauf achten Kunden bei ihrer Kaufentscheidung?

5. Finden Sie zu jeder Phase des Produktlebenszyklus ein passendes Produkt.

6. Geben Sie Beispiele von Produkten an, deren Lebenszyklus sich verkürzt.

Diskussionsanregungen

1. Diskutieren Sie die volkswirtschaftlichen Konsequenzen der Globalisierung.

2. Wie nutzt Ihr Unternehmen die Chancen der Globalisierung? Wie geht es mit ihren Herausforderungen um?

3. Welche Auswirkungen hat die europäische Integration (Binnenmarkt, Euro, teilw. starke Regulierung) auf Ihr Unternehmen?

4. Globalisierung hat nicht nur wirtschaftliche, sondern auch politische und kulturelle Auswirkungen. Wie ist Ihr persönliches Leben durch die Globalisierung beeinflusst?

5. Welche Herausforderungen bringen die wachsenden Kundenanforderungen für die Logistik? Wie bewältigt Ihr Unternehmen diese Aufgaben?

6. Welche Anforderungen stellen Sie als Kunde im Berufs- und im Privatleben an Lieferanten? In welchen Bereichen werden sie erfüllt, in welchen nicht?

7. Wie können Unternehmen auf die Herausforderung kürzerer Produktlebenszyklen reagieren?

Zusammenfassung

Globalisierung **- Begriff**	Globalisierung ist ein Prozess zunehmender weltwirt-schaftlicher Verflechtung der mit steigenden internationalen Handels- und Kapitalströmen einhergeht.
- Ursachen	- Liberalisierung des Handels - Ende des Ost-West-Konflikts - Technische Entwicklungen (Transport, Informations- und Kommunikationstechnologien)
- Konsequenzen (Auswahl)	- Mehr Wettbewerb auf unterschiedlichen Ebenen (Unternehmen, Arbeitnehmer, Staaten) - Größere Märkte (insbes. Absatz- und Beschaffungsmärkte) - Niedrigere Preise - Größere Produktpalette für Konsumenten - Vorteile internationaler Arbeitsteilung nutzbar: Tätigkeiten werden dort verrichtet, wo sie relativ günstig/gut zu beziehen sind - Erhöhte Komplexität unternehmerischer Entscheidungen und betrieblicher Prozesse - Druck auf Löhne, Steuern und Sozialsysteme in entwickelten Industrieländern
Steigende Kundenan-forderungen	Die Machtposition der Kunden – und damit ihre Möglichkeiten, ihre Wünsche durchzusetzen – hat sich verbessert. Ursachen hierfür sind insbesondere: - Globalisierung und verstärkter Wettbewerb - Zunehmend gesättigte Märkte - Überkapazitäten in vielen Branchen - Steigende Markttransparenz (z.B. durch das Internet). - Erhöhte Einkaufsmacht aufgrund von Unternehmenskonzentration - Sinkende Markentreue
Verkürzte Produktle-benszyklen	Wegen des harten Wettbewerbs sind Unternehmen gezwungen, ihre Produktpalette ständig zu aktualisieren und neue Produkte einzuführen. Da sich dadurch die Amortisationszeiten verkürzen, müssen Produkte schneller entwickelt und auf den Markt gebracht werden, um angemessene Gewinne zu erwirtschaften.
Informations-technologie	Insbesondere Computer und Internet verändern das Wirtschaftsleben nachhaltig in fast allen Unternehmensbereichen.

3   Organisatorische Entwicklung der Logistik

In diesem Kapitel wird dargestellt, woher der Begriff der Logistik kommt, wie er sich weiterentwickelt hat und was heute darunter verstanden wird. Ein Überblick über die Entwicklung der Logistik ist hilfreich, um erkennen zu können, auf welcher Entwicklungsstufe sich das eigene Unternehmen befindet, wo sich noch Nachholpotenziale auftun und in welche Richtung sich die Logistik in Zukunft entwickeln könnte.

Mit den jeweiligen Entwicklungsstufen der Logistik gehen bestimmte Organisationsformen einher. Aufgrund der engen thematischen Vernetzung beider Themen werden organisatorische Inhalte bereits hier dargestellt.

Im Rahmen dieses Kapitels lernen Sie …

- Wesen und Gegenstand sowohl der Albauf- als auch der Aufbauorganisation kennen;
- in welchen Etappen sich die Logistik zum Supply Chain Management weiterentwickelte;
- Hintergründe über die Vorteile der Arbeitsteilung kennen;
- Probleme von Schnittstellen zu erkennen und zu reduzieren.

3.1   Ursprung der Logistik

Der Begriff der Logistik entspringt dem militärischen Bereich. Dort kommt der Logistik traditionell die Aufgabe zu, Soldaten, Versorgungsgüter, Waffen und Ausrüstungen zu beschaffen, zu unterhalten und an die benötigten Orte zu transportieren. Funktionierende Logistik war schon immer eine zentrale Voraussetzung erfolgreicher Feldzüge. Hannibals Überquerung der Alpen 218 v. Chr. im 2. Punischen Krieg mit 38.000 Mann, 8000 Reitern und 37 Kriegselefanten ging in die Militärgeschichte ein. Die Überquerung dauerte 15 Tage, nur 26.000 Mann und wenige Elefanten überstanden diese Strapazen. In modernen Kriegen kommt der Logistik eine noch bedeutendere Rolle zu. So transportierten die USA im Irakkrieg des Jahres 2003 Zehntausende Soldaten und entsprechendes Kriegsgerät. Die in den Irak einmarschierten Truppen verbrauchten täglich 22.000 Tonnen Versorgungsgüter und ca. 57 Millionen Liter Treibstoff.

Im betrieblichen Bereich begann die eigentliche Entwicklung der Logistik in den Jahren nach dem Zweiten Weltkrieg und vollzog sich bisher in drei bzw. vier Phasen, die insbesondere die Organisation der Unternehmen beeinflussen. Dies heißt allerdings nicht, dass in Unternehmen vorher keine logistischen Aufgaben anfielen und bewältigt wurden. Doch ab dieser Zeit wurde der organisatorischen Entwicklung der Logistik verstärkte Aufmerksamkeit gewidmet.

3.2   Grundlagen der Organisationslehre

Die Aufgabe der Organisation besteht im planvollen Gestalten der Abläufe und Strukturen im Unternehmen, wobei dauerhaft gültige Regelungen aufgestellt werden. Dauerhafte Regelungen helfen dem Mitarbeiter, wiederkehrende Tätigkeiten schnell und effizient durchzuführen; er muss nicht jedes Mal neu darüber nachdenken, wie er seine Tätigkeit durchführt bzw. sie mit den anderen Mitarbeitern des Unternehmens koordiniert.

In einem Ein-Personen-Unternehmen ist die Frage, wie Tätigkeiten am besten organisiert werden, relativ leicht zu beantworten, da keine Abstimmungen verschiedener Personen notwendig sind. Dennoch stellt sich die Aufgabe, regelmäßig wiederkehrende Abläufe so zu organisieren und zu strukturieren, dass die Arbeit möglichst geschickt erfolgt. Als Ziele können hierbei u.a. möglichst geringer Arbeitseinsatz, optimale Kapazitätsauslastung, schnelle Bearbeitung oder hohe Produktqualität verfolgt werden.

Stellt der Unternehmer weitere Mitarbeiter ein, könnte er sie exakt die gleichen Tätigkeiten übernehmen lassen, die auch er vornimmt. Die Folge wäre in etwa eine Verdopplung der Produktion bei Verdopplung der Mitarbeiteranzahl. Um deutlich höhere Produktivitätsgewinne erzielen zu können, werden einzelne Arbeitsschritte aufgeteilt und von darauf spezialisierten Mitarbeitern verrichtet (siehe Kasten Arbeitsteilung und Spezialisierung). Die aufgeteilten Arbeitsschritte müssen dann allerdings aufeinander abgestimmt werden.

Diese Koordination der Teilaufgaben im Hinblick auf die obengenannten Ziele ist Gegenstand der **Ablauforganisation**. Sie bestimmt die zeitliche Reihenfolge der Arbeitsprozesse, definiert die Orte, an denen sie verrichtet werden und legt die Sachmittel fest, die dafür zur Verfügung stehen. Weiterhin können die einzelnen Tätigkeiten bei Bedarf sehr detailliert beschrieben werden.

Arbeitsteilung und Spezialisierung – Adam Smiths Stecknadelbeispiel

„Wir wollen als Beispiel die Herstellung von Stecknadeln wählen. Sie zerfällt in eine Reihe getrennter Arbeitsgänge, die zumeist zur fachlichen Spezialisierung geführt haben. Der eine Arbeiter zieht den Draht, der andere streckt ihn, ein dritter schneidet ihn, ein vierter spitzt ihn zu, ein fünfter schleift das obere Ende, damit der Kopf aufgesetzt werden kann. Auch die Herstellung des Kopfs erfordert zwei oder drei getrennte Arbeitsgänge. Das Ansetzen des Kopfs ist eine eigene Tätigkeit, ebenso das Weißglühen der Nadeln, ja, selbst das Verpacken der Nadeln ist eine Arbeit für sich. Um eine Stecknadel anzufertigen sind somit etwa 18 verschiedene Arbeitsgänge notwendig, die in einzelnen Fabriken jeweils einzelne Arbeiter besorgen, während in anderen ein einzelner zwei oder drei davon ausführt. Ich selbst habe eine kleine Manufaktur dieser Art gesehen, in der nur 10 Leute beschäftigt waren, sodass einige von ihnen zwei oder drei solcher Arbeiten übernehmen mussten. So waren die 10 Arbeiter imstande, täglich etwa 48.000 Nadeln herzustellen, jeder also 4.800 Stück. Hätten sie indes einzeln und unabhängig voneinander gearbeitet, noch dazu ohne besondere Ausbildung, so hätte der einzelne gewiss nicht einmal 20, vielleicht sogar keine einzige Nadel am Tag zustande gebracht, d.h. sicher nicht den zweihundertvierzigsten, vielleicht nicht einmal den viertausendachthundertsten Teil von dem, was sie jetzt infolge einer entsprechenden Teilung und Vereinigung der verschiedenen Arbeitsgänge zu leisten imstande sind."

Smith, Adam: Der Wohlstand der Nationen. München 1974 (urspr. 1776), S. 9 f.

Stark vereinfacht lässt sich der geschilderte Arbeitsprozess mit einem Wertschöpfungskettendiagramm wie folgt veranschaulichen, während sich auf S.109

mit der eEPK-Darstellung eine detailliertere Veranschaulichung eines Prozesses findet:

Im Gegensatz zur Ablauforganisation strukturiert die **Aufbauorganisation** das Unternehmen und regelt seinen hierarchischen Aufbau. Üblicherweise wird zuerst die Gesamtaufgabe des Betriebs (Nadeln produzieren und verkaufen) in viele Teilaufgaben zerlegt (Aufgabenanalyse). Anschließend werden die Teilaufgaben zu sinnvollen Arbeitsbereichen zusammengefasst. Die kleinste organisatorische Einheit heißt Stelle und umfasst den Arbeitsbereich, den eine Person ausfüllen soll. Bezogen auf das Nadelbeispiel wäre eine Stellenbildung die sich aus den Teilaufgaben ‚Draht strecken' und ‚Verkaufsgespräche führen' weniger sinnvoll als eine Stelle, die ‚Draht strecken' und ‚Draht schneiden' soll.

Weiterhin sind die Beziehungen zwischen den Organisationseinheiten zu klären: welche Stellen sind anderen übergeordnet? Solche Stellen mit Weisungsbefugnis heißen Instanzen. Bzgl. der hierarchischen Organisationsform gibt es eine Vielzahl von Möglichkeiten, die sich miteinander kombinieren lassen. Die wichtigsten sind mit ihren Vor- und Nachteilen kurz dargestellt.

Die funktionale Organisation ist die verbreitetste Organisationsform. In ihr sind relativ gleichartige Tätigkeiten (Funktionen) zusammengefasst. Sie findet sich vor allem bei Unternehmen, die gleichartige Produkte herstellen. Dargestellt werden Aufbauorganisationen mit Organisationsdiagrammen bzw. Organigrammen, die oftmals auch die Namen der Stelleninhaber enthalten.

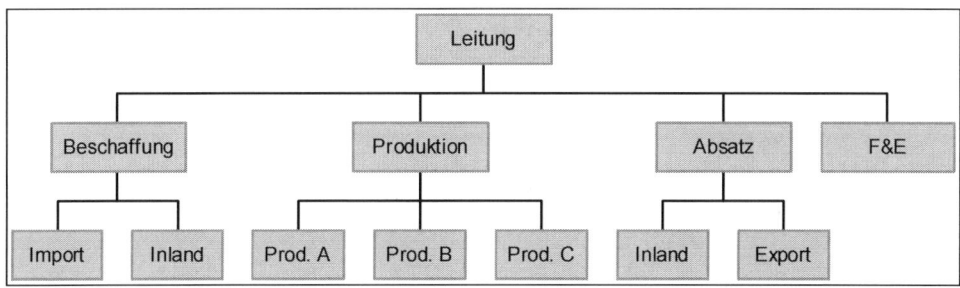

Abb. 3-1: Funktionale Organisation

Die objektorientierte Organisation bildet unterhalb der obersten Führungsebene Bereiche, die Sparten, Divisionen, Geschäftsbereiche oder Ländergruppen darstellen. Erst anschließend sind die Funktionsbereiche angesiedelt. Mit dieser Organisationsform lassen sich komplexe Bereiche gestalten.

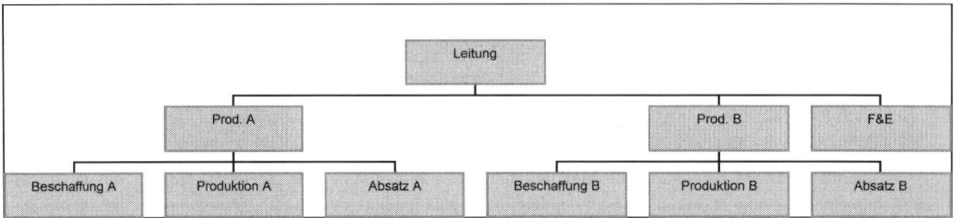

Abb. 3-2: Objektorientierte Organisation

Eine Kombination aus funktions- und objektorientierter Organisation stellt die Matrixorganisation dar. Da hierbei die Stellen zwei weisungsbefugten Instanzen zugeordnet sind, gilt es als Mehrliniensystem.

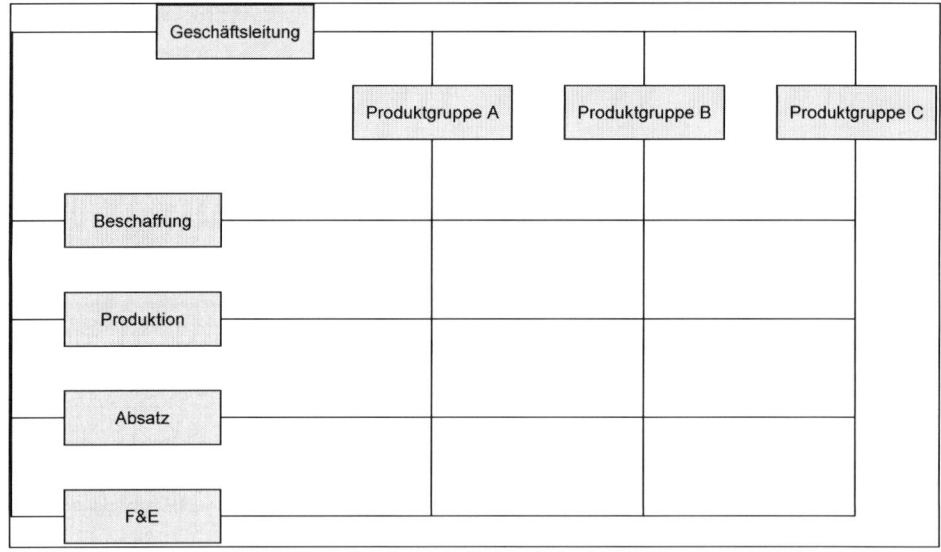

Abb. 3-3: Matrixorganisation

3.3 Logistik als funktionsbezogene Spezialisierung

Nach dem Zweiten Weltkrieg setzten die im vorigen Kapitel geschilderten Trends verstärkt ein: Die meisten Märkte wandelten sich von Verkäufer- zu Käufermärkten. Auf den resultierenden Wettbewerbsdruck und steigende Kundenanforderungen reagierten Unternehmen vielfach mit einer breiteren Produktpalette. Dies wiederum erforderte eine komplexere Produktion, in deren Folge mehr Vor-, Zwischen- und Endprodukte gelagert, umgeschlagen und transportiert werden mussten.

Da bis zu dieser Zeit weder Transport noch Lagerung als besonders wichtige Aufgaben wahrgenommen wurden, gab es auch keine entsprechenden Abteilungen. Vielmehr wurden sie in die einzelnen Abteilungen integriert.

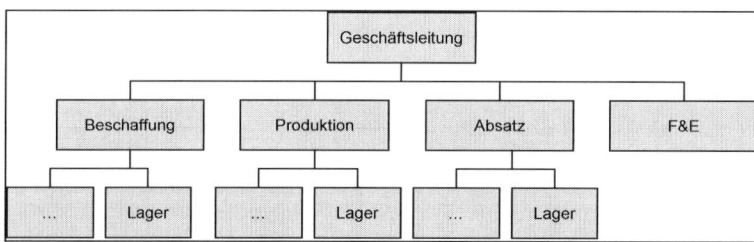

Abb. 3-4: Organisation der Logistik I

Durch Bildung einer eigenen Logistikabteilung, die anfallende Transport-, Umschlag- und Lageraktivitäten übernehmen (auch als TUL-Logistik bezeichnet, da Logistik heute wesentlich mehr Aufgaben umfasst), lassen sich Spezialisierungsvorteile erzielen. Die Logistikabteilung spezialisiert sich auf den TUL-Bereich und übernimmt entsprechende Aktivitäten, die sonst von den anderen Abteilungen eher beiläufig mitbearbeitet werden. Vorteile ergeben sich beispielsweise durch Einrichtung eines Zentrallagers, durch höhere Investitionen in Lagertechnik, die sich für die einzelnen Abteilungen nicht gelohnt hätten, oder durch besonders qualifizierte Logistikmitarbeiter.

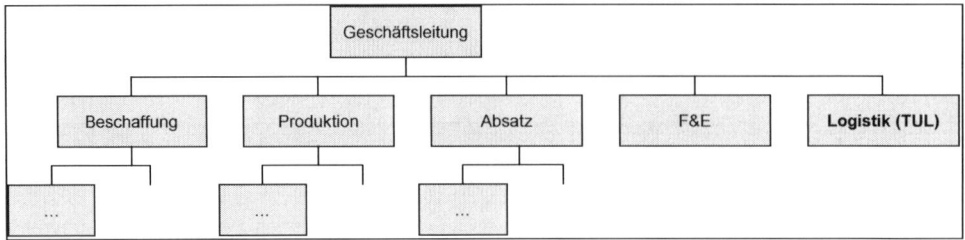

Abb. 3-5: Organisation der Logistik II

3.4   Logistik als Koordinator unterschiedlicher Funktionsbereiche

Die funktionsorientierte Organisation in Bereiche wie Beschaffung, Produktion, Absatz und auch Logistik ermöglicht eine hohe Spezialisierung auf die jeweiligen Tätigkeiten. Entsprechend haben diese Abteilungen ihre internen Abläufe weitgehend optimiert. Am Beispiel des Warenflusses heißt dies, dass Rohstoffe optimal beschafft, von der Produktion effizient weiterverarbeitet und vom Absatz geschickt verkauft werden. Dabei durchläuft die Ware mindestens drei Abteilungen, wobei es an den Schnittstellen zwischen den Abteilungen zu vielfältigen Problemen kommen kann.

Flussorientierung

Mit Flussorientierung ist eine umfassende Unternehmensgestaltung gemeint, die darauf zielt, dass Materialien, Waren, Informationen und Finanzmittel schnell und turbulenzarm durch das Unternehmen bzw. die gesamte Wertschöpfungskette fließen, ohne unnötig an einzelnen Orten gestaut zu werden. Das beinhaltet Minimierung sowohl von Beständen als auch von Warte- und Liegezeiten. Prinzipiell ist jedes Lager eine Unterbrechung des Material- bzw. Warenflusses und insofern kritisch zu hinterfragen.

Das Problem der Schnittstellen

Schnittstellen entstehen, wenn eine Aufgabe bzw. ein Prozess von mehreren Personen bzw. Abteilungen (*intra*organisatorische Schnittstellen) oder Unternehmen (*inter*organisatorische Schnittstellen) bearbeitet wird. Am Ort der Übergabe des Materials oder der Information kann es zu vielfältigen Problemen und zur Unterbrechung des Material- oder Informationsflusses kommen.

- *Unklare Verantwortlichkeiten*: wenn mehrere Personen oder Abteilungen an einem Prozess beteiligt sind, besteht die Tendenz, nicht sich selbst sondern die anderen für die Prozessverantwortlichen zu halten. Dies hat zur Folge, dass sich niemand für den Prozess (und letztlich den Kunden) verantwortlich fühlt. Auch der umgekehrte Fall ist denkbar: dass mehrere Abteilungen sich verantwortlich fühlen und unterschiedliche Entscheidungen treffen und sich gegenseitig auszuspielen suchen.

- *Abteilungsegoismen*: vielfach verfolgen einzelne Abteilungen eigene Ziele, die denen des Gesamtunternehmens zuwiderlaufen können. Nicht der Prozess bzw. Kunde steht im Mittelpunkt der Tätigkeiten, sondern die jeweiligen Abteilungsziele.

- *Kommunikationsprobleme*: oftmals werden die gleichen Sachverhalte anders beschrieben oder für den gleichen Sachverhalt andere Begriffe verwendet. Hieraus können vielfältige Missverständnisse entstehen.

- *Inkompatible DV-Systeme*: vielfach haben einzelne Abteilungen spezielle Softwareprogramme, die nicht mit dem Rest des Unternehmens kompatibel sind („Insellösungen"). Ggf. müssen Informationen deshalb ausgedruckt, gefaxt und dann wieder eingetippt werden. Dies ist fehleranfällig, verursacht Kosten und unterbricht den Informationsfluss. An interorganisatorischen (unternehmensübergreifenden) Schnittstellen treten diese Probleme verstärkt auf.

- *Doppelarbeit*: eine Tätigkeit wird jeweils von einem Beteiligten beider Schnittstellenbereiche vollzogen, z.B. eine Warenausgangskontrolle beim Lieferanten und eine Kontrolle des Wareneingangs beim Kunden.

Diese – nicht vollständige – Auswahl an Schnittstellenproblemen verdeutlicht die Bedeutung des Schnittstellenmanagements. Einerseits sind Schnittstellen möglichst zu reduzieren, beispielsweise durch eine veränderte Aufbauorganisation, die sich verstärkt an den Geschäftsprozessen orientiert oder durch Optimierungen der Abläufe selbst. Weiterhin sollten Schnittstellen möglichst in sogenannte Nahtstellen verwandelt werden. Darunter ist ein bewusster Übergang an den Schnittstellen zu verstehen, der derart geplant und umgesetzt wird, dass die angesprochenen Probleme nicht mehr auftreten. So lassen sich gemeinsame Ziele, Sprachen und DV-Systeme definieren und Verantwortlichkeiten klar abstimmen.

Störungen des Waren- und des zugehörigen Informationsflusses durch Schnittstellen zwischen den Abteilungen werden in der zweiten Entwicklungsphase der Logistik gelöst, indem eine Abstimmung zwischen den Abteilungen vorgenommen wird.

So laufen den Materialfluss betreffende Informationen (wie viele Waren werden für einen Produktionsauftrag benötigt, wie viele davon sind auf Lager, was muss bestellt werden etc.) in einer funktionsorientierten Organisation lange Wege zwischen den Abteilungen (in Abb. 3-6 als gestrichelte Linie dargestellt), da die jeweils betroffenen Vorgesetzten bei vielen Tätigkeiten informiert und angehört werden müssen. Die Entscheidungswege laufen gewissermaßen vertikal, sie müssen erst in der Hierarchie nach oben gereicht, dort einer anderen Abteilung übergeben und anschließend wieder nach unten gereicht werden. Dies führt zu einer starken Belastung der Instanzen und verzögert den Prozess erheblich.

Indem Mitarbeiter der Logistik den Prozess verantwortlich koordinieren, brauchen die Entscheidungen nicht mehr den Umweg über die Instanzen zu gehen, sondern laufen quer durch die betroffenen Abteilungen (durchgezogene Linie). Warenflussbezogene Entscheidungen werden nicht mehr von den jeweiligen Vorgesetzten der funktionalen Abteilungen (Beschaffung, Produktion, Verkauf) getroffen, sondern vom prozessverantwortlichen Logistikmitarbeiter. Die Mitarbeiter haben durch die Koordinationsaufgabe der Logistik nun zwei weisungsbefugte Vorgesetzte: den der funktionalen Organisation (beispielsweise den Abteilungsleiter Produktion) und den logistischen Prozessverantwortlichen. So gesehen hat die funktionale Organisation wesentliche Merkmale der Matrixorganisation erhalten.

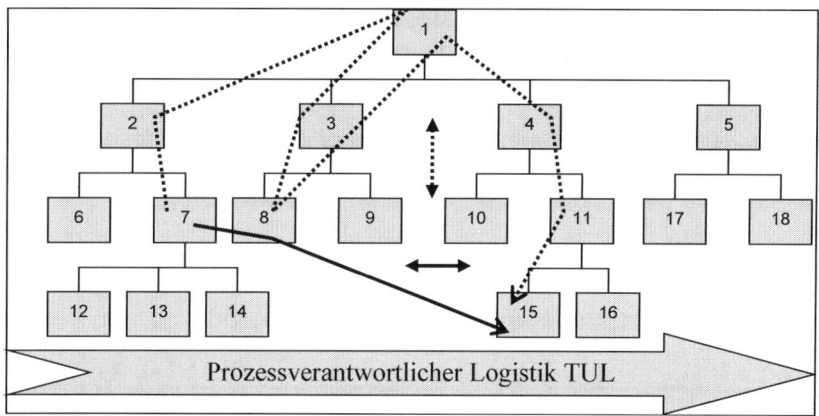

Abb. 3-6: Organisation der Logistik III

Mit dieser Kompetenzerweiterung der Logistik können Konflikte mit den funktionalen Abteilungen einhergehen, da diese einen Teil ihrer ‚Macht' an die Logistik verlieren. Die Logistik gewinnt im Unternehmen an Einfluss, was bei den Abteilungen zu Ressentiments führen kann.

Zusätzliche Bedeutung erhält die Logistik in dieser Phase aufgrund der Erkenntnis, dass sie neben Kosteneinsparungen auch wettbewerbsentscheidende Beiträge zum Unternehmenserfolg leisten kann. Die Logistik kann durch Abstimmung der einzelnen Abteilungen das Unternehmen schneller und flexibler machen, wodurch sich Größen wie Lieferzeit, Lieferzuverlässigkeit und Lieferflexibilität positiv entwickeln.

Aufgrund des Bedeutungszuwachses in dieser Entwicklungsphase lässt sich ‚Logistik' wie folgt definieren:

Definition Logistik

• Logistik umfasst alle Tätigkeiten der ganzheitlichen Planung, Steuerung und Kontrolle des **Informations-, Material- und Werteflusses** innerhalb des leistungserstellenden Unternehmens (bzw. zwischen Lieferanten, Unternehmen und Kunden) zur Abwicklung von Kundenaufträgen.

• Die Logistik soll sicherstellen, dass

    – die richtigen Güter, Informationen und Dienstleistungen

    – zur richtigen Zeit

    – am richtigen Ort

- in der richtigen Menge und
- in der richtigen Qualität
- zu richtigen (möglichst geringen) Kosten

zur Verfügung stehen.

Üblicherweise wird bei einer funktionsorientierten Betrachtung das große Gebiet der Logistik in Teilfunktionen gegliedert: Beschaffungs-, Produktions-, Distributions- und Entsorgungslogistik. Deren Aufgaben werden im vorliegenden Buch nur überblicksartig beleuchtet, da sein Schwerpunkt auf der Optimierung unternehmensinterner und –übergreifender Prozesse besteht.

Die wesentlichen Aufgaben der Beschaffungslogistik bestehen in Warenannahme und -prüfung, Lagerhaltung, Lagerdisposition, Lagerverwaltung, dem innerbetrieblichen Transport, und der Planung, Steuerung und Kontrolle des Material- und Informationsflusses. Bedeutsam für das Supply Chain Management sind insbesondere Fragen nach der Kooperation mit Lieferanten (siehe 3.6 und 8.2).

Zentrale Fragestellungen der Produktionslogistik sind die Schaffung einer materialflussgerechten Fabrikplanung, der Produktionsplanung und -steuerung und der internen Materialbereitstellung für die Produktion.

Zu den wichtigsten Aspekten der Distributionslogistik zählen Standortwahl der Distributionslager, Lagerhaltung, Kommissionierung und Verpackung, Warenausgang, Ladungssicherung und Transport.

Die Entsorgungslogistik hingegen umfasst alle Tätigkeiten der umweltgerechten Verwendung, Verwertung und Beseitigung von Reststoffen und veralteten bzw. nicht mehr funktionsfähigen Produkten.

3.5   Wandel von der Funktions- zur Prozessorientierung

In der zweiten Phase der Logistikentwicklung bleibt die funktionale Unternehmensstruktur prinzipiell bestehen, sie wird nur um Prozessverantwortliche für den Bereich des Waren- und Materialflusses ergänzt. Viele Probleme der starken Spezialisierung und Schnittstellenbildung bleiben allerdings ungelöst. In hochspezialisierten Organisationen konzentrieren sich Mitarbeiter auf kleine Arbeitsschritte, die sie sehr gut ausführen können. Dafür geraten jedoch die übergeordneten Ziele schnell in Vergessenheit, der Mitarbeiter weiß oft gar nicht, wo sein Anteil am Unternehmenserfolg ist. Arbeitskräfte ohne Kundenkontakt vergessen so leicht, dass ihre Aufgabe im Unternehmen eigentlich darin besteht, Kunden möglichst zufrieden zu stellen.

Folgende Situation dürfte bekannt sein: ein Kunde ruft im Unternehmen an, beispielsweise weil er eine Beschwerde oder Frage zu einem gekauften Produkt hat. Er wird an einen Mitarbeiter im Vertrieb verbunden, der jedoch für dieses Produkt nicht verantwortlich ist und ihn an einen Kollegen verweist. Der wiederum verbindet den Kunden an jemanden in der Produktion, da dort das fehlerhafte Gut hergestellt wurde. In der Produktion stört der Kunde die Arbeiter nur, die sich ohnehin nicht verantwortlich fühlen und den Kunden an jemanden in der Qualitätssicherung weiterleiten. Nach weiteren Stationen in unterschiedlichsten Abteilungen landet der Kunde vielleicht irgendwann sogar wieder bei seinem ersten Telefonkontakt im Vertrieb. Etwas überspitzt dargestellt macht diese Beschreibung doch deutlich, dass sich Mitarbeiter oft nicht verantwortlich fühlen (bzw. nur für ihren genau definierten Arbeitsschritt), gerne auf andere verweisen, selbst jedoch nicht weiterhelfen, da sie ja ihre Arbeit machen müssen und der Kunde dabei nur stört.

Weitere Probleme der funktionsorientierten Aufbauorganisation ergeben sich aus den zahlreichen Schnittstellen, deren Überwindung mit Zeitverlust, Arbeit, Reibungen und Missverständnissen einhergeht.

In Zeiten steigender Kundenanforderungen und stärkeren Wettbewerbs lassen sich Zustände, die durch eine funktionsorientierte Aufbauorganisation entstehen, kaum noch halten. In vielen Unternehmen hat deswegen auch ein Umdenken eingesetzt. Die Aufbauorganisation wird umstrukturiert von einer funktionsorientierten Organisation in eine Organisation, die sich an wesentlichen Prozessen ausrichtet. Dabei richten sich alle Prozesse auf den (vermeintlichen) Kundennutzen aus – der Kunde und seine Bedürfnisse stehen im Mittelpunkt der Überlegungen und Tätigkeiten. Aktivitäten, die dem Kunden keinen Vorteil bringen (beispielsweise ‚Machtspielchen' zwischen einzelnen Abteilungen) sind möglichst zu eliminieren.

Eine Komponente der prozessorientierten Organisation ist der Einsatz von Prozessverantwortlichen, deren Kompetenzen quer zur Aufbauorganisation verlaufen. Dies stellt eine Erweiterung der oben dargestellten Koordinationsfunktion der Logistik dar: jetzt bestehen nicht mehr nur für warenflussbezogene Prozesse klare Zuständigkeiten, sondern für alle wichtigen Unternehmensprozesse. So könnte sich der erwähnte Anrufer direkt an den Prozessmanager ‚Beanstandungsprozesse' wenden.

Das Denken über Abteilungsgrenzen (oder gar nur den eigenen Schreibtisch) hinaus – mit der Zielsetzung eines weitgehend optimalen Waren- und Informationsflusses zur bestmöglichen Erfüllung der Kundenanforderungen – wird nicht nur von Mitarbeitern der Logistik verinnerlicht, wie in der zweiten Phase der Logistikentwicklung, sondern von allen Mitarbeitern des Unternehmens. Diese Denkhaltung der Mitarbeiter ist gemeint, wenn von Führungsfunktion der Logistik gesprochen wird.

Wichtig ist auch die Restrukturierung der Aufbauorganisation. Wie Abschnitt 3.2 erklärt, ergibt sich die Aufbauorganisation nach einer Zerlegung der Teilaufgaben als Ergebnis einer geplanten Zusammenlegung in Stellen und Abteilungen. Doch oftmals ist die Aufbauorganisation gar nicht das Ergebnis einer qualifizierten Planung, sondern hat sich selbst ‚irgendwie' entwickelt. Denkbar ist auch, dass sich die Rahmenbedingungen und Tätigkeiten nach einiger Zeit so stark verändert haben, dass die jeweilige Aufbauorganisation nicht mehr passt.

Ungeplante Prozesse und Strukturen

In kleinen, neu gegründeten Unternehmen werden organisatorische Fragen oft nicht systematisch gestellt und beantwortet. Vielmehr werden die Prozesse intuitiv durchgeführt, was bei geringen Mitarbeiterzahlen auch weitgehend unproblematisch ist. Die täglichen Probleme lassen sich gut durch Improvisation lösen. Mit wachsender Unternehmensgröße, zunehmender Arbeitsteilung und Anonymität stabilisieren sich die Prozesse, die niemals systematisch geplant wurden. In der Konsequenz werden die gleichen Tätigkeiten ausgeführt wie früher, allerdings unreflektiert. Das kann dazu führen, dass die Prozesse und Strukturen neuen Rahmenbedingungen nicht mehr angepasst werden – mit dem Argument „so haben wir es schon immer gemacht."

Möglicherweise wird mit der Spedition Weißmüller zusammengearbeitet, weil bereits seit Jahrzehnten eine Geschäftsbeziehung besteht. Die frühere

---

Geschäftsverbindung war in einer engen Freundschaft der beiden Inhaber begründet, die allerdings beide nicht mehr leben. Mittlerweile ist das Unternehmen jedoch europaweit tätig, die Spedition Weißmüller hingegen hat Schwierigkeiten mit ihren Kapazitäten, weswegen sich die Lieferzeiten erhöht haben.

Oder Rechnungen werden noch von Herrn Schmidt in der Buchhaltung geschrieben und versendet, obwohl sich dies mithilfe des bestehenden ERP-Systems automatisch erledigen lässt.

Als Grundlage einer Restrukturierung der Aufbauorganisation sind zuerst die wesentlichen Prozesse zu analysieren, u.a. im Hinblick auf Schnittstellen. Die Abbildungen 3-7 und 3-8 verdeutlichen die Zusammenhänge. Prozess A (gestrichelte) wird von den Mitarbeitern 2, 16, 10, 4, 8 und 14 bearbeitet, dabei müssen fünf Abteilungsschnittstellen überwunden werden. Ähnliches gilt für Prozess B.

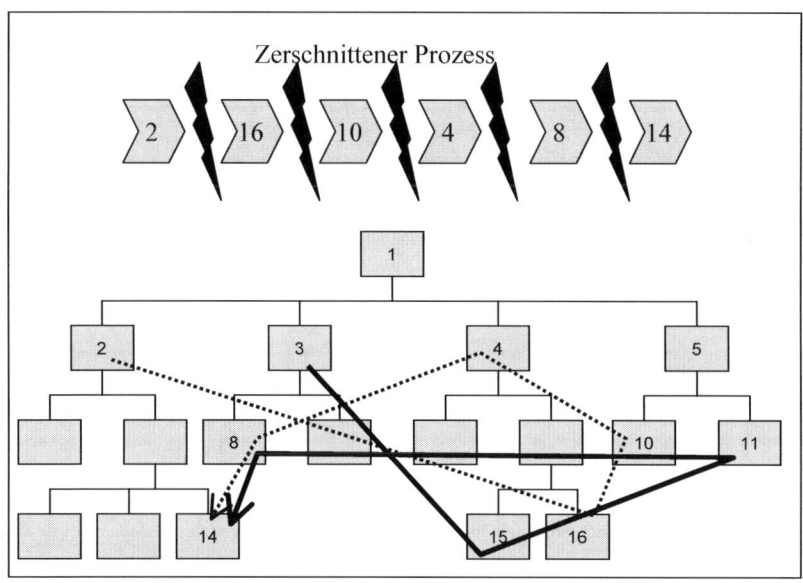

Abb. 3-7: Zerschnittene Prozesse

Durch eine Restrukturierung, bei der die Prozesse berücksichtigt werden, lassen sich die abteilungsübergreifenden Schnittstellen erheblich reduzieren. So fällt bei

Prozess A nur noch eine abteilungsübergreifende Schnittstelle an, bei B entfallen sie komplett.

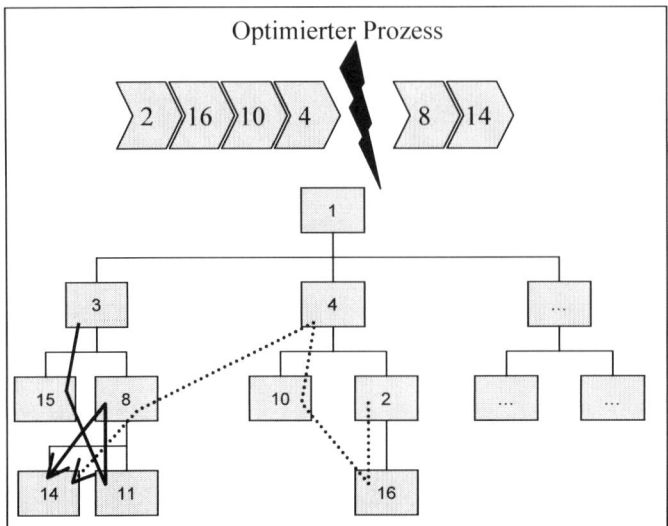

Abb. 3-8: Prozessorientierte Aufbauorganisation

Bei einer Restrukturierung müssen alle wichtigen Prozesse berücksichtigt werden, was die Komplexität einer solchen Aufgabe stark erhöht. Weiterhin kann es zu Widerständen kommen, an denen solche Projekte scheitern können (siehe 8.4). So wird Mitarbeiter 2 in diesem Fall dem Mitarbeiter 4 zugeordnet, während sie vorher noch hierarchisch gleichgestellt waren.

Mit den gewandelten Mitarbeiterzusammensetzungen und Aufgabenverlagerungen verändern sich nach einer Restrukturierungsmaßnahme oft auch die Abteilungsbezeichnungen, so heißt der linke Ast im Organigramm vielleicht nicht mehr Vertrieb, sondern Auftragsbearbeitung.

Ein weiterer Vorteil der prozessorientierten Aufbauorganisation besteht in der erhöhten Transparenz für die Mitarbeiter: durch Reduktion der abteilungsübergreifenden Schnittstellen erkennen sie leichter, wo ihr Beitrag zum Gesamtprozess ist und was für Konsequenzen ihre Arbeit an nachgelagerten Stellen hat. Indem Mitarbeiter die Möglichkeit erhalten, über den Tellerrand bzw. ihren Schreibtisch hinauszuschauen, steigt ihre Motivation und das Verantwortungsbewusstsein im Hinblick auf übergeordnete Zielsetzungen.

Restrukturierungen sind zeit- und kostenaufwändig: es bedarf eingehender Analysen, Mitarbeitergespräche, Umzüge, neuer Visitenkarten und vielem mehr. In einem dynamischen, sich schnell ändernden Unternehmensumfeld kann sich allerdings schon nach relativer kurzer Zeit zeigen, dass die neue Struktur nicht mehr den sich ändernden Prozessen entspricht, die sich wiederum an wandelnde Marktgegebenheiten anpassen müssen. Dies kann im Extremfall, gerade bei großen, behäbigen Konzernen, dazu führen, dass schon neue Restrukturierungsmaßnahmen beginnen, während die letzten noch nicht einmal komplett abgeschlossen sind. Sprich: der Mitarbeiter in einem neuen Abteilungsgebäude braucht seine Kisten gar nicht auszupacken, da er in wenigen Wochen erneut ‚woandershin strukturiert' wird. Solche Probleme können mit einer sehr flexiblen Organisationsform, der Netzwerkorganisation, entschärft werden, die sich insbesondere für Unternehmen eignet, deren Geschäftsprozesse sich marktbedingt sehr schnell ändern und die entsprechend schnell reagieren müssen. In der Netzwerkorganisation gibt es kaum dauerhafte Strukturen, vielmehr organisieren sich die Mitarbeiter selbst, sie vernetzen sich je nach anfallender Aufgabe oder Situation mit anderen Kollegen, um so das Problem zu lösen. Wenn sich die Situation gewandelt hat, lösen sich die Verbindungen des Netzwerks, und die Mitarbeiter bringen sich für andere Aufgabenstellungen in andere Netzwerke ein. Ein Vertriebsspezialist hilft so vielleicht bei einem Projekt, einen neuen Markt zu erschließen. In diesem Markterschließungsteam finden sich auch andere Mitarbeiter des Unternehmens. Nachdem das Ziel erreicht ist, löst sich das Netz wieder auf und der Vertriebsspezialist sucht sich eine andere Aufgabe, in die er seine Kompetenzen einbringen kann. So gesehen ähnelt die Netzwerkorganisation der Projektorganisation, der Unterschied besteht darin, dass die Mitarbeiter sich immer wieder neue Projekte suchen, und außerdem die ‚Projekte' bzw. Vernetzungen evtl. auch längerfristig anhalten, wenn sich die Rahmenbedingungen nicht ändern.

Die Prozesse aus Abb. 3-8 könnten sich bei einer Netzorganisation wie folgt darstellen:

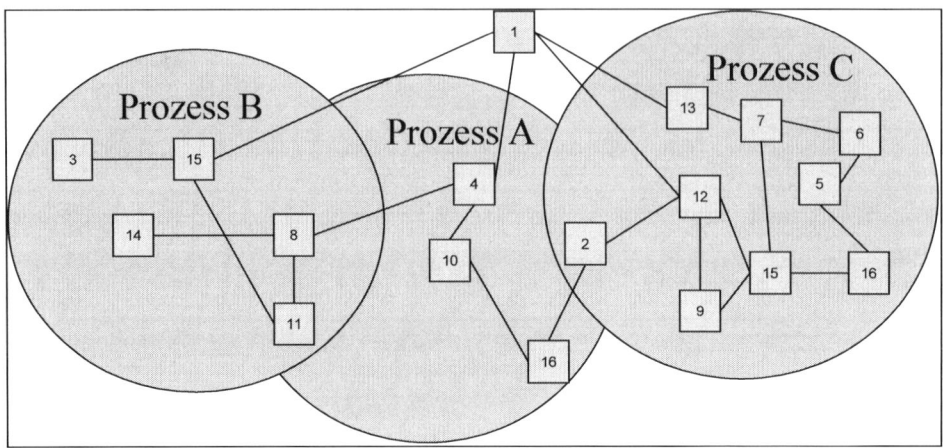

Abb. 3-9: Netzorganisation I

Angenommen, die Marktbedingungen ändern sich: Prozess B wird nicht mehr benötigt, an Prozess A werden neue Ansprüche gestellt, sodass weitere Mitarbeiter benötigt werden, und Prozess D entsteht neu. Die für Prozess B nicht mehr benötigten Mitarbeiter bringen sich nun selbständig je nach ihren Interessen, Qualifikationen und Bedarf im Prozess C oder D ein.

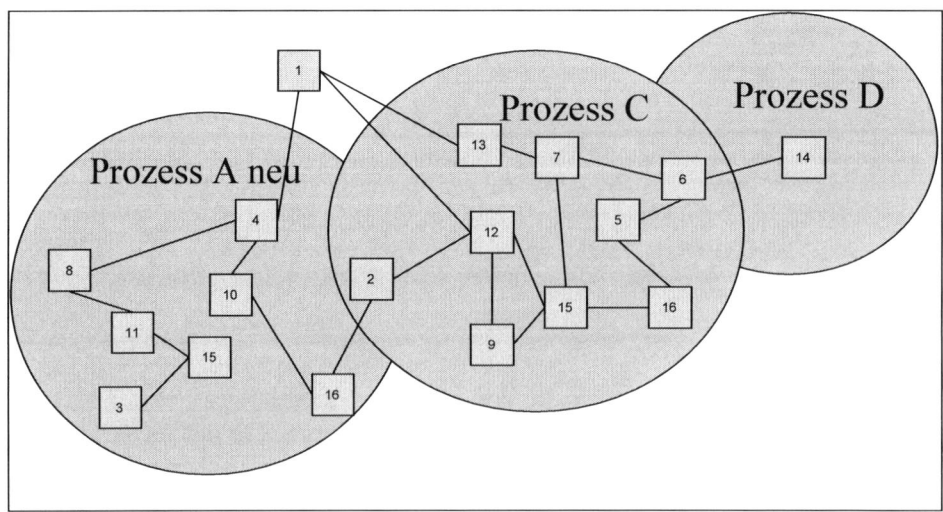

Abb. 3-10: Netzorganisation II

Die Netzwerkorganisation eignet sich, wie gesagt, für Geschäftsbereiche, in denen sich die Prozesse aufgrund der Marktgegebenheiten oft und schnell wandeln müssen. Gleichzeitig werden hohe Anforderungen an die Mitarbeiter gestellt, sie müssen sich ihre Arbeit gewissermaßen selbst im Unternehmen (sich an bestehende Prozesse angliedern) oder im Markt (neue Prozesse erstellen) suchen. Die unternehmensinternen Kommunikationssysteme müssen besonders gut durchdacht sein, da sich Mitarbeiter selbst über neue Einsatzmöglichkeiten informieren und immer wieder neue Kontakte bzw. Netze knüpfen müssen. Sind die Prozesse über längere Zeit stabil, ist eine prozessorientierte Aufbauorganisation mit festeren Strukturen geeigneter, da sich bei dauerhaften Rahmenbedingungen Effizienzvorteile erzielen lassen: die Mitarbeiter kennen alle ihre Ansprechpartner, ihr Büro, ihr Aufgabengebiet.

Eine einfache Analogie verdeutlicht den Unterschied: wer häufig und sehr schnell umziehen möchte (beispielsweise im Urlaub), verwendet ein Zelt, das allerdings nicht sehr komfortabel ist und immer wieder neu auf- und abgebaut werden muss (Netzwerkorganisation). Wer damit rechnet, lange Zeit an einem Ort zu bleiben, richtet sich ein Haus ein (prozessorientierte Organisation). Dort ist das Leben komfortabler, aber ein Umzug nähme mehr Zeit und Mühe in Anspruch.

In vielen Unternehmen müssen sich die Prozesse der gegebenen Aufbauorganisation anpassen, was zu den geschilderten Problemen führt. Das genaue Gegenteil ist erfolgversprechender: die Marktanforderungen bestimmen die Prozesse, und von den Prozessen hängt die Organisation ab, sei es eine Prozess- oder eine Netzwerkorganisation. Auf Englisch: structure follows process follows market.

3.6 Supply Chain Management

Hat sich die Fluss- und Prozessorientierung im Unternehmen durchgesetzt, stellt sich die Frage nach weiterem Optimierungspotenzial, das angesichts der folgenden Darstellung offensichtlich ist.

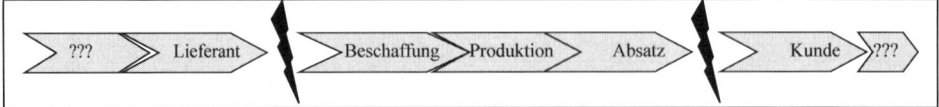

Abb. 3-11: Unternehmensübergreifende Schnittstellen

Eine weitere Verbesserung der Material-, Informations- und Werteflüsse ergibt sich bei Ausweitung des Blickwinkels über die Unternehmensgrenzen hinaus: wie lassen sich Schnittstellen und Flüsse zwischen den Lieferanten, dem eigenen Unternehmen und seinen Kunden verbessern?

In den 80er Jahren wurde mit dem Just-in-Time-Konzept (siehe 8.1.5) die Lücke zwischen dem Unternehmen und seinen Lieferanten geschlossen. Die 90er Jahre brachten das Konzept Efficient-Consumer-Response (ECR) hervor, wodurch sich das Unternehmen besser mit seinen Kunden abstimmen konnte. Allerdings reicht oftmals der Blick auf die direkten Lieferanten und die eigenen Kunden nicht aus, es geht vielmehr um die Optimierung der Zusammenarbeit, um Reduktion der Schnittstellen und um Fluss- und Prozessorientierung entlang der gesamten Wertschöpfungskette: ein Unternehmen, das zwar die Zusammenarbeit mit seinem Lieferanten optimiert hat, ist trotzdem vor Probleme gestellt, wenn der Lieferant des Lieferanten Lieferengpässe hat.

Definition Supply Chain Management (SCM)

Supply Chain Management ist die unternehmensübergreifende Koordination und Optimierung der Material-, Informations- und Wertflüsse über den gesamten Wertschöpfungsprozess von der Rohstoffgewinnung über die einzelnen Veredelungsstufen bis hin zum Endkunden mit dem Ziel, den Gesamtprozess unter Berücksichtigung der Kundenbedürfnisse sowohl zeit- als auch kostenoptimal zu gestalten.

Supply Chain Management ließe sich übersetzen mit Versorgungskettenmanagement. Der Begriff selbst ist in zweierlei Hinsicht irreführend. Die Betonung der ‚Supply' bzw. Versorgungsseite könnte so verstanden werden, das die wesentlichen Impulse von den Lieferanten ausgehen. Vielmehr gehen sie von der Nachfrage (Demand) der Endkunden aus (Siehe 8.1.5). Weiterhin impliziert der Begriff der Kette (Chain), dass jeweils nur ein Lieferant und Kunde existiert. In der Regel gibt es jedoch mehrere Lieferanten und Kunden, sodass der Begriff des Netzes besser greift:

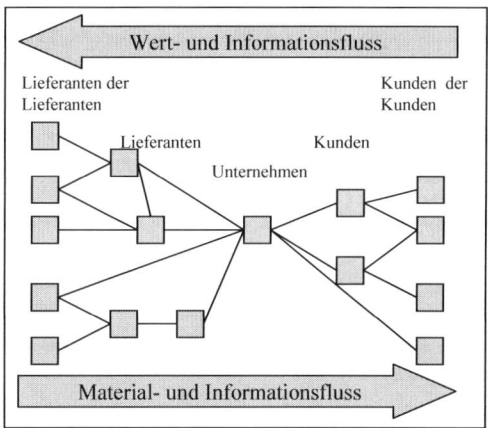

Abb. 3-12: Demand Net Management

Folglich wäre der Begriff ‚Demand Net Management' passender; da sich jedoch die Bezeichnung Supply Chain Management in Literatur und Praxis durchgesetzt hat, wird sie in diesem Buch beibehalten.

Die Ausweitung der Optimierungsperspektive auf die gesamte Wertschöpfungskette führt zu einem veränderten Verständnis der Konkurrenzbeziehungen: nicht mehr einzelne Unternehmen konkurrieren gegeneinander, sondern ganze Wertschöpfungsketten bzw. Supply Chains. Ein Unternehmen wird dann erfolgreich am Markt agieren, wenn es mit seinen Wertschöpfungspartnern besser kooperiert als seine Konkurrenten. Ein zentraler Gedanke des SCM besteht darin, durch Reduktion von Schnittstellen und Verbesserung der Flüsse eine tatsächliche Verbesserung der Wertschöpfungskette zu erzielen – und nicht nur Kosten auf den Lieferanten abzuwälzen. Weitere elementare Ansätze des SCM sind bereits im vorigen Abschnitt besprochen worden: der Kundennutzen steht im Mittelpunkt aller Aktivitäten und nicht Funktionen sondern Prozesse sind Gegenstand der Optimierungsbemühungen.

So gesehen entspricht das SCM weitgehend der Definition der Logistik (siehe S. 35), und rückt Verbesserungsbestrebungen durch starken Kundenbezug und unternehmensübergreifende Fluss- und Prozessorientierung in den Mittelpunkt der Betrachtungen.

Im folgenden Kapitel werden die Probleme, die sich aus unternehmensübergreifenden Schnittstellen ergeben, vertieft und ein Verständnis für zentrale Fragestellungen der Logistik geschaffen.

3.7 Fragen, Denkanstöße und Zusammenfassung

Verständnisfragen

1. Was ist Aufgabe und Gegenstand der Organisation?

2. Worin unterscheiden sich Ablauforganisation und Aufbauorganisation?

3. Erklären Sie die Begriffe Stelle und Instanz.

4. Wodurch unterscheiden sich funktionale Organisation, objektorientierte Organisation und Matrixorganisation?

5. Was ist Flussorientierung?

6. Nennen Sie Beispiele für Schnittstellen.

7. Wie lassen sich Schnittstellenprobleme reduzieren?

8. Ein Unternehmen hat folgende Aufbauorganisation und drei Kerngeschäftsprozesse.

    - Prozess A: $3 \rightarrow 9 \rightarrow 10 \rightarrow 14$
    - Prozess B: $4 \rightarrow 5 \rightarrow 17 \rightarrow 11$
    - Prozess C: $6 \rightarrow 7 \rightarrow 9 \rightarrow 14$

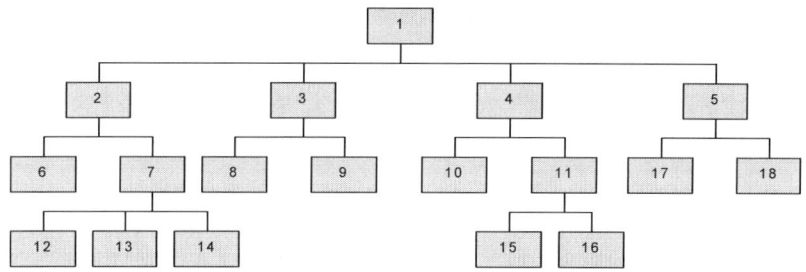

a) Wo ergeben sich abteilungsübergreifende Schnittstellen?

b) Unterbreiten Sie Vorschläge zur Änderung der Aufbauorganisation, um die Zahl der Schnittstellen zu reduzieren.

c) Welche Probleme könnten bei Reorganisation auftreten?

d) Wie kann man mit den Problemen umgehen?

9. Welche Vorteile hat eine prozessorientierte Aufbauorganisation?

10. Erklären Sie die Netzwerkorganisation. Welche Vor- und Nachteile hat diese Organisationsform?

11. Inwiefern ist der Begriff Supply Chain Management irreführend?

12. Schildern Sie die Entwicklung der Logistik.

Diskussionsanregungen

1. Welche Aufbauorganisation hat Ihr Unternehmen? Welche Vor- und Nachteile ergeben sich daraus?

2. Schildern Sie Schnittstellenprobleme Ihres Unternehmens und machen Sie Vorschläge, diese Schwierigkeiten zu eliminieren bzw. abzumildern.

3. In welcher Entwicklungsphase der Logistik befindet sich Ihr Unternehmen derzeit? Woran können Sie dies festmachen?

4.   Diskutieren Sie die Aussage „structure follows process follows market".

Zusammenfassung

Begriff der Organisation	Planvolles Gestalten der Abläufe und Strukturen im Unternehmen unter Aufstellung dauerhaft gültiger Regelungen.
Funktionen	- Erleichterung der Durchführung von (wiederkehrenden) Arbeitsabläufen - Grundlage effizienter Zusammenarbeit in arbeitsteiligen Prozessen

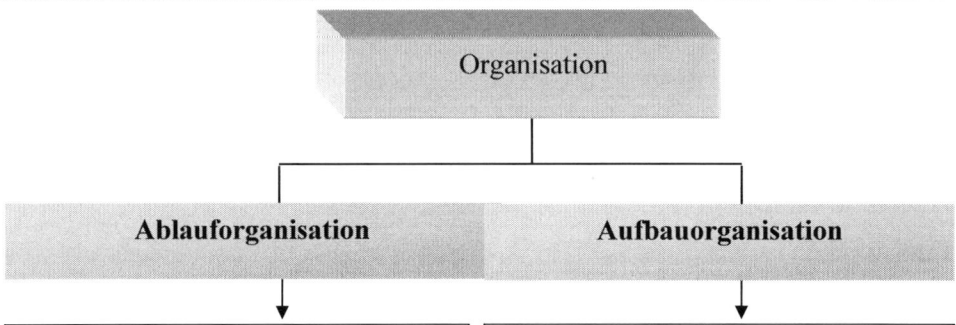

Ablauforganisation	**Aufbauorganisation**
Zentrale Frage: Wie wird etwas gemacht?	Zentrale Frage: Wie ist das Unternehmen aufgebaut?

<ul><li>Koordination der Teilaufgaben</li><li>Festlegung der zeitlichen Reihenfolge der Arbeitsprozesse</li><li>Definition der Orte, an denen Aufgaben verrichtet werden</li><li>Bestimmung der Sachmittel fest, die dafür zur Verfügung stehen</li></ul> Weiterhin können die einzelnen Tätigkeiten bei Bedarf sehr detailliert beschrieben werden.	<ul><li>Zuordnung der anfallenden Aufgaben zu Stellen</li><li>Zusammenfügen der Stellen zu einem sinnvollen Gesamtgefüge</li><li>Festlegung von Hierarchien und Weisungsbefugnissen</li></ul> **Stelle** = kleinste organisatorische Einheit; umfasst den Arbeitsbereich, der von einer Person ausgefüllt werden soll **Instanz** = Stelle mit Weisungsbefugnis

Strukturprinzipien der Ablauforganisation – Wie können Stellen zusammenge-fasst werden?.	
Funktionale Organisation	Gleichartige Tätigkeiten (=Funktionen) werden zusammengefasst.
Objektorientierte Organisation	Zusammenfassung von Organisationseinheiten nach Objekten (z.B. nach Ländern oder nach Geschäftsfeldern).
Matrixorganisation	Kombination aus funktions- und objektorientierter Organisation. Jede Stelle hat zwei weisungsbefugte Instanzen; eine funktionale und eine objektorientierte Instanz.
Prozessorientierte Organisation	Bei der Zusammenfassung der Organisationseinheiten werden die Arbeitsabläufe derart berücksichtigt, dass möglichst wenige Schnittstellen entstehen. Die Organisation richtet sich an den unternehmerischen Prozessen aus.
Netzorganisation	Sehr flexible Organisationsform, bei der sich die Mitarbeiter abhängig von ihren Kompetenzen und den anstehenden Aufgaben weitgehend selbstständig organisieren.

Überblick und Lernziele

In diesem Kapitel erfolgt eine Sensibilisierung für den sog. Peitscheneffekt, der ein zentrales Problem des Supply Chain Managements darstellt. Er ergibt sich aus dynamischen Prozessen der Wertschöpfungsketten.

Im ersten Abschnitt wird mittels Modellen, die mit der Software Powersim programmiert sind, die Struktur der Wertschöpfungsketten abgebildet und untersucht, welche Effekte sich im Zeitverlauf (dynamische Betrachtungsweise) daraus ergeben. Diese Aspekte werden im zweiten Abschnitt aufgegriffen und theoretisch beleuchtet.

Im Rahmen dieses Kapitels lernen Sie ...

- die Struktur von Material- und Informationsflüssen in einer Wertschöpfungskette kennen;

- erfolgreicher bei dynamisch-komplexen Problemstellungen zu agieren;

- das Phänomen des Peitscheneffekts und die damit einhergehenden Probleme kennen;

- mit welchen Maßnahmen sich der Peitscheneffekt abmildern lässt.

4.1   Systemdynamische Modelle der Supply Chain

Die diesem Abschnitt zugrundeliegenden Modelle sind unter http://wirtschaft-lernen.de/systemisches_denken kostenlos verfügbar. Zur Nutzung wird lediglich ein Internetbrowser benötigt.[4]

Die drei Unterabschnitte sind modular aufgebaut, sodass sie notfalls übersprungen werden können, ohne dass die nachfolgenden Teile dadurch unverständlich werden. Diese Konzeption liegt in den unterschiedlichen Anforderungen der jeweiligen Abschnitte begründet.

---

[4] Didaktische Hintergründe des Abschnitts, die insbesondere für den Moderator bzw. Kursleiter interessant sind, finden sich in: Arndt, Holger: Systemisches Denken im Wirtschaftsunterricht. Erlangen 2016

Im erster Teil sind Grundkenntnisse der Software Insight Maker hilfreich, da dort Modelle direkt untersucht werden. Eine Kurzeinführung zu dieser Software, die in vielerlei Hinsicht anwendbar ist, findet sich in Anhang A.

4.1.1 Die optimale Bestellentscheidung eines Einzelhändlers - Analyse und Erweiterung des Basismodells

Die Themenstellung der ersten Einheit ist in Abb. 4-1 angedeutet: Sie sind ein Einzelhändler, der als einziges Produkt Fahrräder verkauft. Die Bestellungen und Auslieferungen erfolgen über den Postweg.

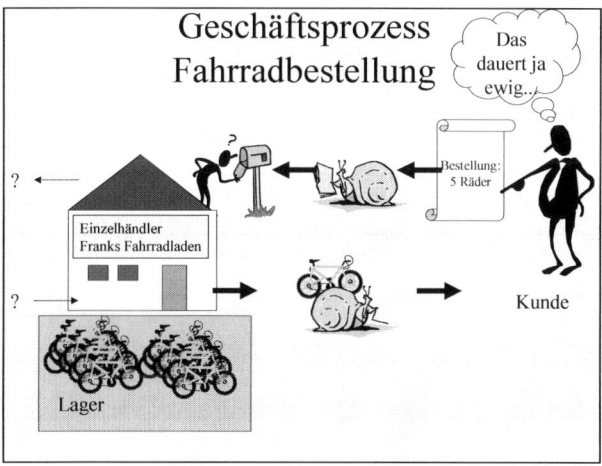

Abb. 4-1: Geschäftsprozess Fahrradbestellung I

Abb. 4-2 zeigt die Umsetzung dieses realen Sachverhalts im Simulationsmodell SCM_1.SIM.

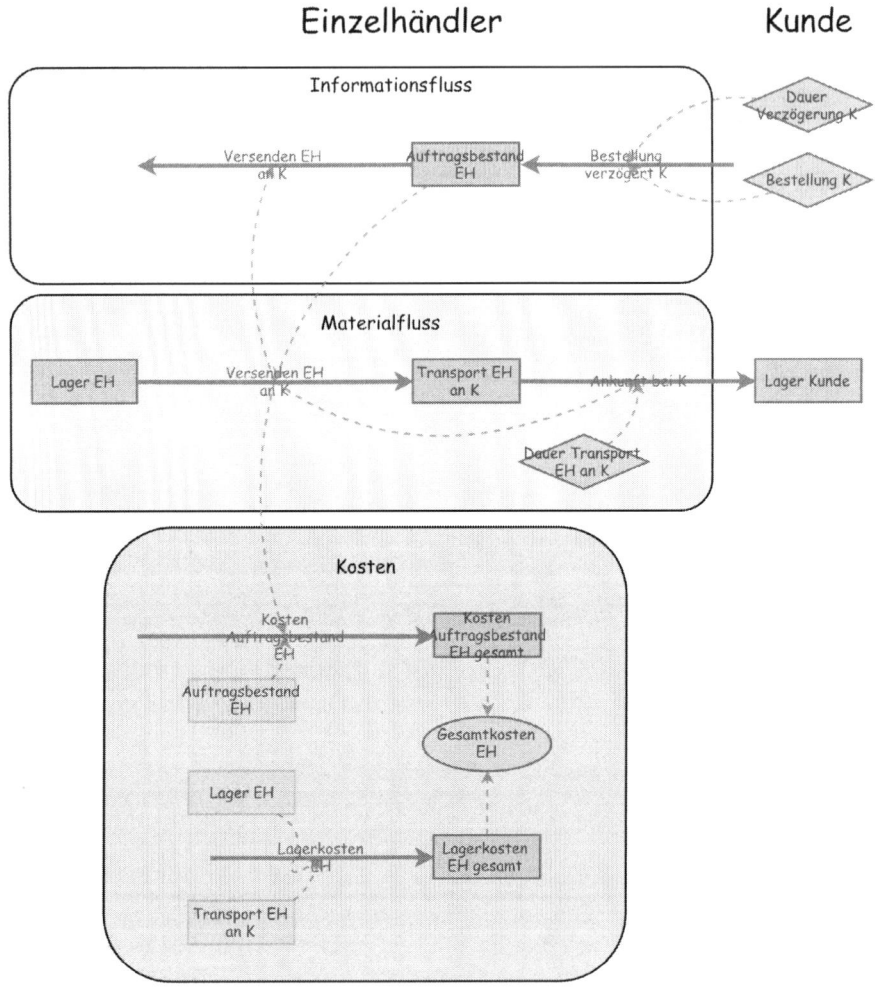

Abb. 4-2: Simulationsmodell SCM_1-3

Der obere Teil zeigt die Zusammenhänge der fließenden Informationen und Materialien. Unten ist dargestellt, wie sich die Kosten ermitteln. Hierzu ist vorab anzumerken, dass in diesem Modell Kosten für Lagerhaltung anfallen, aber auch Fehlmengenkosten. Letztere Kosten fallen nicht direkt an, bilden aber im Modell den entgangenen Gewinn und die Unzufriedenheit der Kunden über mangelnde Lieferfähigkeit ab.

Mit Hilfe der Modelle SCM 1-1 bis 1-3 können die folgenden Aufgaben bearbeitet werden.

Sie sind Inhaber von *Franks Fahrradladen*, ein Einzelhändler, der Fahrräder der Rentag AG verkauft. Da Ihr Geschäft etwas abseits liegt, gehen die Kundenbestellungen auf dem Postweg ein und werden auch durch Paketdienste abgewickelt.

1. Beschreiben Sie den oben skizzierten Prozess in eigenen Worten. Gehen Sie dabei gesondert auf den **Materialfluss** und den **Informationsfluss** ein.

_____

_____

_____

_____

2. Wovon hängt die **Lieferzeit** ab?

_____

_____

_____

3. Unter welchen Umständen könnte sich die Lieferzeit verschlechtern?

_____

_____

_____

Zeit: 7 Minuten

Analyse des Modells – 1

Das vorliegende Modell *SCM 1-1* ist so eingerichtet, dass der Kunde in der ersten Periode (am ersten Tag) fünf Fahrräder bestellt.
- Simulieren Sie das Modell .

Analyse der Lieferzeit
- Wie viele Tage dauert es, bis die Kundenbestellung im Unternehmen wahrgenommen wird?
- Wie lange dauert es dann noch, bis die Ware beim Kunden (im Lager des Kunden) ist?
- Wie lange ist die Lieferzeit insgesamt?

Analyse der Kosten
- Wie werden im Modell die Gesamtkosten ermittelt?

_____

_____

_____

- Beschreiben Sie die konkrete Entwicklung der Kosten für den vorliegenden Fall. Unterscheiden Sie dabei nach *Lagerkosten* und *Kosten für nicht ausgeführte Aufträge*.

54

_____

_____

_____

_____

_____

Zeit: 10 Minuten

Analyse des Modells – 2

- Öffnen Sie das Modell SCM 1-2. Es ist identisch mit dem
Modell SCM 1-1, allerdings werden hier in
jeder Periode 15 Einheiten bestellt.
- Führen Sie einen Simulationslauf durch.

- Beschreiben und erklären Sie den Verlauf folgender Größen:
  - Auftragsbestand_EH
  - Lager_EH
Gehen Sie dabei auf die *Zusammenhänge* zwischen diesen Größen ein.

_____

_____

_____

Analysieren Sie den **Kostenverlauf**. Erklären Sie mögliche Zusammenhänge zu
den oben geschilderten Größen.

_____

_____

_____

Wie würde ein vernünftig handelnder Einzelhändler reagieren, um eine bessere
Kostenstruktur zu erhalten?

Wie muss das vorliegende Modell dazu erweitert werden?

Zeit: 12 Minuten

Die optimale Bestellentscheidung

- Öffnen Sie die Datei *SCM 1-3*. Dort ist die Möglichkeit des Bestellens umgesetzt.

Die momentane Programmierung sieht sehr hohe Lagerbestände des Großhändlers vor, sodass mit keinen Lieferengpässen zu rechnen ist. Die bestellte Ware geht einen Tag nach der Bestellung zu.

- Durchlaufen Sie schrittweise die Simulation und versuchen Sie, möglichst niedrige Gesamtkosten zu erzielen. Erläutern Sie Ihre Entscheidungsregel.

Einige Voraussetzungen (Prämissen) des Modells sind unrealistisch. Welche?

_____

_____

_____

_____

_____

_____

Zeit: 15 Minuten

4.1.2 Planspiel: Bestellentscheidungen in einer Supply Chain

Im vorangegangenen Abschnitt wurden grundlegende Aspekte des Modells untersucht: der Zusammenhang zwischen Informations- und Materialfluss, das Konzept der Fehlmengenkosten, Einflussgrößen auf die Lieferzeit, der Zielkonflikt zwischen Lieferfähigkeit und Lagerkosten (siehe Kapitel 7) und dass sich die Perspektive der Betrachtung nicht auf den Einzelhändler beschränken kann, sondern die ganze Supply Chain umfassen sollte. Der letztgenannte Punkt ist Gegenstand dieses Abschnitts, dabei wird von einer vierstufigen Supply Chain ausgegangen.

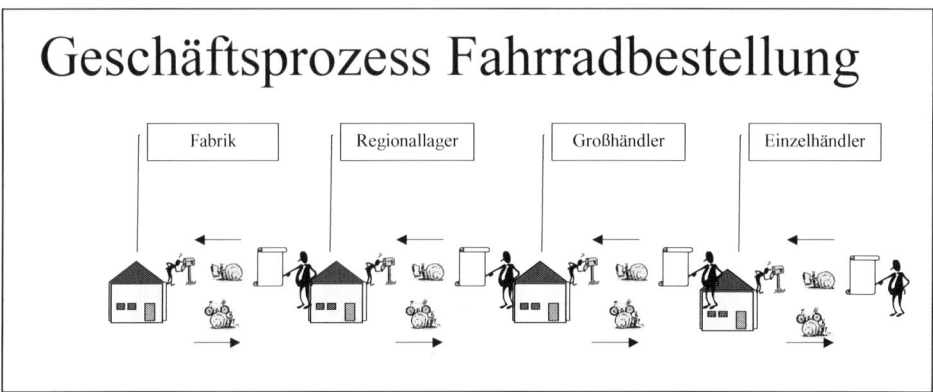

Abb. 4-3: Geschäftsprozess Fahrradbestellung II

Das dieser Supply Chain zugrundeliegende Modell entspricht in seiner Struktur dem des vorigen Abschnitts, ist allerdings vervielfacht und miteinander verknüpft.

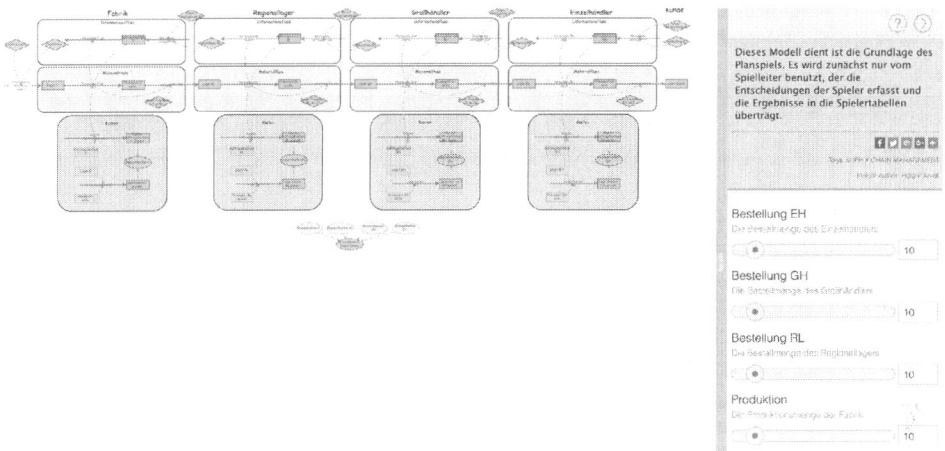

Abb. 4-4: Simulationsmodell des Planspiels

Die Werte entsprechen weitgehend denen der früheren Modelle:
- Die Transportdauer beträgt 3 Tage (Verzögerung des Materialflusses).
- Es dauert ebenfalls 3 Tage, bis ein Auftrag beim jeweiligen Lieferanten wahrgenommen wird (Verzögerung des Informationsflusses).
- Die Produktion der Ware in der Fabrik nimmt nur einen Tag in Anspruch.
- Zu Beginn ist das System im Gleichgewicht; es werden immer 10 Fahrräder bestellt.
- Der Lagerbestand beträgt auf allen Stufen der Supply Chain 50 Fahrräder.

Das Ziel des Planspiels besteht darin, möglichst geringe Kosten sowohl auf der einzelnen Unternehmensebene als auch für die Supply Chain insgesamt zu generieren.

Zur Durchführung des Spiels bietet sich an, die Gesamtgruppe in kleinere Gruppen aufzuteilen. Dabei entspricht jede Supply Chain einer Lerngruppe. Jedes Unternehmen der Supply Chain wird von ein bis zwei Personen geführt. Darüber hinaus bedarf es für jede Supply Chain eines Spielleiters (zur Beschleunigung des Spiels können auch zwei Spielleiter eingesetzt werden), der die Entscheidungen der Spieler in das Modell eingibt und die Ergebnisse in die Entscheidungskarten einträgt. Insgesamt besteht eine Gruppe bzw. Supply Chain also aus fünf bis zehn Lernenden. Die Kommunikation zwischen den Unternehmen soll nur über die Entscheidungskarten erfolgen; die Spieler dürfen also nicht direkt miteinander sprechen. Die Einhaltung dieser Regel sollte vom Spielleiter überwacht werden.

Das Spiel sollte nach Möglichkeit mindestens 40 Runden gespielt werden, da so die Schwankungen der Auftragsbestände und Bestellmengen deutlich hervortreten. Eine Runde verläuft dabei wie folgt:

1. Jeder Spieler trägt in seine Entscheidungskarte ein, wie viele Fahrräder bestellt werden sollen und gibt die Karte an den Spielleiter.

2. Der Spielleiter trägt die Werte die vier Gruppen in das Simulationsfenster ein und lässt die Simulation einen Schritt vorangehen.

3. Der Spielleiter trägt in die Entscheidungskarten die jeweiligen Werte (eingegangene Bestellungen, Auftragsbestand, Lagerbestand) in die Entscheidungskarten ein und verteilt diese an die Spieler.

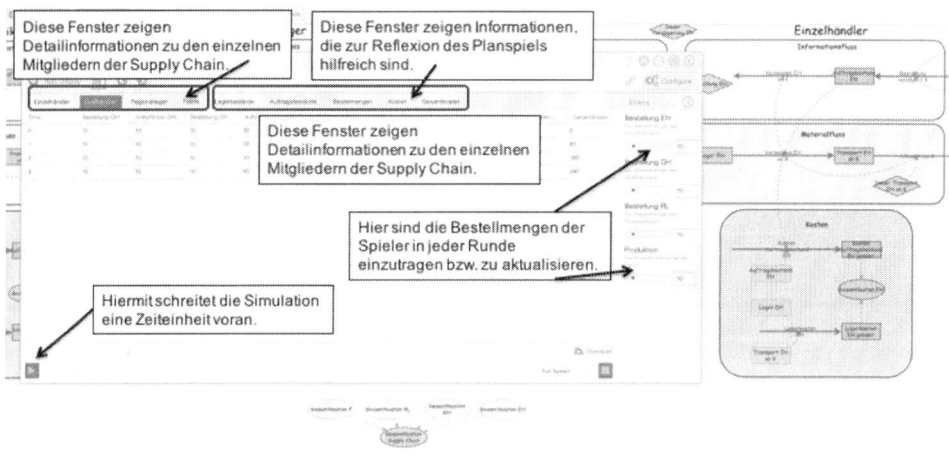

Abb. 4-5: Maske Planspiel

60

		Einzelhändler		
Spiel-runde	Ein-gegangene Bestellung (des End-kunden)	**Eigene Bestellungen (beim GH)**	Auftrags-bestand	Lager-bestand
1	10		10	50
2				
3				
4				
5				
6				
7				
8				
9				
10				
11				
12				
13				
14				
15				
16				
17				
18				
19				
20				
21				
22				
23				
24				
25				
26				
27				

28				
29				
30				
31				
32				
33				
34				
35				
36				
37				
38				
39				
40				
41				
42				
43				
44				
45				
46				
47				
48				
49				
50				

Großhändler				
Spiel-runde	Ein-gegangene Bestellung (des Ein-zel-händlers)	**Eigene Bestellungen (beim RL)**	Auftrags-bestand	Lager-bestand
1	10		10	50
2				
3				
4				
5				
6				
7				
8				
9				
10				
11				
12				
13				
14				
15				
16				
17				
18				
19				
20				
21				
22				
23				
24				
25				
26				

27				
28				
29				
30				
31				
32				
33				
34				
35				
36				
37				
38				
39				
40				
41				
42				
43				
44				
45				
46				
47				
48				
49				
50				

Regionallager				
Spiel-runde	Ein-gegangene Bestellung (des Groß-händlers)	**Eigene Bestellungen (bei Fabrik)**	Auftrags-bestand	Lager-bestand
1	10		10	50
2				
3				
4				
5				
6				
7				
8				
9				
10				
11				
12				
13				
14				
15				
16				
17				
18				
19				
20				
21				
22				
23				
24				
25				
26				
27				

28				
29				
30				
31				
32				
33				
34				
35				
36				
37				
38				
39				
40				
41				
42				
43				
44				
45				
46				
47				
48				
49				
50				

Fabrik				
Spiel-runde	Ein-gegangene Bestellung (des Regional-lagers)	**Eigene Produktion**	Auftrags-bestand	Lager-bestand
1	10		10	50
2				
3				
4				
5				
6				
7				
8				
9				
10				
11				
12				
13				
14				
15				
16				
17				
18				
19				
20				
21				
22				
23				
24				
25				
26				
27				

28				
29				
30				
31				
32				
33				
34				
35				
36				
37				
38				
39				
40				
41				
42				
43				
44				
45				
46				
47				
48				
49				
50				

Im Anschluss an das Spiel schätzen alle Fabrikanten die Höhe und den Verlauf der Endkundennachfrage ein. Die Einzelhändler – sie sind die einzigen, die das Bestellverhalten der Konsumenten kennen – teilen daraufhin die tatsächliche Höhe und den Verlauf dieser Größe mit. Die Ergebnisse werden Sie wahrscheinlich überraschen!

Überrascht sind Sie möglicherweise auch, wenn Sie erfahren, dass die minimalen Gesamtkosten einer optimierten Supply Chain mit besseren Entscheidungen weniger als 12.000 € an Kosten verursachen. Sie haben vermutlich ein Vielfaches dieses Wertes erreicht.

Beantworten Sie nun mit den anderen Mitgliedern Ihrer Supply Chain folgende Fragen:

- Wer bzw. was war die Ursache des schlechten Abschneidens Ihrer Supply Chain?
- Wie können Sie Ihre Entscheidungsregeln oder die Struktur der Supply Chain ändern, um deutlich bessere Ergebnisse zu erzielen?

4.1.3 Die Bestellentscheidung innerhalb einer optimierten Supply Chain

Sowohl im Planspiel als auch in realen Supply Chains ergeben sich aufgrund systemdynamischer Überlegungen diverse Optimierungsansätze: Verkürzung der Verzögerung bzgl. Informations- und Materialfluss, Informationsteilung entlang der Supply Chain, Elimination von Mitgliedern der Supply Chain und sachadäquatere Entscheidungen. Beispiele zum Problem des Einflusses zeitlicher Verzögerungen auf Entscheidungen finden sich im nachstehenden Informationsblock.

Bezüglich der Entscheidungsregeln liefert die Anwendung der sogenannten ‚No-Strategy'-Strategie recht gute Ergebnisse. Sie empfiehlt, immer genau in Höhe der eingehenden Kundenbestellungen selbst beim Lieferanten zu bestellen. Die Ursache des relativen Erfolges dieser Strategie besteht darin, dass dabei die typischen Fehler vermieden werden, die durch mangelnde Berücksichtigung von Verzögerungen zu Oszillationen mit steigender Amplitude führen. Zwar ist so kein optimales Ergebnis zu erzielen, sowohl Lager- als auch Fehlmengenkosten sind noch nicht minimal, aber das Ergebnis ist signifikant besser als das durchschnittliche Ergebnis von in systemdynamischem Denken ungeschulten Akteuren. Diese Zusammenhänge können Sie mithilfe der Modelle SCM_Opt_1 und 2 und den zugehörigen Aufgaben untersuchen.

SCM und darüber hinaus: zum Problem der Zeitverzögerungen

Das Planspiel zeigt, dass es unsinnig ist, Zeitverzögerungen in komplexen Systemen zu ignorieren. Stellen Sie sich folgende Situation vor: Ihr Auto erleidet in einem Unfall, in dem niemand verletzt wird, einen Totalschaden. Sie gehen zum Händler und bestellen sich ein neues Auto, die Lieferzeit beträgt vier Wochen. Am nächsten Morgen schauen Sie in Ihre Garage, es steht kein Auto drin. Deshalb gehen Sie zu Ihrem Autohändler und bestellen sich noch ein Auto. Diese Situation ist natürlich lächerlich, niemand wäre so naiv, die Versorgungskette (Supply Line) zu ignorieren. Dennoch passiert gerade das in vielen Situationen:
- Sie surfen im Internet. Der Computer reagiert nicht auf Ihren letzten Mausklick. Sie klicken noch mal und noch mal. Ungeduldig werdend, klicken Sie nun alle möglichen Symbole an, um zu sehen, ob der Computer überhaupt noch reagiert. Nach ein paar Sekunden arbeitet der Computer plötzlich alle Befehle ab, die er (in der Supply Line) gespeichert hat und Sie landen an einer ganz anderen Stelle, aber nicht an ihrem eigentlichen Ziel.
- Sie kommen in ein Ihnen unbekanntes Hotel und drehen die Dusche auf. Das Wasser ist kalt, Sie erhöhen den Heißwasseranteil, es ist immer noch kalt. Sie geben noch mehr heißes Wasser dazu, die Temperatur ist angenehm und Sie steigen in die Dusche. Ein paar Sekunden später springen Sie schreiend aus der Dusche, weil Sie sich verbrannt haben. Sie haben die Verzögerungszeit nicht berücksichtigt, bis das kalte Wasserrohr heiß wird und solange das Wasser auf dem Weg zur Dusche abkühlt.
- Sie sind jung und experimentieren zum ersten Mal mit Alkohol. Um Ihren Freunden zu zeigen, wie gut Sie Alkohol vertragen, trinken Sie Ihr Glas schnell aus. Es geht Ihnen gut und Sie trinken noch ein Glas. Es geht Ihnen immer noch gut, und Sie trinken Glas über Glas. Als Ihnen plötzlich das Bewusstsein schwindet und Sie auf den Boden fallen, denken Sie noch – zu spät – dass Sie die Ver-

sorgungskette von Alkohol in Ihrem Magen ignoriert und viel zu viel getrunken haben.

Vielen von uns dürften die geschilderten Situationen bekannt vorkommen, wenngleich wir normalerweise lernen, diese Verzögerungen zu berücksichtigen. Oftmals ist der Zusammenhang zwischen Ursache und Wirkung nicht so offensichtlich und die Zeitverzögerungen recht lange – teilweise mehrere Jahre. Aus diesen Effekten wird nur selten gelernt, die gleichen Fehler werden – oft unbewusst – immer und immer wieder gemacht. [5]

Aufgabe: Finden Sie Beispiele aus dem Wirtschaftsbereich – am besten aus Ihrer beruflichen Praxis –, in denen Verzögerungseffekte zu Problemen führen!

Das Modell **SCM_Opt1.SIM** ist identisch mit dem Modell Ihres Planspiels. Hier bestellt allerdings der Computer, und zwar auf jeder Ebene immer genau in Höhe des jeweiligen Auftragseingangs ('No-strategy'-Strategie).

1 – Durchlaufen Sie einen kompletten Simulationslauf und vergleichen Sie die Ergebnisse des Computers mit denen Ihrer Gruppe. Wer war erfolgreicher? Erklären Sie die Ursachen.

Zeit: 5 Minuten

---

[5] Die Beispiele sind entnommen aus: Sterman, John: Business Dynamics. Systems Thinking and Modeling for a Complex World. Boston 2000, S. 695

2 – Öffnen Sie die Datei **SCM_Opt2.SIM**

Auch hier bestellt der Computer nach der ‚No-Strategy'-Strategie.

Das ist das optimierte Modell:

      - eine SC-Stufe weniger, das Regionallager wurde aufgelöst.

      - Informationen werden geteilt.

      - Transportdauer der Fahrräder auf einen Tag reduziert.

2.1 - Analysieren Sie die Kostenentwicklung

2.2 – Momentan erfolgt in der zweiten Periode ein Nachfragesprung auf 20 Fahrräder.

Schätzen Sie zuerst die Gesamtkosten für 50 Räder und ermitteln Sie anschließend den Wert durch Simulation. Tun Sie im Anschluss das Gleiche für 70 Fahrräder.   *geschätzte Gesamtkosten*   *tatsächliche Gesamtkosten*

a) 50 Fahrräder

b) 70 Fahrräder

2.3 – Evtl. haben die Ergebnisse Sie überrascht. Erklären Sie die Unterschiede der Kosten bei Bestellmengen von 20, 50 und 70 Fahrrädern. Wie brauchbar ist die ‚No-Strategy'-Strategie?

Zeit: 10 Minuten

Die Aufgaben zum Modell SCM_Opt_2 verdeutlichen die Defizite der ‚No-Strategy'-Strategie: gibt es mehr Bestellpositionen als gelagerte Artikel, besteht permanent ein unbearbeiteter Auftragsbestand in Höhe der Differenz von Kundenbestellungen und Lagerbestand. Die dadurch entstehenden Fehlmengenkosten werden nicht abgebaut, woraus sich ein offensichtlicher Verbesserungsansatz dieser Strategie ergibt.

Mit dem Modell SCM GM 1 und den folgenden Analyseanregungen können bessere Strategien entwickelt und getestet werden.

3 – Strategien in der optimierten Supply Chain

SCM Gm 1 ist das gleiche optimierte Modell, in der zweiten Periode steigen die Bestellungen auf 70 Fahrräder. **Entwickeln Sie mit Hilfe von Simulationsläufen eine Strategie.** Spielen Sie dann mindestens 20 Perioden und versuchen Sie, möglichst niedrige Kosten zu erhalten.

Sind Sie besser als der Computer mit seiner ‚No-Strategy'-Strategie?

Skizzieren Sie Ihre Strategie:

_____

_____

_____

_____

_____

_____

_____

_____

_____

_____

Vergleichswerte 'No strategy'						
Computer – **No Strategy**		**Sie - bessere Strategie?**				
Periode	Gesamt-kosten	Perio-de	Best. Fabrik	Best. GH	Best. EH	Kosten
0	0	0				
1	240	1				
2	480	2				
3	720	3				
4	1080	4				
5	1540	5				
6	2060	6				
7	2600	7				
8	3140	8				
9	3680	9				
10	4220	10				
11	4760	11				
12	5300	12				
13	5840	13				
14	6380	14				
15	6920	15				
16	7460	16				
17	8000	17				
18	8540	18				
19	9080	19				
20	9620	20				

Schildern Sie Probleme, die Sie vielleicht hatten.

_____

_____

_____

_____

_____

Zeit: 20 Minuten

4.2 Allgemeine Aspekte zur Systemdynamik

Entscheidungen werden vielfach getroffen aufgrund vermuteter Ursache-Wirkungszusammenhänge oder allgemeiner aufgrund mentaler Modelle, die die Wirklichkeit abbilden sollen. Ändern sich die Bedingungen, muss sich auch das mentale Modell anpassen, um sachadäquate Entscheidungen treffen zu können. Vielfach sind jedoch sehr schlechte Lösungen zu beobachten, was u.a. auf falsches bzw. mangelndes Lernverhalten von Entscheidern zurückzuführen ist. Dafür gibt der System-Dynamics-Ansatz zwei Erklärungen. So können die Probleme insbesondere in der Umwelt begründet sein – hier ist hauptsächlich an unbekannte Struktur und an dynamische Komplexität zu denken. Im Gegensatz zu kombinatorischer Komplexität, die durch eine große Anzahl von kausal verbundenen Parametern entsteht, kann dynamische Komplexität schon in Systemen mit wenigen Variablen auftreten. Diese Form von Komplexität tritt normalerweise zutage, wenn einer oder mehrere der folgenden Faktoren erfüllt sind: Dynamik, Vernetztheit, Feedback innerhalb des Systems, Nichtlinearität, Geschichtsabhängigkeit und Selbstorganisation, Kontraintuitivität, Absichtsresistenz, Nebenwirkungen, Oszillationen aufgrund von Zeitverzögerungen. Des Weiteren ist die selektive Informationswahrnehmung eine mögliche Barriere zum Lernen, da viele möglicherweise relevante Informationen ausgeblendet werden: „The eye sees only what the mind is prepared to comprehend."

Dynamische Komplexität und begrenzte Informationsaufnahme wegen nicht verfügbarer Informationen oder mentaler Filter reduzieren das Lernpotenzial. Aufgrund von Komplexität, Zeitdruck und begrenzten kognitiven Fähigkeiten werden Entscheidungen vielfach auf Basis von Gewohnheit, Faustregeln und einfachen, aber falschen mentalen Modellen getroffen. So fallen nicht nur suboptimale Entscheidungen, vielfach findet auch kein Lernen aus gemachten Erfahrungen statt. Um in komplexen Systemen erfolgreich lernen zu können, empfiehlt sich die Kreation virtueller Welten (formaler Modelle) als Abbild der realen Welt.[6] Sie sind gewissermaßen preiswerte Laboratorien, in denen experimentiert

---

[6] Die Modelle des vorangegangenen Abschnitts waren virtuelle Welten in diesem Sinne.

werden kann, ohne dass lernbehindernde Zeitverzögerungen[7] oder unangenehme Konsequenzen[8] eintreten. Um jedoch wirklich zu lernen, reicht ein bloßes Durchspielen verschiedener Entscheidungsszenarien nicht aus, vielmehr müssen die Ergebnisse eines Simulationslaufs reflektiert werden, u.a. durch den interpretierenden Vergleich von Erwartungen und tatsächlichen Ergebnissen.

Entsprechend dient ein Simulationsmodell weniger der Prognose künftiger Zustände als der Verbesserung des Lernens, des Verständnisses von (dynamisch komplexen) Zusammenhängen, der Konstruktion besserer mentaler Modelle und damit auch der Verbesserung von Entscheidungen.

Das Planspiel des letzten Abschnitts hat ein zentrales Problem verdeutlicht, den Peitscheneffekt (Bullwhip effect). Kleine Veränderungen der Endkundennachfrage führen zu immer größeren Schwankungen der Bestellmenge, je weiter die Unternehmen der Supply Chain vom Kunden entfernt sind.

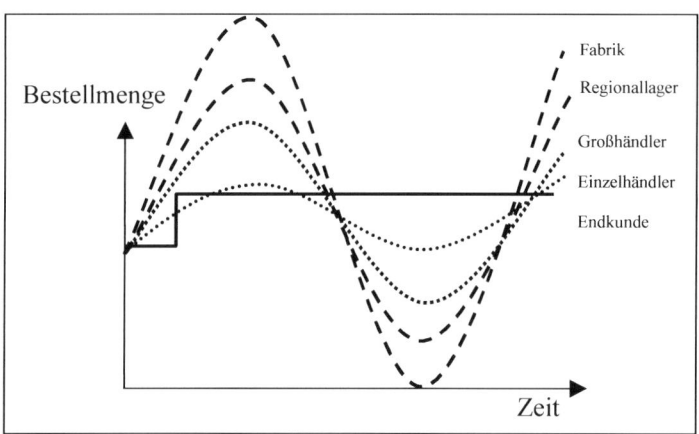

Abb. 4-7: Peitscheneffekt

Die Probleme, die der Peitscheneffekt mit hohen Schwankungen des Auftragseingangs mit sich bringt, sind offensichtlich: die Kapazitäten werden nicht

---

[7] Liegt zwischen Aktion und Reaktion ein langer Zeitraum, so ist sich der Lernende eines Zusammenhangs oft nicht mehr bewusst. Außerdem können in kurzer Zeit mehr Situationen/Konsequenzen von Entscheidungen untersucht werden.

[8] In der realen Welt lassen sich Extremsituationen normalerweise nicht zum Lernen testen, weil dies oft ethisch oder wirtschaftlich unvertretbar ist. So wird beispielsweise niemand einen auszubildenden Piloten in ein Unwetter schicken, um ihn für solche Situationen zu trainieren. Vielmehr wird Derartiges in Simulatoren geübt.

gleichmäßig ausgelastet, es kommt zu Auftragsspitzen, die nicht schnell bearbeitet werden können und auftragsarmen Zeiten, in denen die Ressourcen nicht genutzt werden können. Um Fehlbeständen vorzubeugen, müssen sehr hohe Lagerbestände gehalten werden, da Unternehmen nicht sicher sein können, von ihren Lieferanten unverzüglich beliefert zu werden. Wegen der zunehmenden Schwankungen steigt der nötige Sicherheitsbestand besonders stark an bei Unternehmen, die weit vom Endkunden entfernt sind. Hohe Lagerbestände verursachen Kapital- und Lagerkosten und machen das Unternehmen schwerfälliger (siehe 8.1). Insgesamt betrachtet führt ein stark ausgeprägter Peitscheneffekt zu hohen Sicherheitsbeständen bei gleichzeitig schlechter Lieferfähigkeit und -zuverlässigkeit (siehe Kapitel 7).

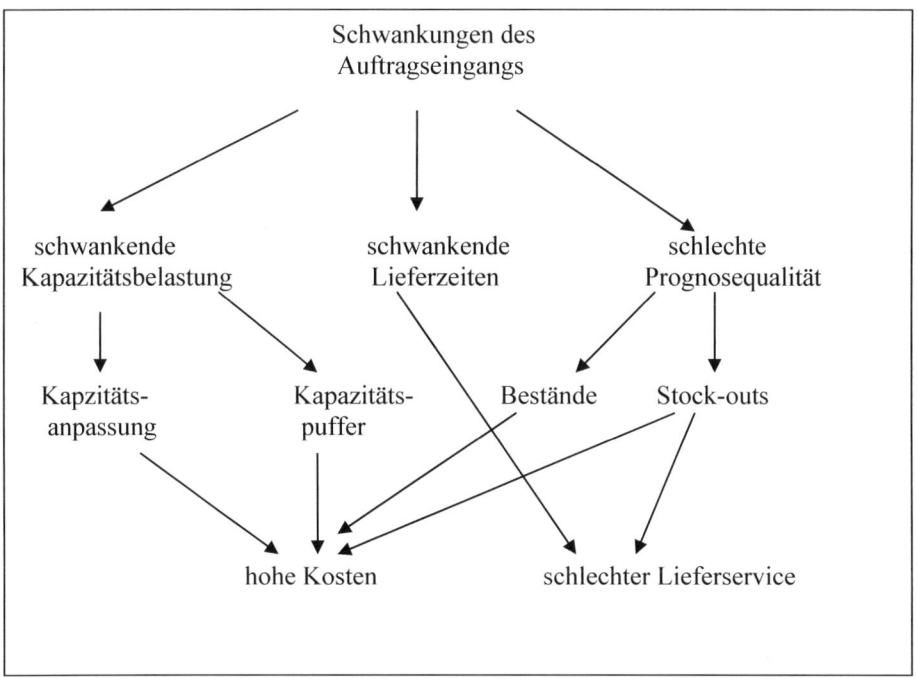

Abb. 4-8: Probleme von Auftragsschwankungen in Folge des Peitscheneffekts
Quelle: Melzer-Ridinger, Ruth: FAQ Supply Chain Management, S. 61

Aufgrund dieser Probleme besteht eine der Hauptaufgaben des SCM in der Abschwächung bzw. Vermeidung des Peitscheneffekts. Die Ursachen liegen im Wesentlichen in langen Verzögerungen der Material- und Informationsflüsse, in fehlenden oder verzerrten Informationen, in vielstufigen Wertschöpfungsketten und Entscheidungen der einzelnen Unternehmen, in denen die Vernetztheit der Wertschöpfungspartner nicht ausreichend berücksichtigt ist. Ansätze, diesen Ursachen zu begegnen, sind in den Folgekapiteln dargestellt.

4.3   Fragen, Denkanregungen und Zusammenfassung

Verständnisfragen

1. Was ist dynamische Komplexität?

2. Aus welchen Gründen wird manchmal aus falschen Entscheidungen auch im Nachhinein nichts gelernt?

3. Welcher Zusammenhang besteht zwischen Lagerbestand und Lieferfähigkeit?

4. Von welchen Faktoren hängt die Höhe des Sicherheitsbestands ab?

5. Erklären Sie den Peitscheneffekt. Finden Sie Beispiele dafür und benennen Sie seine Ursachen und Auswirkungen.

Diskussionsanregungen

1. Finden Sie Beispiele für Entscheidungen, die wegen Zeitknappheit, Komplexität oder selektiver Informationsaufnahme negative Folgen hatten.

2. Erklären Sie sinnvolle Einsatzmöglichkeiten von Modellierung und Simulation! Für welche Fragestellungen ist der Einsatz in Ihrem Unternehmen geeignet?

Zusammenfassung

Peitscheneffekt **- Begriff**	Mit Peitscheneffekt wird das Phänomen sich aufschaukelnder (Bestell-)Mengen bezeichnet. So können kleine Änderungen der Endkundennachfrage zu immer größeren Schwankungen der Mengen bei nachgelagerten Wertschöpfungsstufen führen.
- Probleme	Der Peitscheneffekt führt zu dem Paradoxon zeitweilig **hoher Lagerbestände** (mit entsprechenden Kosten) bei häufig **schlechter Lieferfähigkeit**.
- Ursachen	- Fehlende, verspätete und/oder verzerrte Informationen über die Kundennachfrage. - Langsame Material- und Informationsflüsse. - Komplexe, lange und/oder intransparente Wertschöpfungsketten. - Falsche Entscheidungen der Akteure, die Verzögerungen und andere Aspekte dynamischer Komplexität nicht angemessen berücksichtigen.
- Maßnahmen **(Grobüberblick)**	- Verbesserter, simultaner Informationsaustausch (z.B. hinsichtlich aktueller und geplanter Bedarfe) der Unternehmen einer Wertschöpfungskette. - Beschleunigung der Material- und Informationsflüsse. - Gezielte Analyse, Dokumentation und Planung der Wertschöpfungskette - Sensibilisierung der Mitarbeiter für komplexe Probleme.

5   Grundlagen der Prozessoptimierung

Überblick und Lernziele

In diesem Kapitel werden ausgehend von einer Klärung des Prozessbegriffs die wichtigsten Grundlagen der Prozessoptimierung vorgestellt. Diese Inhalte dienen als Basis der folgenden Kapitel.

Im Rahmen dieses Kapitels lernen Sie …

- was unter dem Begriff „Prozess" zu verstehen ist;
- einige Prozesstypen bzw. Prozessklassifikationen kennen;
- in welcher Abfolge normalerweise Prozessoptimierungen umgesetzt werden;
- die Prozessoptimierungskonzepte des Business Project Reenginereing und des Kaizen kennen und voneinander zu unterscheiden.

5.1   Definitionen des Prozessbegriffs

Was ist eigentlich ein Prozess? Hier einige Definitionen:

- Ein Prozess ist eine geordnete Abfolge von Aktivitäten (Handlungen)[9], die einen definierten Input in einen definierten Output überführen.

Eine ähnliche Variante:

- Ein Prozess wird durch ein (oder mehrere) Ereignis ausgelöst, besteht aus Aktivitäten und führt zu einem Ergebnis.

Oder mit stärkerem betriebswirtschaftlichem Bezug:

- Ein Geschäftsprozess ist eine von einer Kundenanforderung ausgelöste Folge von Aktivitäten, um das vom Kunden gewünschte Ergebnis zu erstellen.

Anzumerken ist ferner, dass wichtige Geschäftsprozesse häufig Abteilungen überschreiten, wodurch Schnittstellen entstehen (siehe S. 33), und dass Geschäftsprozesse in Teilprozesse untergliedert werden können.

Für produzierende Unternehmen gelten als besonders wichtig Prozesse der Produktentstehung, der Auftragsgewinnung, der Produktionsplanung, der Beschaffung, der Produktion, der Distribution und der Entsorgung.

---

[9] Aktivitäten werden in ARIS-Umgebungen auch als Funktion bezeichnet.

5.2 Ansätze der Prozessoptimierung: Business Process Reengineering und Kaizen

Die Prozessoptimierung sucht bestehende Prozesse zu verbessern, indem sie diese kritisch hinterfragt und neu konzipiert. Beim Umfang der Neukonzipierung gibt es zwei diametral entgegengesetzte Varianten: das Reengineering und Kaizen.

Die zentrale Frage beim Business Process Reengineering lautet: „Wie würden wir es machen, wenn wir ganz neu beginnen könnten?" Auf bestehende Strukturen und Prozesse wird bei diesem Ansatz relativ wenig Rücksicht genommen – diese sind schließlich oft historisch gewachsen und unter veränderten Rahmenbedingungen nicht mehr angemessen (siehe S. 38). Deshalb werden bestehende Strukturen und Prozesse meistens ersetzt. Dabei muss oft gegen Widerstände der Betroffenen vorgegangen werden, die sich durch Restrukturierungsmaßnahmen gefährdet sehen (siehe 8.4). Generell werden Reengineering-Projekte von der Unternehmensleitung initiiert (top-down) und vielfach von externen Unternehmensberatern durchgeführt oder begleitet.

Im Gegensatz dazu steht die japanische Methode des Kaizen, das sich als kontinuierlicher Verbesserungsprozess beschreiben lässt. Im Gegensatz zum Reengineering steht hier nicht eine einzelne, große, revolutionäre Veränderung im Blickfeld der Betrachtung, sondern eine permanente, kontinuierliche Verbesserung, die sich in vielen kleinen Schritten vollzieht. Die alten Prozesse werden nicht ersetzt, sondern verbessert. Beim Kaizen kommen die Prozessverbesserungsvorschläge von den Mitarbeitern (bottom-up), die mit den Prozessen vertraut sind. Grundlage des Kaizen ist eine entsprechende Unternehmens- und Führungskultur, die Wandel nicht als Bedrohung empfindet („So haben wir es immer gemacht, und das ist gut so."), sondern als Chance zur Verbesserung begrüßt. Kaizen ist eine Geisteshaltung, die sich nie mit dem Erreichten zufrieden gibt.

Während sich mit Kaizen große organisatorische Veränderungen, beispielsweise der Übergang von einer funktions- zu einer prozessorientierten Aufbauorganisation nicht bewältigen lassen, besteht bei Reengineeringprojekten die Gefahr des Scheiterns aufgrund fehlender Akzeptanz bei den Mitarbeitern. Folglich ist für jede Prozessoptimierung die geeignete Methode zu wählen und bei umstrittenen Reengineeringmaßnahmen besonders auf die Umsetzung der Konzepte u.a. mithilfe der Methoden des Change Managements (siehe 8.4) zu achten. Die beiden Konzepte schließen sich nicht zwangsläufig aus: mit einem Reengineering-Projekt lassen sich einmalig und in relativ kurzer Zeit große Veränderungen durchführen, beispielsweise neue Aufbauorganisationen erstellen. Anschließend können schrittweise Verbesserungen im Rahmen des Kaizen-Ansatzes über lange Zeit in den Details umgesetzt werden.

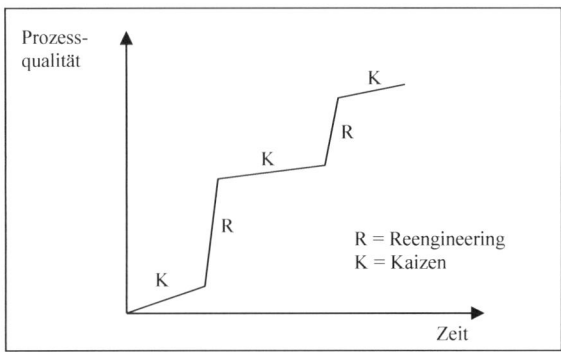

Abb. 5-1: Business Process Reengineering und Kaizen

5.3   Schritte und Ansätze der Prozessoptimierung

Prozessoptimierung bedeutet, bestehende Prozesse derart zu verändern oder neu zu gestalten, dass sie den Zielsetzungen unter Berücksichtigung vorhandener Zielkonflikte bestmöglich entsprechen. Weniger rigide, aber in der Unternehmenspraxis häufiger anzutreffen, ist der Ansatz der Prozessverbesserung, der nicht unbedingt ein Optimum, sondern lediglich eine Verbesserung des Status quo anstrebt. Dies lässt sich in drei bzw. vier Schritten erreichen: auf Basis einer Ist-Analyse werden Ziele gesetzt und anschließend Maßnahmen zur Umsetzung eingeleitet. Während und nach der Umsetzung ist der Erfolg derselben zu überprüfen, bei unvorhergesehenen Entwicklungen sind die Ziele den neuen Gegebenheiten anzupassen.

Bei Betrachtung des Ist-Zustands stellen sich die Fragen, was und wie etwas bewirkt wird. Wird dabei erkannt, dass ein Prozess suboptimal gestaltet ist, wird der Soll-Zustand dahingehend definiert, was das Ziel der Optimierung sein bzw.

wie etwas bewirkt werden soll. Die Ist-Soll-Diskrepanz muss dann mit passenden Maßnahmen überwunden werden. Abschließend verbleibt die Aufgabe, zu überprüfen ob, wie, warum bzw. warum nicht die Maßnahmen erfolgreich waren.

Einige grundlegende Varianten der Prozessoptimierung, an dieser Stelle noch allgemein und ohne direkten Bezug zur Logistik, sind nachfolgend dargestellt, um einen ersten Einblick in Möglichkeiten der Prozessoptimierungen zu gewähren:

- Aufspalten und
  Parallelisieren

- Beschleunigen/Verkürzen

- Zusammenfassen

- Verbessern

- Reihenfolge ändern

- Auslagern

-Einlagern

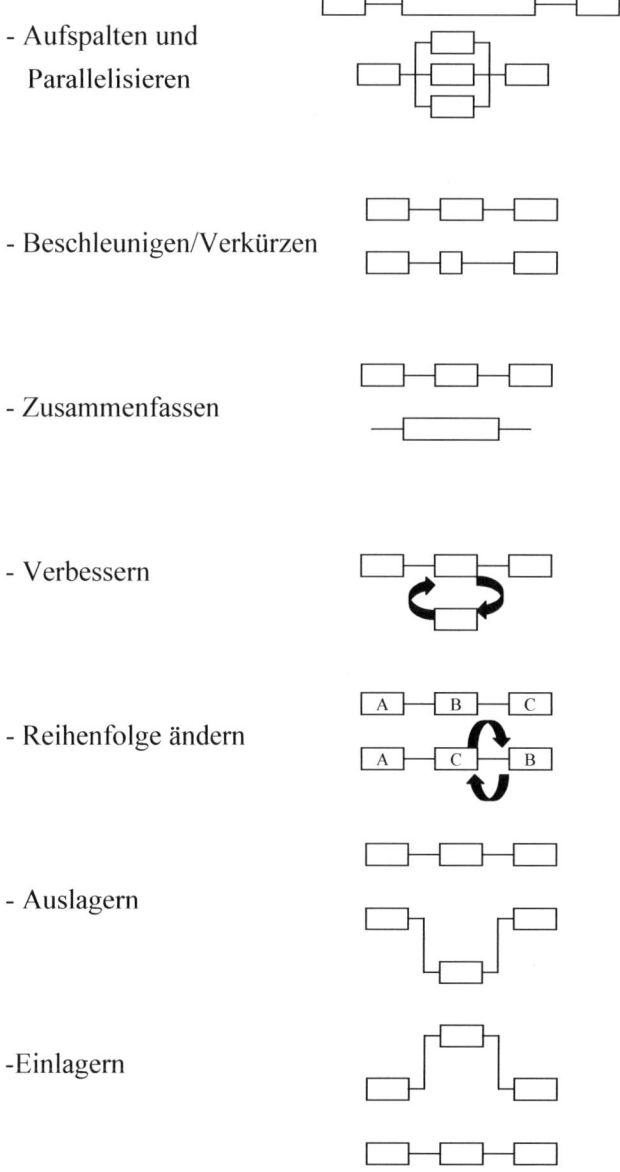

Insbesondere bei Optimierungen, die auf Verkürzungen der Durchlaufzeit abzielen, bietet sich die Unterscheidung zwischen Flaschenhals- (Bottleneck) und Nicht-Flaschenhalsprozessen an. Erstere sind kritisch und sollten beispielsweise mit den obengenannten Ansätzen verkürzt werden. Angenommen, die parallelen Teilprozesse A (benötigt fünf Stunden) und B (zwei Tage) müssen beendet sein, bevor Teilprozess C (Dauer vier Stunden) beginnen kann. Der Gesamtprozess benötigt in diesem Fall zwei Tage und vier Stunden. Der Flaschenhalsprozess ist hier Teilprozess B; wenn er sich verkürzt, reduziert das die Dauer des Gesamtprozesses. Würde hingegen Teilprozess A auf eine Stunde beschleunigt, hätte dies keine Verkürzung des Gesamtprozesses zur Folge.

Zur weiteren differenzierten Optimierung von Prozessen bietet sich an, diese zu unterteilen in Nutz-, Stütz-, Blind- und Fehlprozesse.

Nutzprozesse dienen der Erstellung des Produkts oder der Dienstleistung. Den durch Nutzprozesse in Anspruch genommenen Ressourcen steht eine Erhöhung des Kundennutzens gegenüber. Der unternehmensexterne Kunde erkennt nur diese Prozesse, die er auch zu entlohnen bereit ist. Beispiele für Nutzprozesse sind Entwickeln, Einkaufen, Bearbeiten und Verpacken. Nutzprozesse sind wichtig und müssen beibehalten, können jedoch trotzdem optimiert werden, beispielsweise durch effizientere Produktionsverfahren.

Stützprozesse wie Prüfen, Rüsten, Lagern und Transportieren unterstützen die Nutzprozesse. Sie erhöhen den Kundennutzen nur indirekt und werden vom externen Kunden nicht wahrgenommen. Folglich sollten sie möglichst reduziert werden.

Im Gegensatz zu Nutz- und Stützprozessen sind Blind- und Fehlprozesse ungeplant. Blindprozesse entstehen durch ihnen vorausgehende schlechte Nutz- und Prüfprozesse. Auch sie benötigen Ressourcen, allerdings ohne einen Beitrag zum Kundennutzen zu leisten. Rückfragen, Puffern und Material Suchen sind Beispiele für Blindprozesse. Sie sollten eliminiert werden.

Fehlprozesse entstehen ebenfalls aufgrund vorausgegangener suboptimaler Nutz- und Prüfprozesse. Ausschussproduktion, fehlerhaftes Kommissionieren und Prüfen und Beschädigen der Ware sind Beispiele von Fehlprozessen. Sie führen dazu, dass Mengen- und Terminvereinbarungen nicht einzuhalten sind oder Nutzprozesse wiederholt werden müssen. Da sie den Kundennutzen reduzieren, sind Fehlprozesse zu vermeiden.

5.4 Fragen, Denkanregungen und Zusammenfassung

Verständnisfragen

1. Erklären Sie die Unterschiede zwischen Business Process Reengineering und Kaizen.

2. Wie wirken sich die auf S. 81 skizzierten Prozessoptimierungsansätze aus? Geben Sie jeweils ein Beispiel an.

3. Ermitteln Sie Nutz-, Stütz-, Blind- und Fehlprozesse des folgenden Beispiels. Machen Sie Vorschläge zur Verbesserung der Prozesse.
Rohstoffe werden per Telefon bestellt. Zwei Tage später kommen sie im Unternehmen an, wo sie auf ihre Qualität geprüft und anschließend ins Wareneingangslager transportiert werden. Zwei Wochen später werden sie für die Produktion benötigt. Da sie am falschen Ort gelagert wurden, müssen sie erst gesucht werden. Nachdem sie endlich verfügbar sind, werden die Maschinen für das entsprechende Herstellungsverfahren umgerüstet, woraufhin die Produktion des Gutes erfolgt. Anschließend wird es verpackt und an den falschen Kunden versendet.

Diskussionsanregungen

1. Wo sehen Sie Verbesserungspotenzial an Ihrer beruflichen Tätigkeit?

2. Wie können Sie in Ihrem Unternehmen zu Prozessverbesserungen beitragen?

3. Finden Sie Beispiele erfolgreicher und gescheiterter Prozessoptimierungsmaßnahmen. Was waren die Gründe für den Erfolg bzw. Misserfolg?

4. Wo gibt es Flaschenhalsprozesse in Ihrem Unternehmen? Unterbreiten Sie Vorschläge zu deren Beschleunigung.

Zusammenfassung

Begriff Prozessoptimierung	Prozessoptimierung bedeutet, bestehende Prozesse derart zu verändern oder neu zu gestalten, dass sie den Zielsetzungen besser entsprechen.
Typische Vorgehensweise bei Prozessoptimierungen	1. Analyse des Ist-Zustands 2. Festlegung von Zielen (Definition des Soll-Zustands) 3. Umsetzung der Maßnahmen 4. Kontrolle des Erfolgs
Business Process Reengineering	Umfangreiche Veränderung der Geschäftsprozesse mit relativ geringer Berücksichtigung der gewachsenen Strukturen. Geeignet für umfangreiche und tiefgehende Veränderungen.
Kaizen	Diese Variante der Prozessoptimierung geht von vorhandenen Strukturen und Prozessen aus und versucht diese schrittweise zu verbessern.

6   Analyseinstrumente zur Optimierung von Logistikprozessen

Überblick und Lernziele

Die Analyse des Ist-Zustands dient als Basis der darauf aufbauenden Verbesserungen. In diesem Zusammenhang wird die ABC -Analyse vorgestellt. Darüber hinaus ist die Prozessvisualisierung bzw. –modellierung ein wichtiges Instrument, bestehende Prozesse in ihrer Struktur zu erkennen.

Im Rahmen dieses Kapitels lernen Sie …

- Anwendungsgebiete von ABC-Analysen kennen;
- wie ABC- und ABC-XYZ-Analysen durchgeführt werden;
- warum Prozesse dokumentiert bzw. modelliert werden sollten;
- Prozesse mit Wertschöpfungskettendiagrammen (WKD) und Ereignisgesteuerten Prozessketten (EPK) zu modellieren.

6.1   ABC-Analyse

Die ABC-Analyse hilft, Schwerpunkte zu ermitteln, und bietet damit die Grundlage zur Konzentration auf die wesentlichen Dinge. Diese Analyseform ist universell einsetzbar, beispielsweise um wichtige Artikel oder Kunden zu erkennen, die dann anders behandelt werden als unwichtige. Die Zusammenhänge werden im Folgenden aus dem Bereich der Beschaffungslogistik dargestellt, können aber leicht auf andere Fragestellungen übertragen werden.

Das Grundprinzip hinter der ABC-Analyse besteht in dem Umstand, dass Artikeln (oder Kunden, Lieferanten etc.) unterschiedliche Bedeutung zukommt. Vielfach bestätigten Beobachtungen zufolge machen 5-10% der Artikel ca. 70-80% des Einkaufsvolumens aus (A-Artikel). Weitere 15-20% der Artikel beanspruchen in etwa 15-20% des Werts (B-Artikel) und die verbleibenden 70-80% der Artikel verursachen insgesamt nur 5-10% der Einkaufskosten.

Da A-Artikeln offensichtlich eine vielfach größere Bedeutung zukommt als C-Artikeln, sollten sie im Mittelpunkt der Optimierungsbestrebungen stehen. Hierfür lohnen sich intensive Analysen der Lieferanten und der Kostenstrukturen. Die

Bestände sollten genau überwacht, der Bedarf exakt ermittelt werden, ein JIT-Konzept (siehe S. 173) wäre zu prüfen. Für C-Artikel würde sich dieser Aufwand kaum lohnen, die dabei anfallenden Prozesskosten sind vermutlich höher als das zu erwartende Einsparpotenzial.

Die Durchführung einer ABC-Analyse erfolgt wie in diesem Beispiel[10] gezeigt:

1. Die benötigten Daten müssen ermittelt werden, als Basisdaten genügen hierfür sämtliche Artikelbezeichnungen, die zugehörigen (jährlichen) Verbrauchsmengen und die entsprechenden Preise.

Artikel-Nr	Einkaufsmenge	EK-Preis pro Stück
1	250	280,00
2	100	400,00
3	80	625,00
4	200	50,00
5	400	50,00
6	4.000	2,50
7	400.000	0,25
8	10	5.000,00
9	500	600,00
10	120	250,00
11	4.000	10,00
12	25.000	2,00
13	500	20,00
14	40.000	0,50
15	200.000	23,00
16	340.000	10,00
17	5.000	40,00
18	800	125,00
19	10	60.000,00
20	50.000	6,00

2. Eine Klassifikation nach der Einkaufsmenge macht in diesem Beispiel genauso wenig Sinn wie eine nach dem Stückpreis. So wird zwar Artikel Nr. 7 in der größten Menge eingekauft, hat aber bei weitem nicht die höchste Bedeutung. Interessant für die Fragestellung des vorliegenden Beispiels ist der Einkaufswert

---

[10] Die Basisdaten können unter www.arndt-sowi.de/ heruntergeladen werden.

eines Artikels insgesamt, er lässt sich durch Multiplikation der Einkaufsmenge mit dem Stückpreis errechnen.

Anschließend ist die Tabelle absteigend nach der relevanten Größe (hier der neu ermittelte Einkaufswert) zu sortieren, sodass die wichtigsten Artikel oben stehen:

Artikel-Nr	Einkaufsmenge	EK-Preis pro Stück	Einkaufs- wert
15	200.000	23,00	4.600.000,00
16	340.000	10,00	3.400.000,00
19	10	60.000,00	600.000,00
9	500	600,00	300.000,00
20	50.000	6,00	300.000,00
17	5.000	40,00	200.000,00
7	400.000	0,25	100.000,00
18	800	125,00	100.000,00
1	250	280,00	70.000,00
3	80	625,00	50.000,00
8	10	5.000,00	50.000,00
12	25.000	2,00	50.000,00
2	100	400,00	40.000,00
11	4.000	10,00	40.000,00
10	120	250,00	30.000,00
5	400	50,00	20.000,00
14	40.000	0,50	20.000,00
4	200	50,00	10.000,00
6	4.000	2,50	10.000,00
13	500	20,00	10.000,00

3. Jetzt ist der relative Anteil jedes Artikels am Gesamteinkaufswert zu ermitteln.

Artikel-Nr	Einkaufsmenge	EK-Preis pro Stück	Einkaufs- wert	%-Anteil am EK- Wert
15	200.000	23,00	4.600.000,00	46,0%
16	340.000	10,00	3.400.000,00	34,0%
19	10	60.000,00	600.000,00	6,0%
9	500	600,00	300.000,00	3,0%
20	50.000	6,00	300.000,00	3,0%
17	5.000	40,00	200.000,00	2,0%
7	400.000	0,25	100.000,00	1,0%
18	800	125,00	100.000,00	1,0%
1	250	280,00	70.000,00	0,7%
3	80	625,00	50.000,00	0,5%
8	10	5.000,00	50.000,00	0,5%
12	25.000	2,00	50.000,00	0,5%
2	100	400,00	40.000,00	0,4%
11	4.000	10,00	40.000,00	0,4%
10	120	250,00	30.000,00	0,3%
5	400	50,00	20.000,00	0,2%
14	40.000	0,50	20.000,00	0,2%
4	200	50,00	10.000,00	0,1%
6	4.000	2,50	10.000,00	0,1%
13	500	20,00	10.000,00	0,1%
Summe	**1.070.970**		**10.000.000,00**	**100,0%**

Theoretisch könnte bereits jetzt eine Klassifikation in A-, B- oder C-Artikel erfolgen. Als Regel ließe sich dabei formulieren, dass A-Artikel mehr als zwanzig Prozent des Einkaufwerts ausmachen sollen, C-Artikel weniger als ein Prozent. Allerdings ist die Definition dieser Grenzen schwierig, da noch kein Bezug auf die oben angegebenen Zusammenhänge (5-10% der Artikel machen oft ca. 70-80% des Einkaufsvolumens aus) möglich ist. Deshalb hat die ABC-XYZ-Analyse noch weitere Schritte:

4. Die ermittelten Prozentwerte sind zu kumulieren (d.h. zu addieren).

Artikel-Nr	Einkaufsmenge	EK-Preis pro Stück	Einkaufs- wert	%-Anteil am EK- Wert	kumulierter %-Anteil am EK- Wert
15	200.000	23,00	4.600.000,00	46,0%	46,0%
16	340.000	10,00	3.400.000,00	34,0%	80,0%
19	10	60.000,00	600.000,00	6,0%	86,0%
9	500	600,00	300.000,00	3,0%	89,0%
20	50.000	6,00	300.000,00	3,0%	92,0%
17	5.000	40,00	200.000,00	2,0%	94,0%
7	400.000	0,25	100.000,00	1,0%	95,0%
18	800	125,00	100.000,00	1,0%	96,0%
1	250	280,00	70.000,00	0,7%	96,7%
3	80	625,00	50.000,00	0,5%	97,2%
8	10	5.000,00	50.000,00	0,5%	97,7%
12	25.000	2,00	50.000,00	0,5%	98,2%
2	100	400,00	40.000,00	0,4%	98,6%
11	4.000	10,00	40.000,00	0,4%	99,0%
10	120	250,00	30.000,00	0,3%	99,3%
5	400	50,00	20.000,00	0,2%	99,5%
14	40.000	0,50	20.000,00	0,2%	99,7%
4	200	50,00	10.000,00	0,1%	99,8%
6	4.000	2,50	10.000,00	0,1%	99,9%
13	500	20,00	10.000,00	0,1%	100,0%
Summe	1.070.970		10.000.000,00	100,0%	

5. Da es sich um insgesamt 20 Artikel handelt, hat jeder Artikel einen Anteil von 5% an der Gesamtartikelanzahl. Diese (bei dieser Fragestellung triviale) Information dient ebenfalls als Basis einer Kumulation (Spalten zwei und drei).

Artikel-Nr	%-Anteil an der Gesamt-artikel-zahl	kumulierter Anteil	Einkaufs-menge	EK-Preis pro Stück	Einkaufs-wert	%-Anteil am EK-Wert	kumu-lierter %-Anteil am EK-Wert
15	5%	5%	200.000	23,00	4.600.000,00	46,0%	46,0%
16	5%	10%	340.000	10,00	3.400.000,00	34,0%	80,0%
19	5%	15%	10	60.000,00	600.000,00	6,0%	86,0%
9	5%	20%	500	600,00	300.000,00	3,0%	89,0%
20	5%	25%	50.000	6,00	300.000,00	3,0%	92,0%
17	5%	30%	5.000	40,00	200.000,00	2,0%	94,0%
7	5%	35%	400.000	0,25	100.000,00	1,0%	95,0%
18	5%	40%	800	125,00	100.000,00	1,0%	96,0%
1	5%	45%	250	280,00	70.000,00	0,7%	96,7%
3	5%	50%	80	625,00	50.000,00	0,5%	97,2%
8	5%	55%	10	5.000,00	50.000,00	0,5%	97,7%
12	5%	60%	25.000	2,00	50.000,00	0,5%	98,2%
2	5%	65%	100	400,00	40.000,00	0,4%	98,6%
11	5%	70%	4.000	10,00	40.000,00	0,4%	99,0%
10	5%	75%	120	250,00	30.000,00	0,3%	99,3%
5	5%	80%	400	50,00	20.000,00	0,2%	99,5%
14	5%	85%	40.000	0,50	20.000,00	0,2%	99,7%
4	5%	90%	200	50,00	10.000,00	0,1%	99,8%
6	5%	95%	4.000	2,50	10.000,00	0,1%	99,9%
13	5%	100%	500	20,00	10.000,00	0,1%	100,0%
Summe			1.070.970		10.000.000	100,0%	

6. Durch die (fettgedruckten) Kumulationsspalten ist die Grundlage für eine Einteilung in A-, B- und C-Artikel gegeben. Soll auf der ABC-Analyse keine XYZ-Analyse mehr aufbauen (siehe unten), können an den Klassifikationsgrenzen Trennzeilen (ggf. mit einer Kurzinterpretation) eingefügt werden, um die Übersicht zu erhöhen:

Artikel-Nr	%-Anteil an der Gesamt-artikel-zahl	kumu-lierter Anteil	Ein-kaufs-menge	EK-Preis pro Stück	Einkaufs-wert	%-Anteil am EK-Wert	kumu-lierter %-Anteil am EK-Wert	ABC
15	5%	**5%**	200.000	23,00	4.600.000	46,0%	**46,0%**	A
16	5%	**10%**	340.000	10,00	3.400.000	34,0%	**80,0%**	A
					10% der Artikelpositionen machen 80% des Einkaufswerts aus			
19	5%	**15%**	60.000,00		600.000	6,0%	**86,0%**	B
9	5%	**20%**	500	600,00	300.000	3,0%	**89,0%**	B
20	5%	**25%**	50.000	6,00	300.000	3,0%	**92,0%**	B
17	5%	**30%**	5.000	40,00	200.000	2,0%	**94,0%**	B
7	5%	**35%**	400.000	0,25	100.000	1,0%	**95,0%**	B
18	5%	**40%**	800	125,00	100.000	1,0%	**96,0%**	B
			30% (40%-10%) der Artikelpositionen machen 16% (96%-80%) des Einkaufswerts aus					
1	5%	**45%**	250	280,00	70.000	0,7%	**96,7%**	C
3	5%	**50%**	80	625,00	50.000	0,5%	**97,2%**	C
8	5%	**55%**	10	5.000,00	50.000	0,5%	**97,7%**	C
12	5%	**60%**	25.000	2,00	50.000	0,5%	**98,2%**	C
2	5%	**65%**	100	400,00	40.000	0,4%	**98,6%**	C
11	5%	**70%**	4.000	10,00	40.000	0,4%	**99,0%**	C
10	5%	**75%**	120	250,00	30.000	0,3%	**99,3%**	C
5	5%	**80%**	400	50,00	20.000	0,2%	**99,5%**	C
14	5%	**85%**	40.000	0,50	20.000	0,2%	**99,7%**	C
4	5%	**90%**	200	50,00	10.000	0,1%	**99,8%**	C
6	5%	**95%**	4.000	2,50	10.000	0,1%	**99,9%**	C
13	5%	**100%**	500	20,00	10.000	0,1%	**100,0%**	C
			60% (100%-40%) der Artikelpositionen machen 4% (100%- 96%) des Einkaufswerts aus					
Summe			1.070.970		10.000.000	100,0%		

93

6.2   ABC-XYZ-Analyse

Aufbauend auf einer ABC-Analyse lassen sich weitere Fragestellungen untersuchen: wie verteilen sich die A-, B-, und C-Artikel (hier klassifiziert nach Einkaufswert) bzgl. Kriterien wie Volumen, Gewicht, Verbrauchsschwankungen, Lagerreichweiten etc. Dadurch sind noch differenziertere Maßnahmen möglich, als dies durch eine reine ABC-Analyse der Fall ist. So sollten beispielsweise großvolumige C-Teile wegen ihres höheren Lagerbedarfs häufiger bestellt werden als kleinvolumige. Aufbauend auf der ABC-Analyse des vorigen Abschnitts wird eine XYZ-Analyse am Kriterium des Volumens geschildert.

1. Basis sind die Daten der ABC-Analyse, ergänzt um die Volumeninformation. Manche Spalten der ABC-Analyse werden für die XYZ-Analyse nicht mehr benötigt und zur Erhöhung der Übersicht ausgeblendet.

Artikel-Nr	%-Anteil an der Gesamt-artikelzahl	kumu-lierter Anteil	Einkaufsmenge	ABC	Volumen in m³ pro Stück
15	5%	5%	200.000	A	0,08
16	5%	10%	340.000	A	0,03
19	5%	15%	10	B	0,02
9	5%	20%	500	B	0,06
20	5%	25%	50.000	B	0,18
17	5%	30%	5.000	B	0,13
7	5%	35%	400.000	B	0,07
18	5%	40%	800	B	0,05
1	5%	45%	250	C	0,04
3	5%	50%	80	C	0,15
8	5%	55%	10	C	0,20
12	5%	60%	25.000	C	0,21
2	5%	65%	100	C	0,10
11	5%	70%	4.000	C	0,09
10	5%	75%	120	C	0,17
5	5%	80%	400	C	0,16
14	5%	85%	40.000	C	0,19
4	5%	90%	200	C	0,14
6	5%	95%	4.000	C	0,11
13	5%	100%	500	C	0,12
Summe			1.070.970		

2. Nun ist eine XYZ-Analyse nach dem Kriterium des Volumens durchzuführen. Dies geschieht genauso, wie bei der ABC-Analyse erklärt, nur dass als Buchstaben X, Y und Z verwendet werden:

- Gesamtvolumen je Artikel errechnen
- Nach Gesamtvolumen absteigend sortieren
- Prozentualen Volumenanteil jedes Artikels am Gesamtvolumen ermitteln
- Prozentwerte kumulieren
- Grenzen festlegen

Artikel-Nr	%-Anteil an der Gesamt-artikelzahl	kumulierter Anteil	Einkaufsmenge	ABC	Volumen in m³ pro Stück	Volumen m³	%-Anteil am Volumen	kumulierter %-Anteil am Volumen	XYZ
7	5%	5%	400.000	B	0,07	28.000,00	36,0005%	36,0005%	X
15	5%	10%	200.000	A	0,08	16.000,00	20,5717%	56,5723%	X
16	5%	15%	340.000	A	0,03	10.200,00	13,1145%	69,6868%	Y
20	5%	20%	50.000	B	0,18	9.000,00	11,5716%	81,2584%	Y
14	5%	25%	40.000	C	0,19	7.600,00	9,7716%	91,0299%	Y
12	5%	30%	25.000	C	0,21	5.250,00	6,7501%	97,7801%	Y
17	5%	35%	5.000	B	0,13	650,00	0,8357%	98,6158%	Z
6	5%	40%	4.000	C	0,11	440,00	0,5657%	99,1815%	Z
11	5%	45%	4.000	C	0,09	360,00	0,4629%	99,6444%	Z
5	5%	50%	400	C	0,16	64,00	0,0823%	99,7267%	Z
13	5%	55%	500	C	0,12	60,00	0,0771%	99,8038%	Z
18	5%	60%	800	B	0,05	40,00	0,0514%	99,8552%	Z
9	5%	65%	500	B	0,06	30,00	0,0386%	99,8938%	Z
4	5%	70%	200	C	0,14	28,00	0,0360%	99,9298%	Z
10	5%	75%	120	C	0,17	20,40	0,0262%	99,9560%	Z
3	5%	80%	80	C	0,15	12,00	0,0154%	99,9715%	Z
1	5%	85%	250	C	0,04	10,00	0,0129%	99,9843%	Z
2	5%	90%	100	C	0,10	10,00	0,0129%	99,9972%	Z
8	5%	95%	10	C	0,20	2,00	0,0026%	99,9997%	Z
19	5%	100%	10	B	0,02	0,20	0,0003%	100,0000%	Z
Summe			1.070.970			77.776,60	100,00000%		

3. Um übersichtliche Auswertungen dieser Daten durchführen zu können, sollten sie auf das Wesentliche reduziert werden. Von Interesse sind insbesondere die Klassifikationen (ABC, XYZ) und ggf. der Gesamteinkaufswert je Artikel und/oder das Gesamtvolumen je Artikel.

ABC	XYZ	Einkaufswert	Volumen m3	Artikel-Nr
C	Z	70.000,00	10,00	1
C	Z	40.000,00	10,00	2
C	Z	50.000,00	12,00	3
C	Z	10.000,00	28,00	4
C	Z	20.000,00	64,00	5
C	Z	10.000,00	440,00	6
B	X	100.000,00	28.000,00	7
C	Z	50.000,00	2,00	8
B	Z	300.000,00	30,00	9
C	Z	30.000,00	20,40	10
C	Z	40.000,00	360,00	11
C	Y	50.000,00	5.250,00	12
C	Z	10.000,00	60,00	13
C	Y	20.000,00	7.600,00	14
A	X	4.600.000,00	16.000,00	15
A	Y	3.400.000,00	10.200,00	16
B	Z	200.000,00	650,00	17
B	Z	100.000,00	40,00	18
B	Z	600.000,00	0,20	19
B	Y	300.000,00	9.000,00	20

Darauf basierend sind mithilfe der Pivottabellenfunktion in Excel (Menü Daten) sehr schnell und leicht übersichtliche Auswertungen nach vielfältigsten Kriterien und Darstellungsformen möglich.

Summe – Einkaufswert	XYZ			
ABC	X	Y	Z	Gesamtergebnis
A	4600000	3400000		8000000
B	100000	300000	1200000	1600000
C		70000	330000	400000
Gesamtergebnis	4700000	3770000	1530000	10000000

Aus dieser Tabelle, die die Summe der Einkaufswerte in den Mittelpunkt der Betrachtung stellt, geht beispielsweise hervor, dass die großvolumigen X-Artikel 470.000€ Einkaufswert ausmachen.

Mit wenigen Mausklicks lässt sich die Auswertung vom Einkaufswert in das Volumen verändern.

Summe - Volumen m3	XYZ			
ABC	X	Y	Z	Gesamtergebnis
A	16000	10200		26200
B	28000	9000	720,2	37720,2
C		12850	1006,4	13856,4
Gesamtergebnis	44000	32050	1726,6	77776,6

Auch grafische Darstellungen sind ohne weiteres möglich:

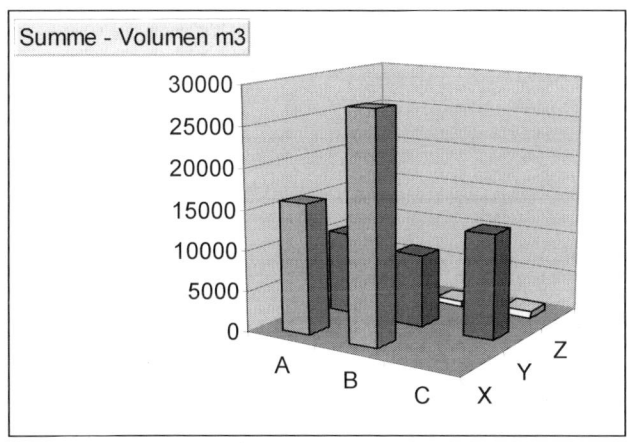

Abb. 6-1: ABC-XYZ-Analyse

Die gezeigte ABC-XYZ-Analyse nach Einkaufswert und Volumen ist nur eine von vielen denkbaren und sinnvollen Fragestellungen. Mit dieser Analyseform lässt sich beispielsweise auch das Verhältnis von tatsächlichem Kundenumsatz (ABC) mit seinem Beschaffungspotenzial (XYZ) vergleichen. Ein CX-Kunde wäre demnach ein Kunde, mit dem das Unternehmen nur wenig Umsatz generiert, obwohl damit potenziell sehr viel Umsatz erzielt werden könnte. Bei solchen Unternehmen wären die Ursachen zu untersuchen und ggf. abzustellen, um mehr Umsatz generieren zu können. Derlei wäre mit einem CZ-Kunden nicht möglich, da bereits bei geringen Umsätzen das Potenzial eines kleinen Unternehmens weitgehend ausgeschöpft ist.

6.3   Methoden der Prozessmodellierung

6.3.1 Nutzen der Prozessmodellierung

Eine zentrale Zielsetzung der Prozessmodellierung ist die anschauliche Dokumentation. Ein im Vergleich zu ein verbaler Beschreibung sind grafische Darstellungen wesentlich übersichtlicher, eindeutiger und verständlicher. Eine anschauliche Dokumentation der Geschäftsprozesse hat einen vielfachen Nutzen. So wird das Wissen, das sonst nur in den Köpfen der Mitarbeiter gespeichert ist, für das Unternehmen verfügbar; durch Dokumentation wird wertvolles Know-how festgehalten. Zwar kennen einzelne Mitarbeiter ihre Arbeit, aber was passiert, wenn sie nicht mehr zur Verfügung stehen? Sind die Prozessabläufe nicht verständlich dokumentiert, ist die Einarbeitung eines Nachfolgers erheblich erschwert. Generell sind Prozessdokumentationen hilfreich, wenn Stellen neu besetzt werden, da sich die neuen Stelleninhaber weitgehend selbständig, schnell und zielgerichtet einarbeiten können. Weiterhin ist wichtig, dass eine anschauliche Prozessdokumentation den einzelnen Mitarbeitern verdeutlicht, wo ihre Tätigkeiten im Gesamtprozess stehen und welche Auswirkungen ihre Aktivitäten auf ihn haben. Dadurch wird das prozessorientierte Verständnis der Mitarbeiter gefördert. Sie denken so über „den Rand ihres Schreibtischs" hinaus und erkennen ihren persönlichen Beitrag zum Unternehmenserfolg, was motivationsfördernd wirkt. Durch Dokumentation werden kompliziertere Prozesse den Mitarbeitern erst transparent. Werden die Prozesse mit Hilfe von Softwaretools wie ARIS dokumentiert, ergeben sich weitere Vorteile: die Modelle sind nach unterschiedlichsten Fragestellungen auswertbar und lassen sich mit Dateien verknüpfen, sodass ein Modell zu einer zentralen Informationsstelle wird: ein Blick in ein gut gepflegtes Modell erlaubt den direkten Zugriff auf genau die Daten, die für einen bestimmten Prozess benötigt werden. Aufgrund dieser Nutzenaspekte sind

Prozesse gemeinhin auch im Rahmen einer ISO 9000ff-Zertifizierung zu dokumentieren.

Neben der Dokumentation dient die Prozessmodellierung der Prozessoptimierung: sie ermöglicht ein genaues Erkennen und Verstehen des Ist-Zustands. Aufgrund einer strukturierten und anschaulichen Basis wird vieles deutlicher: Schnittstellen lassen sich genauso erkennen wie unnötige Mehrarbeiten. Deutlich wird ebenfalls, wer welche Daten benötigt und welche Ressourcen gebraucht werden. Die eindeutige Visualisierung ist in Optimierungsprojekten eine klare Kommunikationsgrundlage, die hilft, Missverständnisse zu vermeiden.

Weiterhin lassen sich aufgrund bestehender Modelle Simulationen durchführen. So kann ein modellierter Ist-Prozess anhand verschiedener (ebenfalls zu modellierender) Kennziffern mit einem Soll-Prozess verglichen werden. Durch Simulationen lassen sich u.a. Engpässe frühzeitig erkennen.

6.3.2 Modelltypen

Zur Visualisierung der betrieblichen Aufbau- und Ablauforganisation existieren eine Vielzahl von grafischen Modelltypen. Am bekanntesten dürfte das Organigramm sein, mit dessen Hilfe sich die Struktur eines Unternehmens verdeutlichen lässt. Mit Entity-Relationship-Modellen wird das Verhältnis der unternehmensrelevanten Daten dargestellt, während Fachbegriffsmodelle helfen, die zwischenmenschliche Kommunikation zu präzisieren, indem sie Fachbegriffe genau definieren und systematisch miteinander in Verbindung bringen. Besonders wichtig sind Modelltypen, die eine Darstellung unternehmerischer Prozesse erlauben, deren beiden bekannteste Vertreter im Folgenden erläutert werden.

6.3.2.1 Wertschöpfungskettendiagramm (WKD)

Würden alle Prozesse eines Unternehmens – oder gar einer Wertschöpfungskette – detailliert in nur einem Modell dargestellt, hätte es riesige Dimensionen und wäre völlig unübersichtlich. Mit dem Wertschöpfungskettendiagramm werden Prozesse nur grob auf hohem Abstraktionsniveau dargestellt. So lassen sich die größeren Zusammenhänge auf einen Blick erkennen. In einem WKD lassen sich Kerngeschäftsprozesse in ihrer zeitlichen Abfolge und ihren hierarchischen Beziehungen abbilden.

Auf der oberen Ebene des folgenden WKD lässt sich die Abfolge der Prozesse erkennen, eine Ebene tiefer sind Prozesse zu sehen, die dem Prozess ‚Beschaffung' untergeordnet sind.

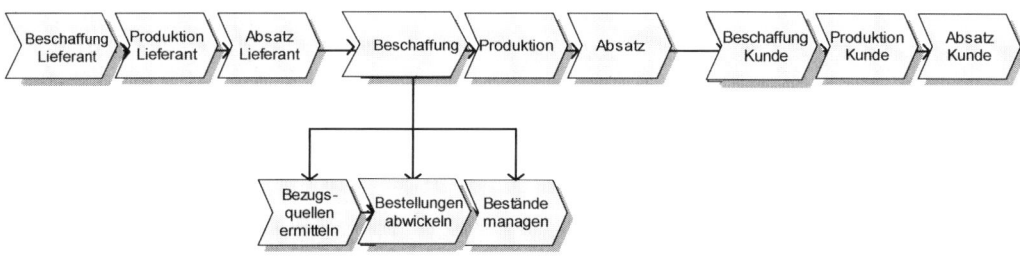

6.3.2.2 Erweiterte Ereignisgesteuerte Prozesskette (eEPK)

Zwar lassen sich mithilfe von Wertschöpfungskettendiagrammen die großen Zusammenhänge der Prozesse gut modellieren, für eine detaillierte Betrachtungsweise hingegen sind *erweiterte Ereignisgesteuerte Prozessketten* (eEPK) das geeignetere Instrument. WKDs und eEPKs schließen sich jedoch nicht aus, sondern ergänzen sich gegenseitig: der Blick auf ein WKD gibt den groben Überblick, von dem aus anschließend gezielte Details in entsprechenden eEPKs betrachtet werden können. Sind die Diagramme in einer Software wie ARIS modelliert, kann automatisch zwischen ihnen navigiert werden. Durch einen Doppelklick auf eine Stelle des Wertschöpfungskettendiagramms öffnet sich die zugehörige eEPK.

Eine eEPK besteht prinzipiell aus Funktionen, Ereignissen und Verknüpfungsoperatoren. Als zusätzliche Informationen können Organisationseinheiten und Informationen hinterlegt werden. Zwar ist dies nur eine kleine Auswahl der definierten Elemente einer eEPK, doch reichen die im Folgenden dargestellten Elemente für einen Einstieg aus, um Prozesse in eEPKs zu modellieren. Detailliertere Informationen sind in Anhang B enthalten.

6.3.2.2.1   Funktionen und Ereignisse

Funktionen werden auch als Aktivitäten, Vorgänge oder Tätigkeiten bezeichnet. Eine Funktion ist ein wirtschaftlicher Vorgang, dessen Ausführung Zeit und Ressourcen beansprucht. Entsprechend entstehen durch Funktionen Ausführungskosten. Funktionen werden gemeinhin Organisationseinheiten zugeordnet, die sie ausführen oder für sie verantwortlich sind. Zusätzlich sind Funktionen oftmals mit Informationsobjekten verknüpft, beispielsweise einer Kundenkartei oder einer Stückliste. Sie werden durch abgerundete Rechtecke dargestellt, wobei ihre Benennung möglichst kompakt sein sollte. Durchgesetzt haben sich die Bezeichnung aus einem Informationsobjekt (Kundenauftrag) und einer Verrichtung bzw. einem Verb (bearbeiten). Bei einer sehr groben Betrachtungsebene, die normalerweise jedoch mit einem Wertschöpfungskettendiagramm dargestellt wird, kann auf das Verb verzichtet werden.

Funktionen werden durch Ereignisse ausgelöst und haben wiederum Ereignisse als Ergebnis. Ereignisse beschreiben betriebswirtschaftlich relevante Zustände von Informationsobjekten. Ereignisse steuern den weiteren Verlauf des Geschäftsprozesses – daher auch der Begriff *Ereignisgesteuerte Prozessketten*. Im Gegensatz zu Funktionen benötigen sie weder Zeit noch Ressourcen, verursachen keine Kosten und sind auch keinen Organisationseinheiten oder Informationsobjekten zugeordnet. Ereignisse werden durch Rauten dargestellt. Ihre Bezeichnung besteht gewöhnlich aus einem Informationsobjekt (Kundenauftrag)

und einem Verb im Passiv (bearbeitet). Einige Beispiele für Ereignisse: Kunden-auftrag bearbeitet, Auftrag eingetroffen, Kundenauftrag abgelehnt, Rechnung erstellt, Bezahlung eingegangen.

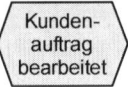

Auf ein Ereignis folgen eine oder mehrere Funktionen und auf eine Funktion folgen ein oder mehrere Ereignisse. Dies gilt immer, nur nicht bei Start- und Endereignissen, die ohne Funktion beginnen bzw. enden. Miteinander verbunden werden Funktionen und Ereignisse mit Pfeilen, den sogenannten **Kanten**.

6.3.2.2.2 Organisationseinheiten und Informationsobjekte

Organisationseinheiten sind verantwortlich für die Aufgaben, die dem Erreichen der Unternehmensziele dienen. Typische Organisationseinheiten sind Abteilungen. Organisationseinheiten können wiederum durch Stellen gebildet werden. Da Organisationseinheiten Aufgaben verrichten bzw. für ihre Verrichtung verantwortlich sind, werden sie in eEPKs den Funktionen zugeordnet. Sie werden durch eine Ellipse mit Strich dargestellt.

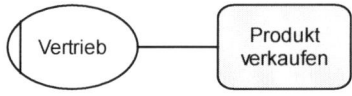

Vielfach benötigen Organisationseinheiten zur Ausführung ihrer Funktionen/Tätigkeiten unterschiedliche Daten: Produktinformationen, Kundenadressen, Produktionspläne etc. Die entsprechenden Informationsobjekte werden in der eEPK-Notation mit Rechtecken dargestellt. Die Pfeilrichtung der Kanten zwischen Informationsobjekt und Funktion gibt an, in welche Richtung die Informationen fließen. Liest die Funktion Daten, zeigt der Pfeil vom Informationsobjekt zur Funktion. Werden Daten geändert, ist die Pfeilrichtung umgekehrt. Werden Daten von der Funktion gelesen und geschrieben bzw. geändert, sind Pfeilspitzen an beiden Enden der Kante anzubringen.

6.3.2.2.3   Logische Verknüpfungsoperatoren

Die wenigsten Prozesse sind so einfach wie in 6.2.2.1 dargestellt; oftmals ergeben sich aus einer Funktion mehrere Ereignisse und aus einem Ereignis mehrere Funktionen. Um solche Sachverhalte abbilden zu können, werden logische Verknüpfungsoperatoren verwendet. Bei eEPKs dürfen immer nur eine Kante in eine Funktion oder ein Ereignis ein- und ausgehen, bei Operatoren gilt diese Einschränkung nicht. Deshalb werden Verknüpfungsoperatoren immer dann benötigt, wenn sich mehrere Kanten auf ein Ereignis oder eine Funktion beziehen. Bei der Modellierung mit eEPKs stehen drei Operatoren zur Verfügung: exklusives ODER ⊗, inklusives ODER ⊙, logisches UND ⊙.
Die Operatoren haben unterschiedliche Bedeutung, je nachdem, ob mehrere Pfade in den Operator eingehen, also durch ihn zu einem Pfad zusammengeführt werden, oder aus einem eingehenden Pfad nach dem Operator mehrere Pfade ausgehen und dadurch getrennt werden. Jeder der drei Operatoren kann mehrere eingehende Ereignisse zu einer ausgehenden Funktion verknüpfen und mehrere eingehende Funktionen zu einem Ereignis verknüpfen. Weiterhin können sie aus einem eingehenden Ereignis mehrere ausgehende Funktionen haben und aus einer ausgehenden Funktion mehrere ausgehende Ereignisse. Aus der Kombina-

tion dieser Möglichkeiten ergeben sich zwölf unterschiedliche Verknüpfungsvarianten, die im Folgenden dargestellt werden.

Wenn aus dem UND-Operator mehrere Pfade ausgehen, müssen sie **alle** durchlaufen werden. Durch das UND werden parallel durchzuführende Abläufe dargestellt. Nachstehend sind zwei Beispiele gezeigt, einmal zur Verknüpfung von Ereignissen, einmal zur Verbindung mehrerer Funktionen.

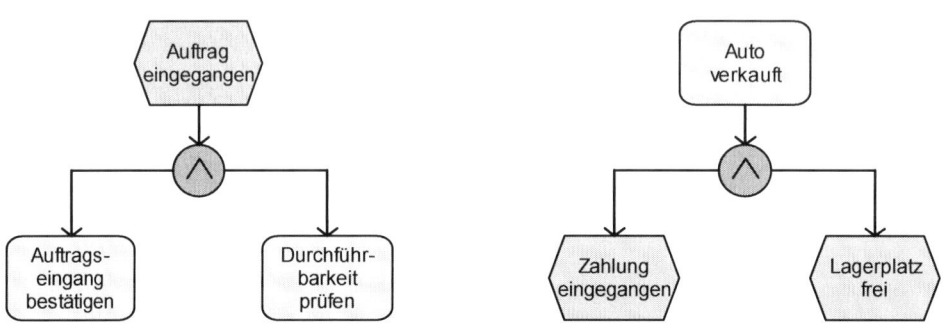

Weiterhin kann der UND-Operator mehrere eingehende Pfade zu einem Pfad verknüpfen. Das ausgehende Ereignis bzw. die ausgehende Funktion beginnt erst dann, wenn **alle** eingehenden Pfade ausgeführt wurden. Ist einer der Pfade nicht vollständig durchlaufen, kommt der Prozess an dieser Stelle solange zum Stillstand, bis auch der letzte Pfad erfüllt ist. Dies gilt wiederum sowohl für eingehende Ereignisse als auch für eingehende Funktionen:

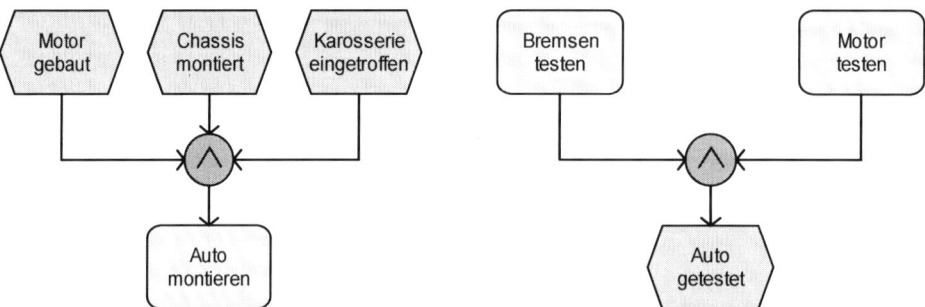

Gehen beim exklusiven ODER mehrere Pfade aus, muss **genau einer** von ihnen durchlaufen werden. Durch das exklusive ODER werden alternativ durchzuführende Abläufe dargestellt. Das exklusive ODER wird umgangssprachlich mit *Entweder ... oder ...* ausgedrückt. Auf ein Ereignis darf allerdings kein exklusives ODER erfolgen, denn dann wäre unklar, welcher der möglichen Pfade gewählt werden sollte. Die Entscheidung, welcher Pfad zu nehmen ist, kann nur von einer Funktion getroffen werden. Anders formuliert: Ereignisse treffen keine Entscheidungen.

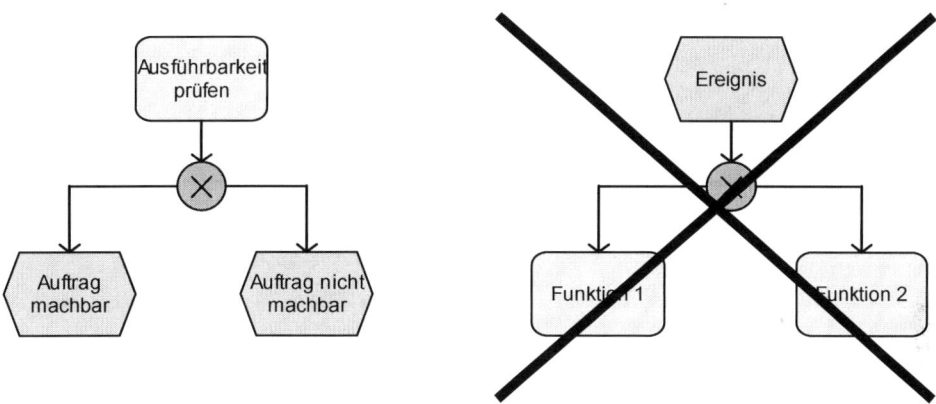

Weiterhin können mit dem exklusiven Oder mehrere eingehende Pfade zu einem Pfad verknüpft werden. Die ausgehende Funktion bzw. das Ereignis beginnt im Gegensatz zum UND-Operator bereits, wenn **einer** der eingehenden Pfade ausgeführt wurde.

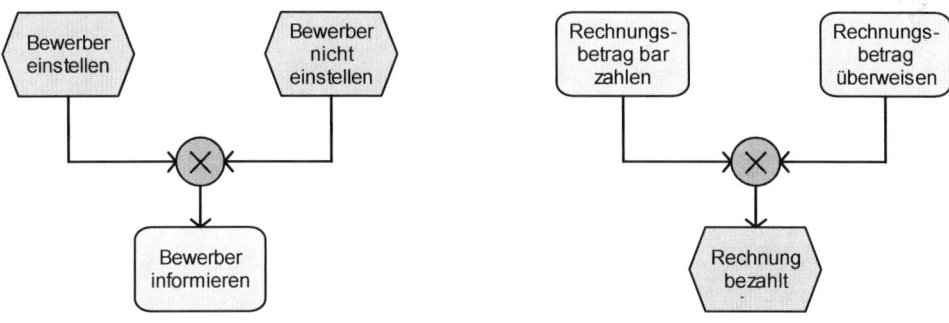

Während UND-Operatoren parallele Pfade (alle Pfade müssen begangen werden) und exklusive ODER alternative Pfade (genau ein Pfad ist zu beschreiten) verbinden, kann es sich beim inklusiven ODER sowohl um Parallelen als auch Alternativen handeln; hier muss **mindestens ein** Pfad gegangen werden. Im Gegensatz zu UND müssen nicht alle erfüllt sein, im Gegensatz zum exklusiven ODER können mehrere Wege begangen werden. Nachstehend sind wieder zwei denkbare Beispiele ausgehender Pfade gezeigt, wobei jedoch auch hier gilt, dass Ereignisse keine Entscheidungen treffen können.

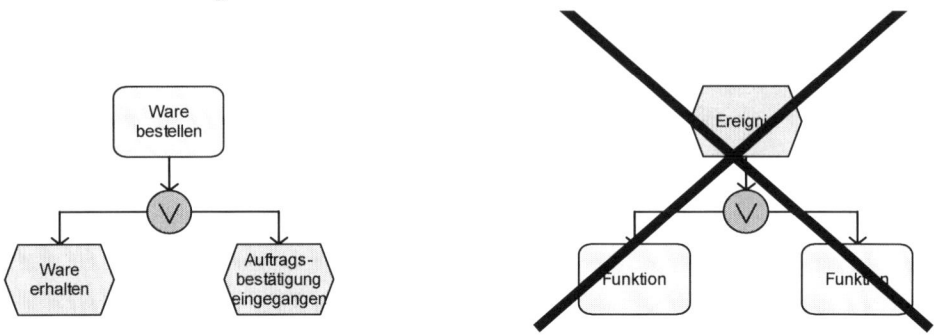

Durch das inklusive Oder können auch mehrere eingehende Pfade zu einem ausgehenden Pfad verknüpft werden. Wie beim exklusiven ODER beginnt die ausgehende Funktion bzw. das Ereignis bereits, wenn **einer** der eingehenden Pfade ausgeführt wurde.

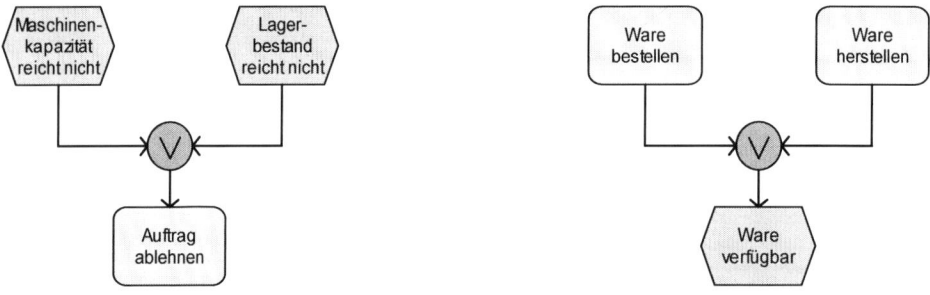

6.3.2.2.4   Teilen und Zusammenführen von Prozesspfaden

Mit Hilfe der dargestellten Operatoren lassen sich komplexe Abläufe modellieren. Sie ermöglichen es, über rein sequentielle Prozesse hinauszugehen und Prozesse aufzuteilen. Werden die so getrennten Prozesspfade später wieder zusammengeführt, ist darauf zu achten, dass beim Zusammenführen der gleiche Operator verwendet wird wie beim Teilen.

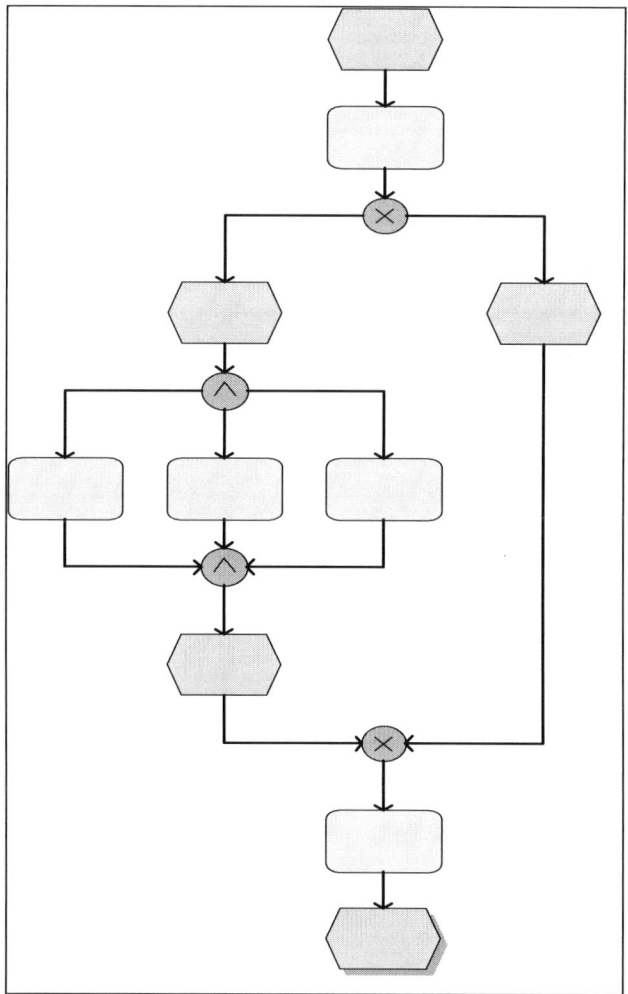

Abb. 6-2: Teilen und Zusammenführen von Prozesspfaden

6.3.2.2.5 Zusammenfassung der Modellierungsregeln

Die bereits angedeuteten Regeln zur korrekten Gestaltung von eEPKs werden hier noch einmal kompakt angeführt.

- Zu Beginn und zum Ende einer eEPK stehen immer ein Ereignis oder mehrere Ereignisse.
- Auf eine Funktion folgt immer ein Ereignis, auf ein Ereignis folgt immer eine Funktion.
- Organisationseinheiten und Informationsobjekte werden immer mit Funktionen verbunden, nicht mit Ereignissen.
- Ereignisse und Funktionen haben immer nur eine eingehende und eine ausgehende Kante.
- Verknüpfungsoperatoren haben entweder mehrere eingehende und eine ausgehende Kanten oder eine eingehende und mehrere ausgehende Kanten.
- Auf ein einzelnes Ereignis darf weder ein inklusives noch exklusives ODER folgen: Ereignisse treffen keine Entscheidungen.
- Prozesspfade werden mit dem gleichen Operator verbunden, der für die Trennung verwendet wurde.
- Bei Verzweigungen sind beliebig viele Pfade möglich.

6.3.2.2.6 Beispielfall einer eEPK

Der vereinfacht dargestellte Prozess eines Maschinenbauers verläuft wie folgt:
Im Unternehmen trifft eine Kundenanfrage ein. Sie wird zunächst von der Vertriebsabteilung in einer Auftragsdatenbank erfasst. Anschließend prüft die Produktionsplanung, ob der Auftrag des Kunden angenommen werden kann. Dazu werden Informationen aus dem Produktionsplan und über Bestände an Materialien in der Artikeldatei benötigt. Kann der Auftrag nicht angenommen werden, schreibt der Vertrieb eine Absage per E-Mail und/oder per Fax. Ist der Auftrag ausführbar, muss die Disposition den Auftragspreis kalkulieren und die Produktionsplanung Produktionskapazitäten im Produktionsplan reservieren, bevor der Vertrieb ein verbindliches Angebot schreiben kann, das der Kunde erhält.

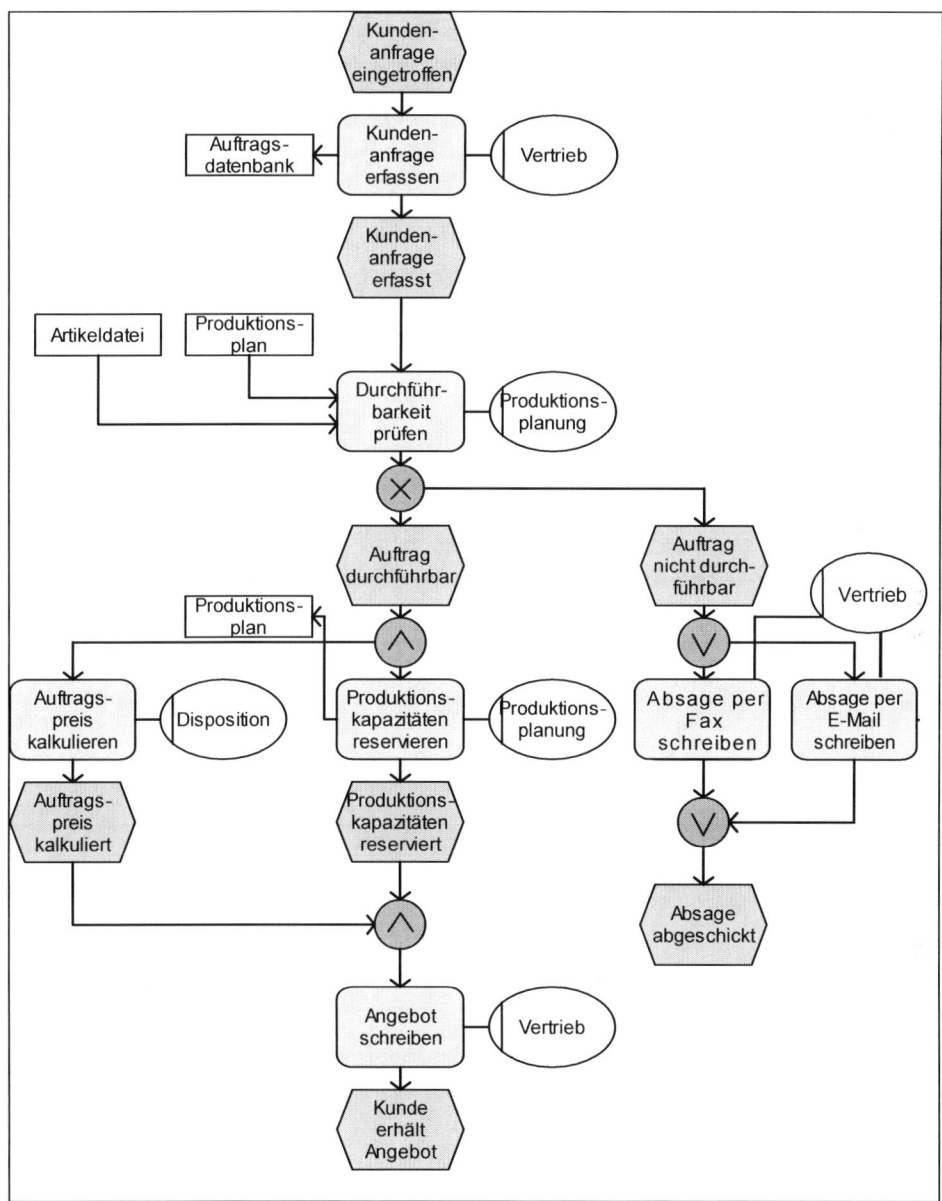

Abb. 6-3: eEPK eines Angebotserstellungsprozesses

Dieses relativ kleine Beispiel verdeutlicht eine Problematik der eEPK: sie werden schnell unübersichtlich und damit unverständlich. Diesem Nachteil kann erfolgreich begegnet werden mit dem Sichtenkonzept von ARIS und der Möglichkeit, verschiedene Detaillierungsgrade eines Modells abzubilden (siehe Anhang B).

6.4 Fragen, Denkanregungen und Zusammenfassung

1. Für welche betriebswirtschaftlichen Fragestellungen eignet sich die ABC- bzw. ABC-XYZ-Analyse?

2. Führen Sie auf Basis folgender Daten eine ABC-XYZ-Analyse durch.

Artikel-Nr	Einkaufsmenge	EK-Preis pro Stück	Volumen in m³ pro Stück
1	400	350,00	0,13
2	200	400,00	0,07
3	10	625,00	0,02
4	200	50,00	0,06
5	400	50,00	0,18
6	4.000	2,50	0,13
7	400.000	0,25	0,07
8	10	5.000,00	0,05
9	500	600,00	0,04
10	120	250,00	0,15

Hinweis: Sie können die Daten auch unter www.arndt-sowi.de herunterladen und die Analyse in Excel vornehmen.

3. Warum werden Geschäftsprozesse (GP) grafisch dargestellt? Erklären Sie die Ziele der GP-Modellierung.

4. Erklären Sie die folgenden Begriffe und geben Sie an, wie sie in der eEPK-Notation dargestellt werden:
   - Funktion
   - Ereignis

- Organisationseinheit

- Informationsobjekt

5. Geben Sie zu den 10 Verknüpfungsmöglichkeiten jeweils ein betriebswirtschaftliches Beispiel an.

6. Beschreiben Sie in Worten – möglichst exakt – einen Prozess aus Ihrer beruflichen Tätigkeit. Modellieren Sie ihn anschließend als eEPK.

7. Finden Sie die Fehler in der nachfolgenden eEPK.

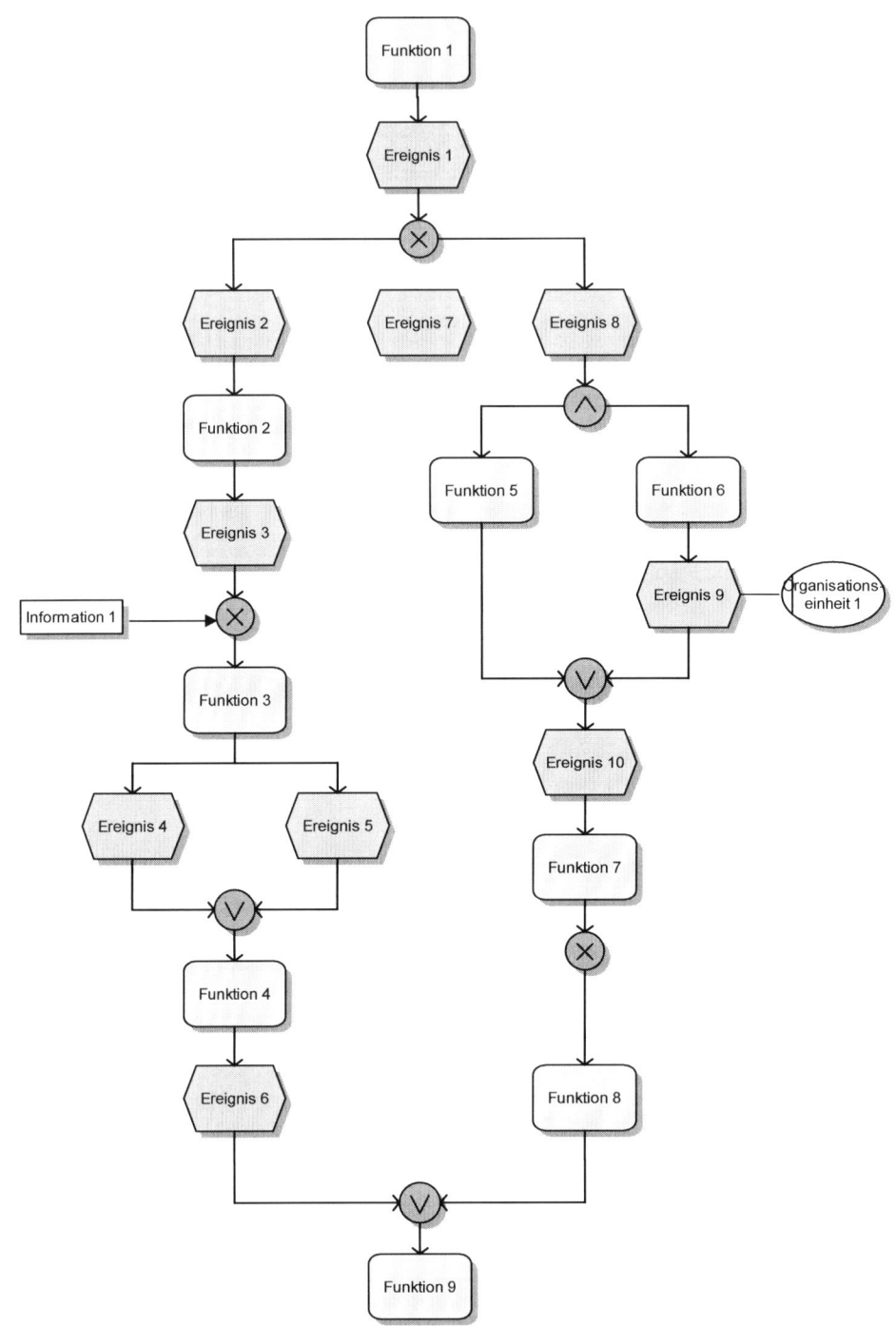

Zusammenfassung

Grundidee	Die ABC-Analyse ist ein Verfahren, das bei einer großen Zahl von Daten (z.B. bei Kunden oder Produkten) angewendet werden kann, um Wichtiges von Unwichtigem zu trennen. Hierauf aufbauend können passgenauere Strategien entwickelt werden.
Schritte einer ABC-Analyse	1. Relevante Daten ermitteln und in einer Tabellenkalkulation erfassen. 2. Die Daten absteigend nach dem relevanten Wert (z.B. Umsatz mit dem Kunden, Einkaufswert des Produkts) sortieren. 3. Relativen Anteil der einzelnen Positionen ermitteln. 4. Prozentwerte über alle Positionen kumulieren. 5. Abhängig von den Anteilen bzw. Prozentwerten in A, B oder C klassifizieren.
ABC-XYZ-Analyse	Prinzipiell das gleiche Verfahren wie bei einer ABC-Analyse, wobei zwei Kriterien untersucht werden, z.B. Einkaufswert und Volumen. Hierbei wird das Verfahren entsprechend zweimal angewendet, wobei beim zweiten Verfahren üblicherweise die Buchstaben X,Y und Z zur Klassifikation Verwendung finden.

Prozessdokumentation

Warum Prozesse dokumentieren? Prozessdokumentation…
- macht Wissen der Mitarbeiter für das Unternehmen verfügbar (wichtig bei Mitarbeiterwechseln, bei Einarbeitung neuer Mitarbeiter).
- hält das Know-how fest.
- hilft bei Definition von Stellenprofilen.
- lässt Mitarbeiter ihren Anteil am gesamten Prozess erkennen. Dies führt zur Förderung ihres prozess- und kundenorientierten Denkens.
- macht komplizierte und umfangreiche Prozesse transparent.
- gibt Hinweise für Prozessoptimierung durch klare Beschreibung des Ist-Zustands.

Verbal	Grafisch	Datenbankgestützt
Beschreibung der Prozesse mit Worten.	Bildhafte Beschreibung der Prozesse, beispielsweise mit Wertschöpfungskettendiagrammen oder ereignisgesteuerten Prozessketten (EPK). Software z.B.: Sisy, Visio, Powerpoint Vorteile im Vergleich zu verbal: - anschaulicher - eindeutiger - verständlicher - Zusammenhänge und Vernetzungen sind besser erfassbar (Sprache ist nur linear, Bilder sind simultan erfassbar)	Alle Objekte werden in einer Datenbank gespeichert. Sie können dann in mehreren Modellen verwendet werden. Software: meist ARIS Vorteile im Vergleich zu grafisch: - Effizienter bei größeren Projekten, da Änderungen an einem Objekt automatisch in allen Modellen übernommen werden - Überprüfung der Modelle auf korrekte Syntax - Umfangreiche Auswertungs- und Simulationsmöglichkeiten Nachteile: teure Software; kompliziertere Bedienung

Ereignisgesteuerte Prozessketten (EPK)

Elementname	Darstellung	Kurzbeschreibung
Funktion	Kunden-auftrag bearbeiten	Eine Funktion (Tätigkeit, Aktivität) ist ein wirtschaftlicher Vorgang, dessen Ausführung Zeit und Ressourcen beansprucht. Funktionen werden gemeinhin Organisationseinheiten zugeordnet, die sie ausführen oder für sie verantwortlich sind.
Ereignis	Kunden-auftrag bearbeitet	Ereignisse beschreiben betriebswirtschaftlich relevante Zustände von Informationsobjek-ten. Ereignisse steuern den weiteren Verlauf des Geschäftsprozesses – daher auch der Begriff Ereignisgesteuerte Prozessketten. Im Gegensatz zu Funktionen benötigen sie weder Zeit noch Ressourcen, verursachen keine Kosten und sind auch keinen Organisa-tionseinheiten oder Informationsobjekten zugeordnet.
Organisations-einheit	Vertrieb	Organisationseinheiten (z.B. Abteilung, Stelle) sind für die Verrichtung von Funktio-nen (Aufgaben, Tätigkeiten) zuständig und werden diesen zugeordnet.
Informations-objekt	Produktdaten	Informationsobjekte werden häufig zur Ausübung einer Funktion benötigt und wer-den ihnen zugeordnet. Beispiel: Produkt- oder Kundendaten zur Bearbeitung eines Kundenauftrags.
Verknüpfungs-operatoren		Verknüpfungsoperatoren werden bei ver-zweigten Prozessen benötigt, also wenn sich aus einer Funktion mehrere Ereignisse oder aus einem Ereignis mehrere Funktionen ergeben.
Verknüpfungs-operator UND	$\wedge$	**Alle** Ereignisse oder Funktionen müssen vorliegen.
Verknüpfungs-operator ODER	$\vee$	**Mindestens ein** Ereignis oder eine Funktion muss vorliegen.
Verknüpfungs-operator EXKLUSIVES ODER	$\times$	**Genau ein** Ereignis oder eine Funktion muss vorliegen.

7 Ziele und Kennzahlensysteme

Überblick und Lernziele

Im Hinblick auf Prozessoptimierung kommen Zielen zentrale Bedeutung zu, da sie vorgeben, was erreicht werden soll. Dies ist u.a. bedeutsam, um später den Erfolg durchgeführter Prozessoptimierungsmaßnahmen messen und auch, um im Falle konkurrierender Ziele Prioritäten setzen zu können.

Im Rahmen dieses Kapitels lernen Sie ...

- Funktionen und Anforderungen an Ziele kennen;

- in welchem Verhältnis Ziele zueinander stehen können und wie sie sich in Zielsysteme integrieren lassen;

- Aufgaben von Kennzahlen kennen;

- welche Bedeutung ausgewählte logistische Kennzahlen haben, wie sie berechnet werden und mit welchen Maßnahmen sie sich verbessern lassen;

- welchen Beitrag die Methode des Benchmarking zur Prozessverbesserung zu liefern vermag und wie Benchmarkingprojekte durchgeführt werden.

7.1 Grundlagen

Ziele sind für die Zukunft angestrebte Zustände oder Prozesse. Eine kleine Auswahl unternehmerischer Ziele:

- Erzielung eines bestimmten/maximalen Gewinns
- Erzielung einer Eigenkapitalrentabilität von 20%
- Erreichen höchstmöglicher Umsätze
- Erreichen eines Marktanteils von 60%.
- Sicherung der Liquidität
- Erlangung höchstmöglicher Kundenzufriedenheit
- Erhaltung der Selbständigkeit des Unternehmens
- Erhaltung von Arbeitsplätzen
- Einsatz möglichst umweltgerechter Produktionsverfahren
- Erreichen eines guten Images in der Öffentlichkeit
- Ausweitung des Produktangebots
- Förderung kultureller Organisationen

Zielen kommt eine Reihe wichtiger Aufgaben zu. Sie stellen den notwendigen Hintergrund für unternehmerische Entscheidungen dar: jede Tätigkeit bzw. Entscheidung braucht einen Bezugsrahmen. Angenommen, Sie haben einen bestimmten Geldbetrag zur Verfügung. Wie Sie ihn verwenden (konsumieren, sparen, spenden etc.), hängt letztlich von Ihren Zielen ab. Wäre Ihr wichtigstes Ziel, schnell reich zu werden, so würden Sie das Geld vermutlich sparen bzw. investieren. Weiterhin ermöglichen Ziele durch einen Soll/Ist-Vergleich die Kontrolle, inwiefern die Planvorgaben/Ziele erreicht wurden. Voraussetzung hierfür ist jedoch, dass die Ziele gemessen (operationalisiert; in Anzahl, Geld oder Gewicht angegeben) werden können. Schließlich lässt sich laut Peter Drucker nur das managen, was gemessen werden kann. Ziele dienen außerdem der Motivation der Mitarbeiter. Aus dieser Aufgabe leitet sich beispielsweise das Führungskonzept management by objectives ab, in dem vereinbarten Zielen eine zentrale Funktion im Führungsprozess zukommt. Ziele haben auch eine Informationsfunktion: sie setzen Aktionäre, Kunden, Mitarbeiter, Konkurrenten und die Öffentlichkeit darüber in Kenntnis, in welche Richtung sich ein Unternehmen entwickeln möchte.

Ziele lassen sich hinsichtlich der Dimensionen Inhalt, Ausmaß, räumlicher und zeitlicher Bezug unterscheiden und präzisieren. Der Zielinhalt gibt an, was erreicht werden soll (z.B. Umsatz steigern), während das Ausmaß festlegt, zu welchem Grad der Zielinhalt anzustreben ist. Hierbei werden unbegrenzte (höchstmögliche Umsatzsteigerung) von begrenzten Zielen unterschieden, bei denen das Erreichen eines vorgegebenen Werts genügt (Umsatz um 10 Mio. € erhöhen). Der zeitliche und der räumliche Bezug gibt an, bis wann bzw. wo das Ziel erreicht werden soll. Eine konkrete Zielformulierung, die alle Dimensionen berücksichtigt, könnte demnach lauten: Umsatzsteigerung von 10 Mio. € innerhalb eines Jahres in der Region Nordamerika.

Neben dieser Konkretisierung sollten Ziele weiteren Anforderungen entsprechen. Ziele müssen realistisch sein. Ein unrealistisches Ziel (Umsatzverdopplung in zwei Tagen) wird die obengenannten Vorgaben nicht erfüllen können. Darüber hinaus sollten Ziele aktuell (nicht aktuell wäre ein Ziel der Umsatzsteigerung auf 10 Mio. € Umsatz, wenn er bereits bei 12 Mio. € liegt; dieses Ziel wäre gar zu leicht erreichbar) und durchsetzbar sein.

Da ein Unternehmen mehrere Ziele gleichzeitig verfolgt, ist zu untersuchen, in welcher Beziehung diese Ziele zueinander stehen. Sie können in komplementären, konkurrierenden, antinomen und indifferenten Verhältnissen zueinander stehen.

Komplementäre oder harmonische Ziele unterstützen sich gegenseitig. Erhöht sich der Zielerreichungsgrad von Ziel 1, steigt gleichzeitig der Erreichungsgrad von Ziel 2. Eine Umsatzsteigerung und eine Erhöhung des Marktanteils ergänzen sich gegenseitig.

Bei konkurrierenden Zielen geht die Erfüllung des einen zulasten des anderen Ziels. Eine Erhöhung des Bekanntheitsgrads und Kostensenkung sind konkurrierende Ziele. Von antinomen Zielen wird gesprochen, wenn sich Ziele gegenseitig komplett ausschließen.

Indifferente Ziele beeinflussen sich gegenseitig nicht. So hat eine Imageverbesserung keinen signifikanten Einfluss auf die Höhe der Ausschussproduktion.

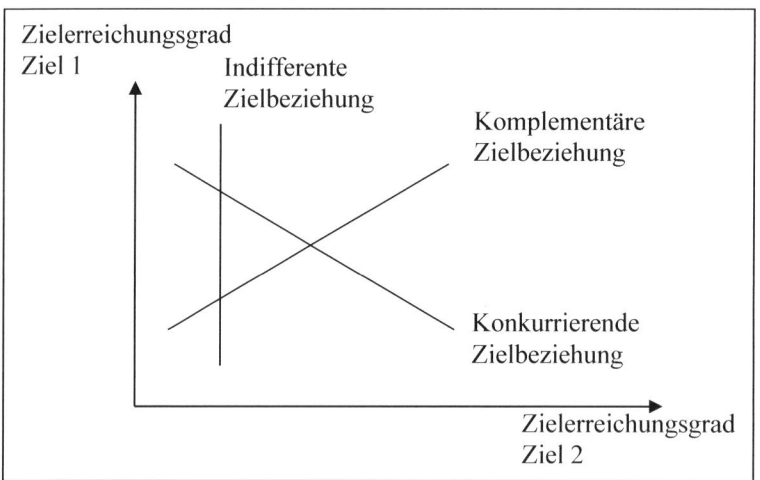

Abb. 7-1: komplementäre, konkurrierende und indifferente Zielbeziehungen

Aufgrund der Vielzahl der zueinander in Beziehung stehenden Ziele bedarf es eines Zielsystems, das die Hierarchie der Ziele verdeutlicht. Ohne ein unternehmensumfassendes Zielsystem besteht die Gefahr, dass alle Abteilungen sich eigene Ziele setzen, ohne mögliche Konflikte oder Synergien mit anderen Abteilungen zu berücksichtigen. Bei Zielsystemen wird einerseits zwischen Haupt- und Nebenzielen, andererseits zwischen Ober- und Unterzielen unterschieden.

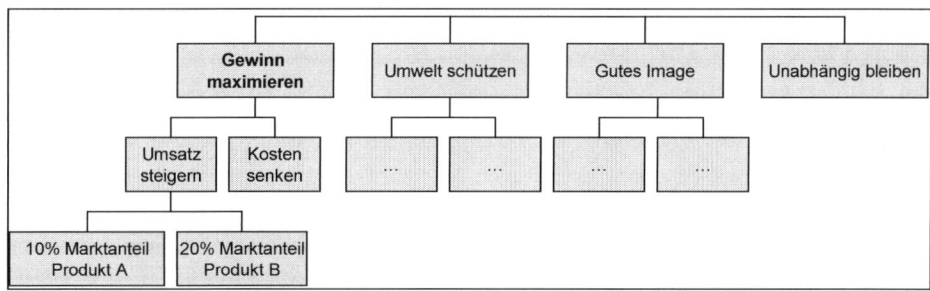

Abb. 7-2: Ober-/Unter- und Haupt-/Nebenziele

Bei konkurrierenden Zielen muss eine Gewichtung vorgenommen werden: soll das Ziel der Gewinnmaximierung, des Umweltschutzes, des Images oder der Unabhängigkeit verfolgt werden? Wären sämtliche Ziele komplementär, ergäben sich keine Probleme, da das Anstreben eines Ziels die anderen begünstigen würde. Da jedoch Umweltschutzmaßnahmen oft die Kosten erhöhen, konkurrieren diese Ziele meistens. Folglich muss eine Entscheidung getroffen werden, in welchem Maße die einzelnen Ziele anzustreben sind, wie wichtig ein Ziel im Verhältnis zu den anderen Zielen ist. Im Beispiel, wie normalerweise auch in der Praxis, wird dem Ziel der Gewinnmaximierung die höchste Bedeutung beigemessen. Ziele mit hoher Gewichtung werden als Hauptziel bezeichnet, weniger stark verfolgte Ziele (im Beispiel Umweltschutz, Image und Unabhängigkeit) sind Nebenziele.

Neben dieser horizontalen ergibt sich noch die vertikale Unterscheidung in Ober-, Zwischen- und Unterziele. Oberziele (Gewinnmaximierung, Umweltschutz, etc.) sind meistens allgemein formuliert. Darauf bezugnehmend sind nach unten immer konkretere Ziele anzugeben. Als Zwischenziel des Oberziels Gewinnmaximierung ergibt sich u.a. das Ziel der Umsatzsteigerung und daraus das Unterziel, den Marktanteil des Produktes A auf 10% zu erhöhen. Unterziele müssen konkret und messbar sein, sodass der für die Zielerreichung verantwortliche Mitarbeiter motiviert ist und seine Leistung überprüft werden kann. Da Unterziele letztlich dazu dienen, die entsprechenden Oberziele zu erreichen, sollten sie zu diesen komplementär sein. Bei der Ableitung der Unterziele muss darauf geachtet werden, dass die Verbindung zum obersten Ziel nicht verloren geht. Bekommt ein Mitarbeiter (oder eine Abteilung) Ziele gesetzt, ohne dass er deren Gesamtzusammenhang erkennt, besteht die Gefahr, dass er seine Ziele erreicht, allerdings zulasten der übergeordneten Ziele. So könnte der für das Produkt A Verantwortliche seinen Marktanteil zulasten des Produkts B steigern; die Folge wäre möglicherweise ein insgesamt geringerer Gewinn. Oder er erreicht sein Ziel durch niedrigere Verkaufspreise; auch hier könnte der Gewinn letztlich sinken.

Ziele werden vielfach zu Kennzahlen konkretisiert. Kennzahlen sind verdichtete, systematisch aufbereitete Einzelinformationen, die komplexe Sachverhalte und Zusammenhänge mit einer Maßgröße darstellen. Kennzahlen unterstützen bei der Planung, Steuerung, Kontrolle, Beurteilung und Koordination unternehmerischer Prozesse.

Dabei werden Kennzahlen als Absolut- und Verhältniszahlen verwendet. Absolutzahlen haben nur eine Größe, beispielsweise Bestand an Produkten im Distributionslager (20.000 Stück). Im Gegensatz dazu stellen Verhältniszahlen zwei Größen miteinander in Beziehung. Hierbei gibt es drei Ausprägungen:

- Gliederungszahlen: setzen Teile ins Verhältnis zum Gesamten, beispielsweise Umsatz Produkt A / Gesamtumsatz.
- Beziehungszahlen: verrechnen Größen, die eine logische Beziehung zueinander haben. Beispiel Gesamtumsatz/Kundenanzahl, ergibt den Umsatz pro Kunde.
- Indexzahlen: ergeben sich durch gleichartige Größen mit unterschiedlichem zeitlichen Bezug, wie Umsatz 2004 / Umsatz 2003.

Mehrere Kennzahlen werden wiederum zu Kennzahlensystemen zusammengestellt. Sie ermöglichen die Lösung logistischer Zielkonflikte, geben Ziele eindeutig vor, lassen Abweichungen, Chancen und Risiken frühzeitig offensichtlich werden, helfen bei der Suche nach Schwachstellen und ihren Ursachen und bilden die Basis für ein Benchmarking.

Kennzahlensysteme können nach sachlichen Kriterien geordnet werden (z.B. durch das von Schulte entwickelte Logistik-Kennzahlen-System) oder in einem mathematischen Bezug zueinander stehen, wie beispielsweise im Du-Pont-System:

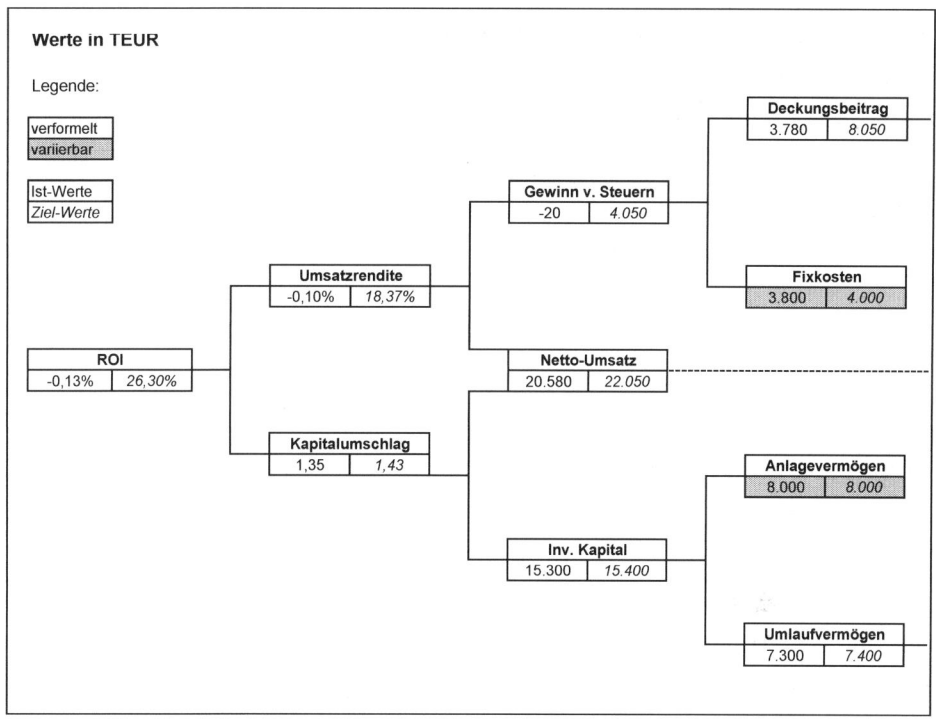

Abb. 7-3: Du-Pont-Kennzahlensystem

Bei diesem System ist die logische Verbindung der einzelnen Kenngrößen zueinander offensichtlich. Die grauen Größen können verändert werden, die anderen
errechnen sich darauf aufbauend automatisch. Neben einem verbesserten Verständnis der Gesamtzusammenhänge sind mit solchen Rechensystemen sofort
spezifische Fragestellungen (z.B. wie ändert sich der Return on Investment bei
Erhöhung des Brutto-Umsatzes um 5.000€?) zu beantworten.[11] Allerdings sind
die Zusammenhänge zwischen einzelnen Kennzahlen oft zu kompliziert, um sie
in einem einfachen, analytischen Rechensystem darstellen zu können. Für solche
Situationen bietet sich die Modellierung (beispielsweise in Insight Maker oder
ARIS, siehe Kapitel 4 und 5 wie auch Anhang A und B) an, die die Grundlage
für Simulationen bietet. So lassen sich auch bei komplexen Sachverhalten Ursache-Wirkungszusammenhänge ermitteln.

---

[11] Die entsprechende Exceldatei findet sich unter http://www.wirtschaftsdidaktik.phil.uni-
erlangen.de/publikationen/supply-chain-management.shtml

Ähnlich wie bei der Erstellung von Zielsystemen gilt es auch bei Kennzahlensystemen mehrere Prinzipien zu beachten. So sollten bereichs- und auch unternehmensübergreifende Zusammenhänge berücksichtigt werden, um Abteilungsdenken bzw. -egoismen vorzubeugen. Weiterhin sollten den für einzelne Kennzahlen verantwortlichen Mitarbeitern Informationen über Ursache-Wirkungszusammenhänge mitgegeben werden, sodass sie bei Abweichungen vom Zielwert geeignete Gegenmaßnahmen einleiten können. Bezogen auf das dargestellte Du-Pont-System sollte ein für die Kenngröße ‚Investiertes Kapital‘ Verantwortlicher wissen, dass sie über die Größen ‚Anlagevermögen‘, ‚Vorräte‘, ‚Forderungen‘ und ‚Flüssige Mittel‘ beeinflusst werden kann.

Kennzahlen brauchen nicht bis ins letzte Detail formal korrekt zu sein, vielmehr ist wichtig, dass sie möglichst einfach und verständlich sind. Sie sollten darüber hinaus sehr konkret auf die jeweilige Situation zugeschnitten sein: für Produkt A gelten andere Zusammenhänge als für Produkt B, folglich sollten diese Unterschiede auch in den jeweiligen Kennzahlen und Zielvorgaben zum Ausdruck kommen. Wichtig ist weiterhin, sich auf wenige, aber wichtige Kennzahlen zu beschränken, da einzelnen Größen bei sehr vielen Kennzahlen nur noch wenig Beachtung geschenkt wird.

Bei der Definition eines Kennzahlensystems ist die abteilungs- und unternehmensübergreifende Zusammenarbeit nötig, da diese Systeme übergreifende Zusammenhänge abbilden sollen. Nebenbei lernen die Mitglieder des Teams zur Kennzahlenerstellung die Positionen der anderen verstehen und erkennen abteilungs- bzw. unternehmensübergreifende Zielkonflikte. Was den Mitgliedern des Teams zugute kommt hilft auch den anderen Mitarbeitern, wenn diese ein Kennzahlensystem erhalten, das die eigene Arbeit in einen größeren Zusammenhang stellt.

Die folgende Checkliste mag zur Erstellung eines Kennzahlensystems hilfreich sein:

Checkliste zur Gestaltung von Kennzahlensystemen nach Schulte

Verfügbarkeit
- Sind die für die Kennzahl benötigten aktuellen Daten intern verfügbar?
- Sind die benötigten Vergangenheitsdaten zwecks Zeitvergleich intern verfügbar?
- Ist die Verfügbarkeit unmittelbar gegeben oder erst über zusätzliche Berechnungen möglich?
- Sind die benötigten Plandaten zwecks Soll-Ist-Vergleich intern verfügbar?
- Sind Vergleichsdaten aus anderen Unternehmen bzw. von Verbänden zwecks Betriebsvergleich verfügbar?

Aufwand/Nutzen
- Welcher zeitliche Aufwand ist mit der Kennzahlenermittlung verbunden?
- Welche Kosten sind mit der Ermittlung unmittelbar verbunden?
- Welche Kosten sind mit der Schaffung der Voraussetzungen zur Ermittlung der Kennzahl verbunden?
- Welche Probleme oder Rationalisierungsreserven werden in dem durch die Kennzahl abgebildeten Bereich vermutet?
- Wie viele Kennzahlen bestehen bereits für die Abbildung des entsprechenden Bereichs?
- Welche Widerstände werden bei den Betroffenen hinsichtlich der Kennzahlenanwendung vermutet?

Eignung
- Wie gut bildet die Kennzahl den betreffenden Bereich bzw. die Situation ab?
- Welche Bedeutung kommt dem durch die Kennzahl abgebildeten Bereich oder Ziel zu?
- Welche Fehlerquellen existieren bei der Kennzahlenermittlung?
- In welchem Maße lässt die Kennzahl eine eindeutige Interpretation zu?

- Existieren bereits Erfahrungen der Mitarbeiter des Unternehmens hinsichtlich der Kennzahl?
- Existiert die Kennzahl in vergleichbaren Unternehmen?

Zweck
- Soll die Kennzahl zur Steuerung und/oder zur Analyse dienen?
- Soll die Kennzahl für die Unternehmensleitung und/oder für die einzelnen Aufgabenbereiche bereitgestellt werden?
- Welchem Analysezweck soll die Kennzahl dienen (Strukturanalyse, Beobachtung von Entwicklungen, Schwachstellen-/Wirtschaftlichkeitsanalyse, Erfolgsmessung/Leistungsbeurteilung)?
- Soll die Kennzahl für Soll-Ist-Vergleiche, Zeitvergleiche und/oder Betriebsvergleiche verwendet werden?
- Soll die Kennzahl weiter gegliedert werden (z. B. nach Verantwortungsbereichen, Mitarbeitern)?
- Soll die Kennzahl regelmäßig/periodisch oder fallweise/periodisch ermittelt werden?
- Wie oft (monatlich, quartalsweise, halbjährlich, jährlich) soll die Kennzahl ermittelt werden?

Organisation
- Welche Mitarbeiter sollen die Kennzahl ermitteln?
- Aus welchen Informationsquellen sollen die Kennzahlen ermittelt werden?
- Wer soll die Kennzahlenergebnisse auswerten?
- Wem sollen die Ergebnisse weitergeleitet werden?
- Wie sollen die Ergebnisse dokumentiert werden?
- Wer ist für die Einhaltung der Kennzahlenwerte verantwortlich?

Schulte, Christof: Logistik. Wege zur Optimierung der Supply Chain. 6. Auflage. München 2013, S. 665.

Ein Kennzahlensystem, das sich in den letzten Jahren immer größerer Verbreitung erfreut, ist die Balanced Scorecard. Sie ist ein strategisches Managementsystem, bei dem Kennzahlen verschiedenen Sichtweisen auf das Unternehmen, sogenannten Perspektiven, zugeordnet werden. Dazu gehören neben internen (z.B. Entwicklungsperspektive, Prozessperspektive) auch externe Performance-Perspektiven. Interne Sichtweisen konzentrieren die Aufmerksamkeit beispielsweise auf zu verbessernde Prozesse und Entwicklungsmöglichkeiten, während die externe Perspektive u.a auf Kunden ausgerichtet ist. Zu jeder der Perspektiven sollten höchstens sieben Kennzahlen zugeordnet werden, damit der Überblick erhalten bleibt.

Durch die Anordnung der Kennzahlen zu den entsprechenden Perspektiven wird eine gewisse Ausgewogenheit hinsichtlich kurzfristiger und langfristiger Ziele, monetärer und nicht-monetärer Kennzahlen, sowie interner und externer Sichtweisen erreicht. Mit dem System der Balanced Scorecard wird eine zielorientierte Unternehmensführung unterstützt, die von der Unternehmensvision ausgehend über die einzelnen Wettbewerbsstrategien bis hin zur Formulierung und Überwachung von Maßnahmen anhand ausgewogener Kennzahlen greift. Deshalb ist die Balanced Scorecard mehr als ein Kennzahlensystem zur Leistungsmessung. Sie hilft bei der Umsetzung und Kommunikation der Unternehmensstrategie und ist somit das Bindeglied zwischen der Unternehmensstrategie und ihrer Umsetzung.

7.2   Ziele der Logistik

Das klassische Ziel der Logistik besteht in der Optimierung des Logistikerfolgs, der sich aus der Logistikleistung und den Logistikkosten ergibt. Wichtige Kenngrößen der Logistikleistung sind Lieferzeit, Lieferzuverlässigkeit, Lieferflexibilität und Lieferqualität. Logistikkosten fallen beispielsweise durch Lager, Bestände und Transport an (die Kennziffern sind in 7.3 ausführlich erklärt).

Da der Logistik eine Querschnittsfunktion zukommt, ergeben sich bei funktionaler Betrachtung etliche Zielkonflikte zwischen Logistik und anderen betrieblichen Funktionsbereichen. U.a. aufgrund der Bestands- und Lagerkosten strebt die Logistik niedrige Lagerbestände an. Demgegenüber verfolgt beispielsweise der

Absatz das Ziel, möglichst viel zu verkaufen, und wünscht hohe Fertigwarenbestände, um sofort den Kundenwünschen entsprechend liefern zu können. Die folgende Darstellung zeigt eine kleine Auswahl an weiteren Zielkonflikten.

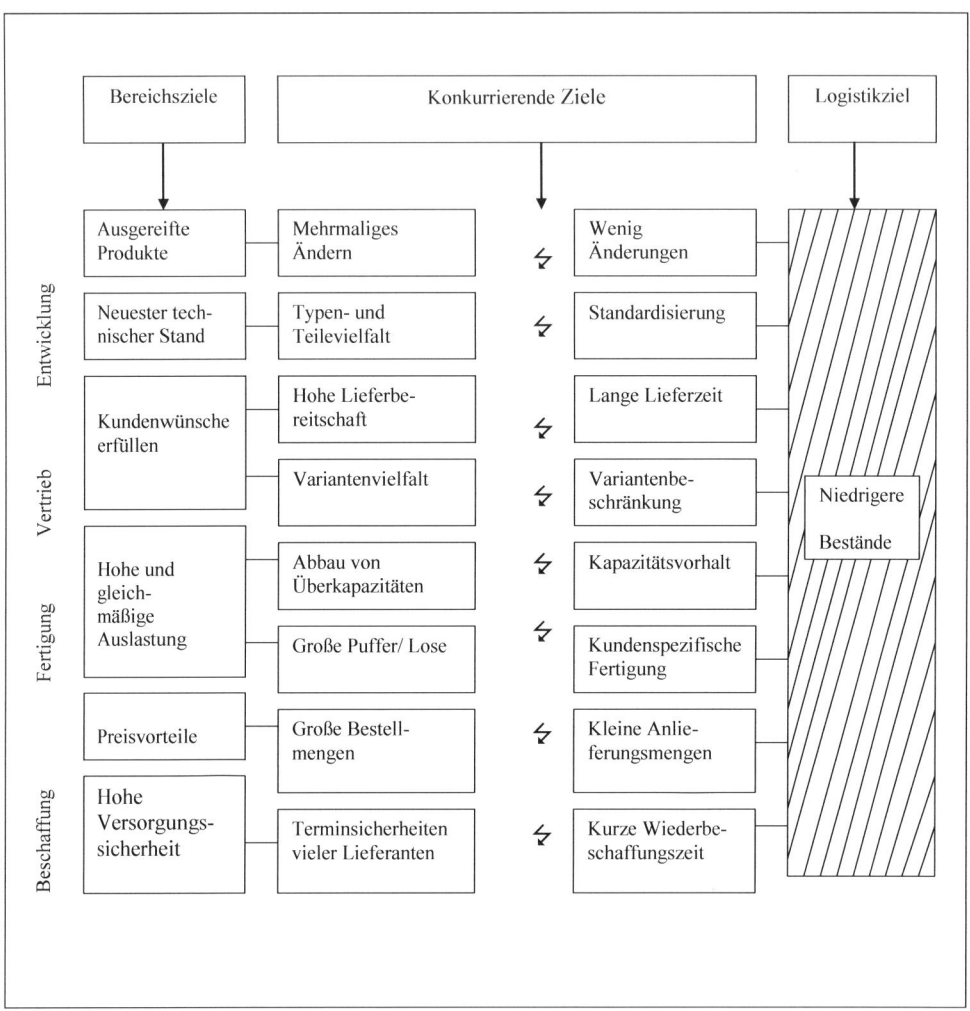

Abb. 7-4: Konkurrierende logistikrelevante Ziele; Schulte, Christof: Logistik. Wege zur Optimierung der Supply Chain. 6. Auflage. München 2013, S. 16.

Mit wachsenden Aufgaben der Logistik im Zuge ihrer Entwicklung zum Supply Chain Management ergeben sich drei übergeordnete Zieldimensionen der Logistik: Kosten, Zeit und Qualität.

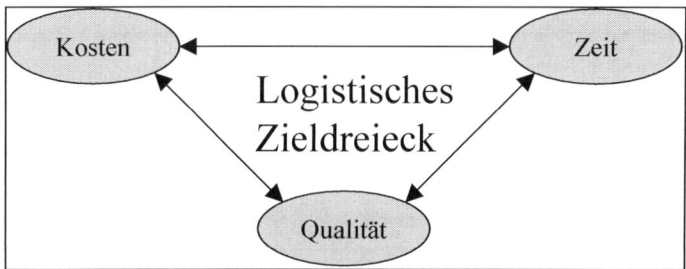

Abb. 7-5: Logistisches Zieldreieck

Neben den bereits angedeuteten Logistikkosten fallen beispielsweise auch Fehlmengenkosten unter diese Position. Die Dimension Zeit beinhaltet beispielsweise Liefer- und Durchlaufzeiten. Qualität wird gemessen mit Kennzahlen wie Lieferflexibilität, Lieferzuverlässigkeit, Fehlerquote oder Beanstandungsquote. Darüber hinaus gehören zur Qualität auch Aspekte, die dem Kunden einen Zusatznutzen bringen, beispielsweise Track and Trace.

Zwischen den Zieldimensionen bestehen etliche Zielkonflikte. Höhere Produktqualität könnte längere Fertigungszeiten und höhere Kosten bedingen. Kürzere Lieferzeiten lassen sich durch höhere Lagerbestände erzielen, die jedoch die Kosten steigern. Schnellere Durchlaufzeiten könnten zu Mängeln in der Produktqualität führen. Und niedrigere Transportkosten haben wiederum höhere Zeiten zur Folge (z.B. Schiff statt Flugzeug).

Die Herausforderung der Logistik besteht darin, einerseits zwischen unauflösbaren Zielkonflikten einen optimalen Ausgleich zu schaffen, andererseits durch gezielte Maßnahmen (siehe Kapitel 8) manche Zielkonflikte abzuschwächen oder ganz aufzulösen.

Wie einzelne, zueinander konkurrierende Ziele aufeinander abzustimmen sind, lässt sich nicht allgemeingültig sagen. Vielmehr hat die Abstimmung im Hinblick auf die Unternehmensziele, Kundenanforderungen und Konkurrenten zu erfolgen. Für Unternehmen, deren Kunden Kriterien wie kurze Lieferzeit wichtiger als die Produktpreise sind, empfiehlt sich eine Konzentration der Optimierungsbemühungen auf Verkürzung der Lieferzeiten. Legen Kunden hohen Wert auf individuell konfigurierbare Produkte (ein Merkmal der Qualität), sollte das Unternehmen dem entsprechen, gegebenenfalls unter Inkaufnahme höherer Kosten und Zeiten. Zur Orientierung sind Vergleiche mit Konkurrenten hilfreich (siehe 7.4), um weitere Verbesserungspotenziale aufdecken zu können. So sind Kunden der Automobilindustrie durchaus bereit, auf ihr individuell zusammengestelltes Auto zu warten, jedoch nicht deutlich länger, als bei Konkurrenzunternehmen.

Um die drei Ziele der Logistik möglichst gut erreichen zu können, sollte ein Unternehmen möglichst reaktionsfähig, schlank und agil sein. Reaktionsfähigkeit gibt die Geschwindigkeit an, mit der ein Unternehmen auf ungeplante Anforderungen reagieren kann. Agilität bringt zum Ausdruck, wie schnell es sich den jeweils optimalen Kostenstrukturen anpasst und Schlankheit zielt auf die Minimierung des Aufwands hinsichtlich aller Ressourcen ab. Die Relevanz dieser Kriterien wird am Beispiel der Reaktionsfähigkeit verdeutlicht.

Ein zentraler Zielkonflikt der Logistik besteht zwischen den Zielen der Reaktionsfähigkeit und Effizienz. Die Fähigkeit, schnell auf unvorhergesehene Situationen reagieren zu können, ist den Zieldimensionen Zeit und Qualität zuzuordnen, während Effizienzaspekte in Kosten zum Ausdruck kommen. Dieser Zielkonflikt lässt sich gut verdeutlichen anhand der Aspekte Inventar, Produktions- und Lagerstätten, Transport und Information.

Beim Inventar schlägt sich der angesprochene Zielkonflikt nieder zwischen hoher Lieferfähigkeit und niedrigen Lager- und Bestandskosten (siehe Planspiel Kapitel 4). Mit hohen Sicherheitsbeständen kann die Lieferfähigkeit verbessert werden. Auch hier ist die optimale Abstimmung der beiden Ziele zu ermitteln. Der anzustrebende Produktverfügbarkeitsgrad hängt ab vom Verhältnis der Kosten eines zu hohen Angebots (Lagerkosten) und den Kosten des Unterangebots (aufgrund verlorener oder unzufriedener Kunden entstehende kalkulatorische Fehlmengenkosten). So lässt sich bei sehr geduldigen Kunden ein niedriger Versorgungsgrad wählen. Die Höhe der notwendigen Sicherheitsbestände, um einen gegebenen Versorgungsgrad zu erreichen, hängt von mehreren Faktoren ab. Je genauer die Kundennachfrage prognostizierbar ist, desto besser lässt sich passend für die Nachfrage produzieren und umso geringere Sicherheitsbestände werden benötigt. Weiterhin ist die Höhe des Sicherheitsbestands von den Wiederbeschaffungs-

bzw. Durchlaufzeiten abhängig: je länger ein Unternehmen benötigt, bestimmte Waren herzustellen, desto schlechter kann es auf unerwartete Nachfrageänderungen reagieren, sodass höhere Sicherheitsbestände zur Kompensation nötig sind. Die Situation ist vergleichbar mit einem Supertanker und einem Schnellboot: ein Tanker hat einen sehr viel längeren Bremsweg (entspricht höheren Wiederbeschaffungszeiten). Ist mit Überraschungen wie Eisbergen zu rechnen (schwer prognostizierbares Kundenverhalten), so sollte er sehr langsam fahren. Ein Boot mit kurzen Bremswegen kann das gleiche Sicherheitsniveau (Versorgungsgrad) auch bei höheren Geschwindigkeiten einhalten. Neben den durchschnittlichen Wiederbeschaffungszeiten ist auch deren Streuung (Varianz) zu berücksichtigen:

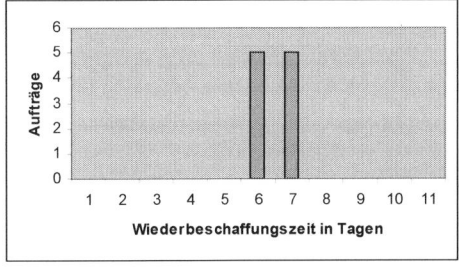 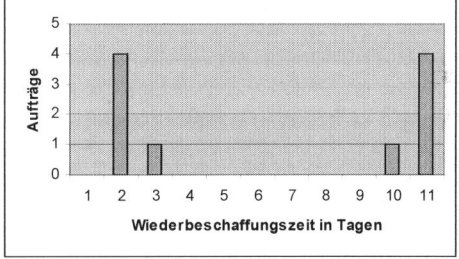

Abb. 7-6: Mittelwert und Varianz von Kennzahlen

Die beiden Diagramme stellen jeweils dar, wie viele Tage die Wiederbeschaffungszeit für die letzten 10 Aufträge betrug. Bei beiden lässt sich die Kenngröße mit 6,5 Tagen angeben. Da allerdings die Schwankung im rechten Beispiel sehr viel höher ist, kann nicht davon ausgegangen werden, dass die Artikel nach 6 oder 7 Tagen verfügbar sind. Entsprechend wäre für die rechts dargestellte Situation ein höherer Sicherheitsbestand nötig, als für die links dargestellte. Diese Überlegung ist bei vielen der unten dargestellten Kennzahlen anzustellen: Mittelwerte geben zwar eine Orientierung, aber Ausreißer werden so nicht erfasst. Dazu sollte noch die Schwankungsstärke ermittelt werden.

Bei der Wahl eines Transportmittels kommt der Zielkonflikt zwischen Reaktionsfähigkeit und Effizienz im Verhältnis von Geschwindigkeit und Kosten zum Ausdruck. So ist der Transport per Schiff deutlich langsamer als per Flugzeug, dafür fallen jedoch niedrigere Kosten an.

Bezüglich der Produktions- und Lagerstätten zeigt sich der Zielkonflikt hinsichtlich deren Anzahl: viele Lager gewährleisten höhere Ausfallsicherheit, falls es zu Bränden, baulichen Maßnahmen oder Staus auf der Zufahrtsstraße kommen sollte. Weiterhin ist die durchschnittliche Distanz zum Kunden kürzer, sodass geringere Lieferzeiten möglich sind. Dafür fallen bei mehreren kleinen Lagern wegen fehlender Skaleneffekte normalerweise höhere Kosten an, als bei einem großen Lager. Beispielsweise lohnen sich Investitionen in modernste Technologie zur Erhöhung der Effizienz bei einem Lager mit großem Durchsatz eher als bei kleinen Lagern.

Bezüglich des Kriteriums Information besteht zwischen Reaktionsfähigkeit und Effizienz kein Zielkonflikt, sondern Zielharmonie. Gute Informationstechnologie beschleunigt unternehmerische Prozesse und senkt gleichzeitig deren Kosten. Wenn Kunden ihre Bestellungen direkt im Internet konfigurieren und aufgeben, können sie schneller beliefert werden, da der Postweg oder lange Gespräche mit Außendienstmitarbeitern entfallen und die zur Produktion nötigen Informationen sofort vorhanden sind. Gleichzeitig sinken die Kosten, da die Daten nicht selbst ins Computersystem eingegeben (dies übernimmt der Kunde) oder weniger Beratungskapazitäten bereitgestellt werden müssen. Ein anderes Beispiel wären Informationen über den künftigen Kundenbedarf. Präzise Prognosen ermöglichen dem Unternehmen die benötigte Menge im Voraus zu produzieren. Dadurch sinken sowohl die Lieferzeiten (steigt die Reaktionsfähigkeit) als auch die Kosten, da nicht zuviel (Sicherheitsbestände entfallen oder sinken) produziert wird.

Wichtig ist, bei sämtlichen Entscheidungen den Gesamtzusammenhang zu berücksichtigen. So können Optimierungen an einer Stelle sich zwar dort positiv auswirken, für das Unternehmen (oder die Supply Chain) insgesamt jedoch negativ sein, oder umgekehrt. Die Entscheidung, Ware per Flugzeug zu liefern erhöht die Transportkosten, ermöglicht jedoch aufgrund der niedrigeren Lieferzeiten eine Senkung der Lagerbestände. Dieser Distributionsweg dürfte sich insbesondere bei kleinen, leichten und werthaltigen Produkten lohnen. Entscheidungen sind deshalb nicht aufgrund isolierter Überlegungen (höhere Transportkosten), sondern aufgrund der vernetzten Gesamtzusammenhänge (in diesem Beispiel der Gesamtkosten) zu treffen. Dabei muss über Abteilungs- und im Rahmen des Supply Chain Managements sogar über Unternehmensgrenzen hinweg gedacht werden.

7.3 Logistische Kennzahlen

Nachdem die grundsätzliche Bedeutung von Kennzahlen genauso geklärt ist, wie die Ziele der Logistik, werden in diesem Abschnitt einzelne logistische Kennzahlen dargestellt. Die Einteilung erfolgt hierbei anhand der drei Zieldimensionen der Logistik: Zeit, Qualität und Kosten.

Bei den im Folgenden dargestellten Kennzahlen ist zu berücksichtigen, dass viele nicht nur für einzelne Unternehmen interessant, sondern auch auf die gesamte Supply Chain anwendbar sind. Dies gilt beispielsweise für die Durchlaufzeit, Time-to-Market oder die Anzahl der Schnittstellen.

7.3.1 Zeitbezogene Kenngrößen

Die **Lieferzeit** (lead time) kennzeichnet den Zeitraum von der Bestellung des Kunden bis zur Warenankunft beim Kunden.

Die vom Kunden akzeptierte Lieferzeit ist die Zeit, die der Kunde auf die Ware zu warten bereit ist. Üblicherweise wünschen Kunden möglichst kurze Lieferzeiten, weil sie dadurch flexibler auf eigene Nachfrageschwankungen reagieren und entsprechend niedrigere Sicherheitsbestände halten können. Es gibt prinzipiell zwei Methoden, auf einen Kundenauftrag zu reagieren. Er kann erst nach Eingang des Auftrags bearbeitet werden (built-to-order). Die Beschaffung der Vorprodukte, die Produktion und die Distribution beginnen dann erst nach Auftragseingang. Dauern diese Aktivitäten jedoch insgesamt länger als die vom Kunden akzeptierte Lieferzeit, kann und muss der Auftrag direkt aus Lagerbeständen bedient werden. Anders gesagt: mit hohen Lagerbeständen lassen sich bei Standardprodukten die Lieferzeiten verkürzen, da keine Beschaffungs- und Produktionszeiten anfallen. Da Lagerhaltung jedoch mit etlichen Nachteilen behaftet ist, wäre eine sehr schnelle built-to-order-Produktion mit kurzen Durchlaufzeiten vorzuziehen. Maßnahmen (beispielsweise Postponement) hierzu sind im Folgekapitel geschildert.

Das Problem langer Lieferzeiten soll aus Kundensicht am Beispiel der Schuhbranche verdeutlicht werden: wegen langer Lieferzeiten von ca. 6 Monaten können Schuheinzelhändler nur einmal pro Saison bestellen. Die Frühjahrskollektion muss schon im Herbst geordert werden. So werden relativ hohe Mengen bestellt. Kommt die Ware endlich an, nimmt sie auf einen Schlag viel Lagerplatz und Kapital in Anspruch. Artikel, die sich gut verkaufen, sind bald weg und können nicht mehr nachgeordert werden, weil sie ja erst 6 Monate später eintreffen würden. Schlecht nachgefragte Schuhe wurden allerdings auch in hohen Mengen bestellt, da sich bei modischen Waren der Kundengeschmack schwer prognostizieren lässt und sich erst im Lauf der Saison zeigt, welche Schuhe schlecht laufen. Die schwer verkaufbaren Schuhe nehmen die ganze Saison Lager und Kapital in Anspruch und müssen, um überhaupt verkauft zu werden, zum Schlussverkauf mit erheblichen Preisabschlägen versehen werden. Keine optimale Lösung des Problems wäre die Verkürzung der Lieferzeit durch Verlagerung der Lagerhaltung auf den Hersteller. Die Lasten würden nur auf ein anderes Mitglied der Supply Chain abgewälzt, die Probleme wären aber weiterhin vorhanden. Entsprechend haben Produzenten, die ihre Lieferzeiten durch eigene hohe Lagerhaltung senken wollten, hohe Verluste gemacht und dieses Konzept aufgegeben. Der erfolgversprechende Ansatz, mit dem sich die Schuhbranche weitgehend revolutionieren ließe, liegt in einer Verkürzung der Durchlauf- und Transportzeiten. Allerdings ist aufgrund des handarbeitsintensiven Produktionsverfahrens noch keine optimale Lösung gefunden.

Neben der Lieferzeit kommt der **Durchlaufzeit** (process time) eine große Bedeutung zu. Sie ist die Zeitspanne, die bei der Produktion eines Gutes zwischen dem Beginn des ersten Arbeitsvorganges und dem Abschluss des letzten Arbeitsvorganges verstreicht. Die Auftragsdurchlaufzeit setzt sich zusammen aus den Bearbeitungszeiten inkl. Rüstzeiten, den Transportzeiten zu den Betriebsmitteln und den Wartezeiten vor den Betriebsmitteln.

Wie bereits dargestellt, hat die Durchlaufzeit wesentlichen Einfluss auf die Lieferzeit bzw. die Höhe des Sicherheitsbestands. Weiterhin reduzieren hohe Durchlaufzeiten die Flexibilität, die Lieferzuverlässigkeit und erhöhen sowohl den Finanzbedarf als auch die Kapazitätsauslastung.

Aufgrund ihrer vielfältigen Auswirkungen sind Durchlaufzeiten möglichst zu minimieren. Hierfür gibt es etliche Maßnahmen, beispielsweise:

- Losteilung: die Durchlaufzeit kann durch Aufteilung der Auftragsmenge (des Loses) in mehrere kleine Aufträge verkürzt werden.

- Arbeitsgangsplittung: ein Arbeitsgang wird aufgeteilt und an mehreren Arbeitsplätzen parallel durchgeführt.
- Überlappung: es wird nicht gewartet, bis ein ganzes Los an einem Arbeitsplatz komplett bearbeitet ist, sondern Teillose (oder einzelne Stücke) gehen schon an den nächsten Arbeitsplatz weiter, während andere Stücke des Loses noch bearbeitet werden.
- Verkürzung der eingeplanten Pufferzeiten.
- Verwendung von Maschinen mit kürzeren Rüstzeiten und schnelleren Bearbeitungszeiten.

Prinzipiell lässt sich eine Verkürzung erreichen, indem weniger große Lose, als vielmehr einzelne Güter bearbeitet werden, sodass jedes Stück ohne Wartezeiten durch den Produktionsprozess zum Kunden ‚fließen' kann. Große Reduzierungen der Durchlaufzeiten ergeben sich durch geringere Wartezeiten in Lagern. Oftmals hat ein Produkt eine Durchlaufzeit von mehreren Tagen, obwohl es nur wenige Minuten bearbeitet wird. Den überwiegenden Teil der Zeit ‚wartet' es in unterschiedlichen Lagern auf den nächsten Prozessschritt. Der Zusammenhang zwischen Durchlaufzeit und Wertschöpfung kommt im diesem Diagramm zum Ausdruck:

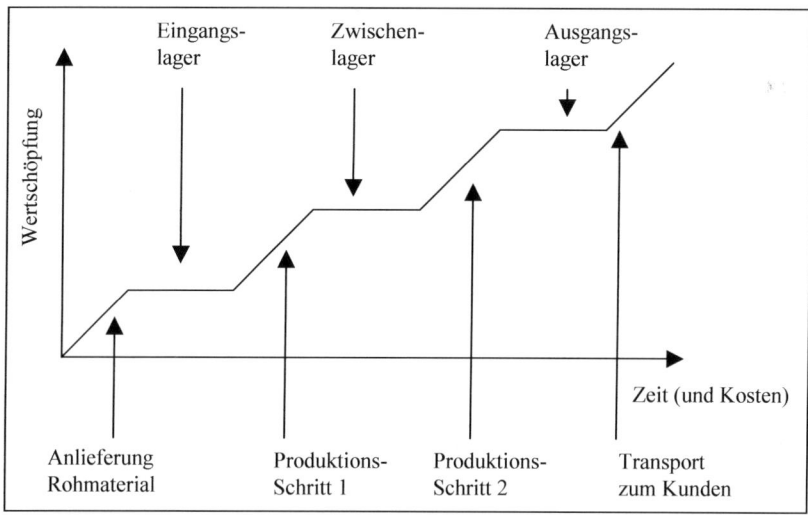

Abb. 7-7: Durchlaufzeit-Wertschöpfungsdiagramm

Jedes Lager ist grundsätzlich in Frage zu stellen, weil es den Materialfluss unterbricht und somit die Durchlaufzeit erhöht.

Wichtig ist hierbei, dass nicht mehr als benötigt produziert wird. Durch Zuviel-produktion wird unnötig Kapital und Lagerplatz in Anspruch genommen. Weiterhin muss die aktuell nicht benötigte Ware hin- und hertransportiert, sortiert und ggf. nachbearbeitet werden. Eine entscheidende Frage zur Reduzierung der Durchlaufzeiten und Kosten lautet: „Wie können Informationen so fließen, dass ein Prozess nur das herstellt bzw. ordert, was der nachfolgende Prozess benötigt, und nur dann, wenn er es benötigt."

Zu berücksichtigen ist auch hier wieder die unternehmensweite Abstimmung: große und erfolgreiche Anstrengungen zur Durchlaufzeitenreduzierung der Produktionsabteilung nützen nichts, wenn Endprodukte dann doch wochenlang im Distributionslager liegen.

7.3.2 Qualitätsbezogene Kenngrößen

Qualität ist definiert als Güte eines Produkts oder einer Dienstleistung im Hinblick auf seine Eignung für den Verwender. So gesehen ist Qualität die Übereinstimmung eines Produkts mit vorgegebenen Anforderungen, um Kundenbedürfnisse befriedigen zu können.

Qualität wird u.a. mit folgenden Kennziffern gemessen: Lieferzuverlässigkeit, Lieferfähigkeit, Lieferflexibilität, Lieferqualität bzw. Beanstandungsquote.

Lieferzuverlässigkeit (delivery precision) oder Liefertreue ist die Wahrscheinlichkeit, mit der ein zugesagter Termin vom Lieferanten eingehalten wird. Sie berechnet sich wie folgt:

$$\text{Lieferzuverlässigkeit} = \frac{\text{Anzahl termingerechter Lieferungen eines Zeitraums}}{\text{Anzahl aller Lieferungen eines Zeitraums}}$$

Da nicht eingehaltene Termine bei Kunden erhebliche Störungen des Betriebsablaufs auslösen können (insbesondere bei JIT-Produktion), sollte die Lieferzuverlässigkeit möglichst nahe bei 100% liegen.

Hohe Lieferzuverlässigkeit lässt sich einerseits durch hohe Lagerbestände erreichen, da Aufträge dann direkt aus dem Lager bedient werden können und letztlich nur der Transport zum Kunden eine Gefahrenquelle für Terminverzögerungen darstellt. Da jedoch hohe Lagerbestände möglichst zu vermeiden sind, wird dieser Ansatz nur bedingt verfolgt. Die Alternative besteht in einer hohen Prozesssicherheit, was bedeutet, dass die einzelnen Prozesse, die für die Auftragsdurchführung nötig sind, ihre vorgesehenen Durchlaufzeiten einhalten. Zur Erhöhung der Lieferzuverlässigkeit sollten weiterhin Kundenwunschtermine auf ihre Realisierbarkeit untersucht werden. Dabei ist eine individuelle Terminplanung beispielsweise mithilfe von ERP-Systemen vorzuziehen, da diese Informationen zuverlässiger sind als bloße Standardlieferzeiten.

Die **Lieferfähigkeit** (delivery ability) drückt aus, wie viele Kundenwunschtermine zugesagt werden.

$$\text{Lieferfähigkeit} = \frac{\text{Anzahl der dem Kundenwunsch entsprechend zugesagten Termine}}{\text{Anzahl aller Aufträge}}$$

Die Lieferfähigkeit informiert über die Leistungsfähigkeit, Flexibilität und Reaktionsfähigkeit eines Unternehmens. Sie sollte möglichst groß sein, um Fehlmengenkosten zu vermeiden bzw. keine Kunden an Konkurrenten zu verlieren. Theoretisch lässt sich sehr leicht eine Lieferfähigkeit von 100% erreichen: den Kunden brauchen nur alle Wunschtermine bestätigt zu werden, unabhängig von der Frage, ob sie sich auch einhalten lassen. Diese Überlegung zeigt, dass Kennzahlen keinesfalls isoliert betrachtet werden dürfen. Wird nur eine hohe Lieferfähigkeit angestrebt, die damit eng verbundene Lieferzuverlässigkeit jedoch ignoriert, hat dies fatale Konsequenzen für das Verhältnis zum Kunden.

Lieferflexibilität (delivery flexibility) umfasst die Fähigkeit des Lieferanten, auf Mengen- oder Terminänderungswünsche der Kunden einzugehen. Weitere Änderungswünsche, die in die Berechnung der Lieferflexibilität eingehen, können sich beziehen auf den Abnahmezeitpunkt, Fragen des Versands und Reaktionen auf Störungen bei der Vertragserfüllung. Die Lieferflexibilität bringt also zum Ausdruck, wie gut ein Unternehmen auf Änderungswünsche des Kunden eingehen kann, nachdem der Auftrag bereits erteilt ist.

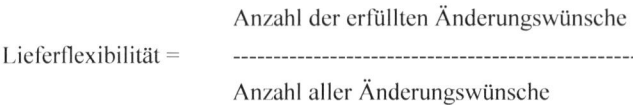

$$\text{Lieferflexibilität} = \frac{\text{Anzahl der erfüllten Änderungswünsche}}{\text{Anzahl aller Änderungswünsche}}$$

Die **Lieferqualität** (delivery quality) zeigt den Anteil der Aufträge ohne Beanstandung des Kunden an. Diese Kenngröße ist den anderen qualitäts- und zeitbezogenen Kenngrößen gewissermaßen übergeordnet. Hier fließt beispielsweise die (Un-)Zufriedenheit der Kunden bzgl. Liefertreue, Lieferflexibilität, aber auch der Produkt- und Beratungsqualität mit ein. Die **Beanstandungsquote** drückt den gleichen Sachverhalt aus, allerdings von der anderen Perspektive.

$$\text{Lieferqualität} = \frac{\text{Anzahl der Aufträge ohne Beanstandungen eines Zeitraums}}{\text{Anzahl aller Aufträge eines Zeitraums}}$$

$$\text{Beanstandungsquote} = \frac{\text{Anzahl der Aufträge mit Beanstandungen eines Zeitraums}}{\text{Anzahl aller Aufträge eines Zeitraums}}$$

Die Lieferqualität bzw. Beanstandungsquote ist sehr bedeutsam für ein Unternehmen, da sie zum Teil die Kundenzufriedenheit zum Ausdruck bringt. Zum Thema Beanstandungen ein kleiner Exkurs.

7.3.3 Exkurs: Verbesserung der Beanstandungsquote durch Beanstandungsmanagement

Kundenbeanstandungen sind Mitarbeitern eines Unternehmens vielfach unangenehm: der Kunde ist verärgert und teilt dies auch mit. Darüber hinaus muss sich jemand mit diesem Kunden auseinandersetzen. Dies nimmt Zeit in Anspruch und lenkt von der eigentlichen Arbeit ab. Der Kunde mit seinem Problem stört eigentlich nur. Am besten wird er an jemand anderen weitergeleitet, damit wäre das Problem gelöst. Geht dies nicht, muss man sich selbst um die Beanstandung kümmern. Oftmals handelt es sich dabei nur um ‚Kleinigkeiten'. Bei einer Lieferung wurde beispielsweise ein Fass vergessen; das lässt sich mit der nächsten

Lieferung kompensieren. Oder der LKW kam mit zwei Stunden Verspätung an; der Kunde informiert uns jedoch nur und stellt keine Schadensersatzanforderungen. Bei gravierenderen Problemen, beispielsweise bei einem Produkt der chemischen Industrie, das nicht den Spezifikationen entspricht, fällt mehr Arbeit an. Ggf. muss ein Muster eingeschickt werden und in mehreren Labors untersucht werden (entspricht das Produkt tatsächlich nicht den Spezifikationen?). Die Ursachensuche (warum entspricht das Produkt nicht den Spezifikationen?) ist oftmals ebenfalls aufwändig, da mehrere Produktionsabteilungen anzusprechen sind. Falls der Kunde zwischendurch über den Stand der Dinge informiert werden möchte, macht dies zusätzliche Arbeit. Der vom Kunden angesprochene Mitarbeiter muss erst herausfinden, welche Arbeitsschritte mit welchen Ergebnissen schon erledigt wurden und in welchem Untersuchungsstadium sich der Prozess gerade befindet. Hierbei sind etliche Telefonate notwendig. Vielfach erreicht man die Ansprechpartner nicht gleich (Konferenzen, Krankheit, Urlaub), wodurch sich das Problem des Hinterhertelefonierens und riesiger zeitlicher Verzögerungen ergibt. Weiterhin gibt es oftmals Kommunikationsprobleme, da die gleichen Sachverhalte in unterschiedlichen Bereichen eines Großunternehmens oftmals verschieden benannt werden. Zu noch schlimmeren Missverständnissen kommt es, wenn der gleiche Begriff bei den Abteilungen unterschiedliche Bedeutung hat; man redet aneinander vorbei. Wie dem auch sei, der anrufende Kunde muss lange auf die Information warten, wie weit seine Beanstandung bearbeitet ist. Irgendwann erhält er sie, und irgendwann ist auch seine Beanstandung bearbeitet.

Die Probleme einer solchen Situation sind offensichtlich: der wegen einer mangelhaften Lieferung bereits verärgerte Kunde wird durch lange Bearbeitungsprozesse seiner Beanstandung noch unzufriedener. Der Mitarbeiter, den der Kunde zuerst angerufen hat, versucht den ‚schwarzen Peter' loszuwerden, statt dem Kunden bei seinem Problem zu helfen. Die Verantwortlichkeiten für einen Beanstandungsprozess sind unklar, weshalb sich niemand dafür verantwortlich fühlt, mit negativen Konsequenzen für die Bearbeitung der Beanstandung. Die Bearbeitung selbst dauert wegen der oft schwierigen und missverständlichen abteilungsübergreifenden Kommunikation lange und beansprucht die beteiligten Mitarbeiter in hohem Maße. Weiterhin werden die den Beanstandungen zugrundeliegenden Ursachen oftmals nicht erkannt und können somit auch nicht behoben werden. Ein Beispiel: Hat ein Mitarbeiter der Logistikabteilung sehr häufig Beanstandungen von Kunden, die sich über Lieferverspätungen einer bestimmten Spedition beschweren, ist das Problem offensichtlich und kann schnell gelöst werden. Ein Gespräch mit dem Spediteur oder notfalls auch ein Wechsel des Spediteurs löst das Problem. Werden Verspätungen des Spediteurs jedoch nicht immer vom gleichen Mitarbeiter, sondern von mehreren Personen bearbeitet, wird niemand ein prinzipielles Problem erkennen. Schließlich bekommt jeder Mitarbeiter vielleicht nur eine oder zwei Beschwerden über diesen Spediteur, was im Rahmen des Üblichen liegt. Erst bei übergeordneter Perspektive wird deutlich, dass eine starke Häufung von Verspätungen bei diesem speziellen Spediteur vorliegt.

Die Lösung all dieser Probleme sollte zweierlei Stoßrichtungen haben: Der kundenindividuelle Einzelfall muss besser und schneller beantwortet werden. Wichtig ist aber auch, die den Beanstandungen zugrundeliegenden Ursachen zu erkennen und möglichst zu eliminieren. Derlei lässt sich erreichen durch eine Software zum Beanstandungsmanagement, kombiniert mit einer kunden-, prozess- und qualitätsorientierten Einstellung der Mitarbeiter.

Die Software sollte von einem abteilungsübergreifenden Team erstellt werden, da auch der Prozess des Beanstandungsmanagements quer zu verschiedensten Abteilungen läuft. Gegebenenfalls können auch wichtige Mitglieder der Supply Chain (beispielsweise A-Kunden) mitwirken. Im Rahmen dieses Teams sind grundlegende Fragen zu klären: wie soll ein Beanstandungsprozess bearbeitet werden, wie sind die Verantwortlichkeiten geregelt, welche Begriffe bezeichnen welche Sachverhalte (dies mag banal erscheinen, in etlichen Großkonzernen haben sich jedoch abteilungsspezifische Kommunikationsmuster herausgebildet, die eine solche Klärung unbedingt sinnvoll machen), wer hat Zugriff auf welche Informationen, etc. Anschließend kann die entsprechende Software programmiert werden.

Die dem System zugrundeliegende Datenbank sollte alle für die Beanstandung relevanten Daten enthalten: um welchen Kunden es sich handelt und welcher Auftrag der Beanstandung zugrunde liegt. Diese Daten sind selbstverständlich nicht neu einzutippen, sondern durch Verknüpfung mit entsprechenden Auftrags- und Kundendatenbanken automatisch einzulesen. Weiterhin sollten Felder berücksichtigt sein, die mit dem Kunden vereinbarte Sofortmaßnahmen dokumentieren. Ruft beispielsweise ein Kunde an, weil ein Produkt nicht seinen Anforderungen entspricht, sollte ihm unverzüglich ein Ersatzprodukt geliefert werden, sodass sein Produktionsprozess nicht gestört wird. Ob seine Beanstandung hingegen berechtigt ist, zeigt sich erst später im Lauf der Untersuchung. Weiterhin sind Datenfelder vorzusehen um die Ursache des Problems und den Verursacher festhalten zu können, sobald diese Informationen eruiert wurden. Weitere Eingabefelder werden für getroffene Korrekturmaßnahmen und abschließende Maßnahmen gegenüber dem Kunden benötigt. Informationen über die getroffene Vereinbarung, die Zufriedenheit des Kunden und die Dauer der Beanstandungsbearbeitung runden die Anwendung ab. Wichtig ist, dass die Tätigkeiten bzw. deren Ergebnis sofort von den Mitarbeitern ins System eingetragen werden. Auch die Kommunikation zwischen den beteiligten Mitarbeitern ist in der Datenbank gespeichert. So kann jeder an der Beanstandungsbearbeitung Beteiligte sofort erkennen, wie der aktuelle Stand der Bearbeitung ist. Ruft der Kunde an, kann ihm sofort Auskunft gegeben werden, zeitraubende Telefonate sind nicht mehr nötig.

Die Bearbeitung wird weiterhin beschleunigt durch klare Verantwortlichkeiten und deren Dokumentation im System. So halten die jeweiligen Betroffenen selbst fest, wer die Beanstandung vom Kunden entgegengenommen hat, wer für den Beanstandungsprozess verantwortlich ist, wer innerhalb der Beanstandungsbearbeitung welche Teilaufgaben vorgenommen hat und wer mit dem Kunden eine abschließende Vereinbarung traf. Eine weitere Beschleunigung des Bearbeitungsprozesses ergibt sich, wenn im System den einzelnen Bearbeitern Termine gesetzt werden können, an die die Betroffenen automatisch erinnert werden.

Aus diesen Funktionalitäten ergibt sich eine schnellere Bearbeitung des Einzelfalls, bei der die Kommunikation zwischen den Beteiligten sehr effizient abläuft. Statistische Auswertungen, um strukturelle Probleme zu erkennen, helfen die Qualität der Produkte und Prozesse langfristig zu erhöhen und damit die Anzahl der Beanstandungen zu senken. Um schnell aussagekräftige Statistiken erstellen zu können, sollten viele Felder nur durch eine Auswahlliste ausfüllbar sein. Wird beispielsweise die Ursache nur als Freitext eingegeben, lassen sich keine automatisierten Statistiken darüber erstellen, wie häufig fehlerhafte Rohstoffe die Ursache von Beanstandungen waren. Deshalb sind neben den Freitextfeldern, in denen die Ursachen sehr genau angegeben werden können, auch Auswahlfelder

auszufüllen. Dort muss aus einer Liste möglicher Ursachen ein Eintrag ange-
klickt werden. So lassen sich anschließend aussagekräftige Statistiken mithilfe
einer bedienerfreundlichen Oberfläche erstellen.

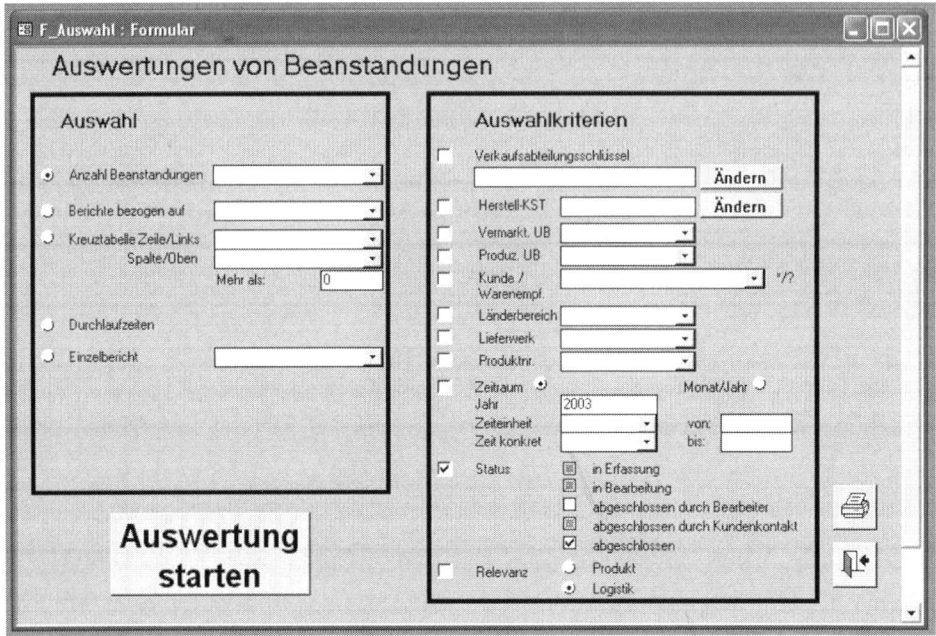

Abb. 7-8: Auswertungsmaske einer Beanstandungsmanagementsoftware

Die Entwicklung einer Software allein reicht jedoch zu einer Beschleunigung des
Beanstandungsbearbeitungsprozesses und der nachhaltigen Reduzierung der
Beanstandungsquote nicht aus. Die Mitarbeiter müssen die Software auch an-
wenden und deren Nutzen für das Unternehmen erkennen. Deswegen muss die
Einführung eines neuen Konzepts zur Bearbeitung von Beanstandungen von
Weiterbildungsmaßnahmen begleitet werden: neben der Bedienung der Software
selbst müssen die Mitarbeiter das Nutzenpotenzial erkennen. Sonst werden
Beanstandungen wegen vielfältiger Gründe nicht in das System eingegeben. So
nimmt das Eintragen der Beanstandung Zeit in Anspruch. Außerdem lohne es
sich nicht, 'Kleinigkeiten' wie Verspätungen einzutragen, da sie sich sofort
beheben lassen. Ein weiterer wichtiger Grund, nichts einzutragen, ist der Umgang mit den Daten. Viele Beanstandungen haben ihre Ursache in einem Mitar-

beiter des Unternehmens, der sie zu vertreten hat. Wenn die Beanstandung im System eingetragen ist, statt schnell und unbürokratisch ‚erledigt' zu werden, kann dies unangenehme Konsequenzen für den Verursacher haben. Ähnliches gilt für Statistiken, die auf Basis der eingetragenen Beanstandungen durchgeführt werden. Gibt es rigide Vorgaben für eine Beanstandungsquote, so lässt sich diese am leichtesten einhalten, indem kaum Beanstandungen eingetragen werden. Dies verdeutlicht, dass die Akzeptanz solcher Systeme stark vom Verhalten der Führungskräfte abhängt: schauen diese ausschließlich auf ihre Statistiken und sanktionieren deswegen ihre Mitarbeiter, werden Qualitätsmanagementsysteme nicht genutzt. Letztlich muss eine Kundenbeanstandung nicht als Last, sondern als Chance begriffen werden: der Kunde, der sich beschwert, bringt damit zum Ausdruck, dass er weiterhin mit dem Unternehmen zusammenarbeiten möchte, schließlich könnte er künftig einfach bei anderen Unternehmen einkaufen. Durch professionelles, transparentes und schnelles Management einer Beanstandung kann dem Kunden hingegen signalisiert werden, dass das Unternehmen seine Prozesse – auch wenn einmal etwas schiefgegangen sein sollte – beherrscht. Zusätzlich bietet jede erfasste Beanstandung die Chance, Probleme zu erkennen und nachhaltig zu lösen, sodass die Beanstandungsquote permanent sinkt.

7.3.4 Kostenbezogene Kenngrößen

Größere Positionen der Logistikkosten fallen bei folgenden Kostenblöcken an:
- Systemkosten, fallen für die Steuerung, Planung und Kontrolle des Material-
flusses an.
- Bestandskosten, die durch das Halten von Beständen entstehen, ergeben sich
u.a. aus den Kapitalkosten, Versicherungen, Untergang (Diebstahl, Unfälle) und
Abschreibungen (beispielsweise bei Computerkomponenten, die starkem Preis-
verfall ausgesetzt sind).
- Lagerkosten entstehen durch das Bereithalten von Lagerkapazitäten und den
Kosten für Ein- und Auslagerung der Ware.
- Transportkosten beinhalten neben Kosten des inner- und außerbetrieblichen
Transports zum Teil auch Kosten des Einkaufs, da der Lieferant in die Waren-
preise seine Transportkosten hineinkalkuliert.
- Handlingkosten für das Verpacken, Handling und Kommissionieren.
- Kosten der logistischen Verwaltung.
- Fehlerkosten: hierunter fallen alle Kosten zu Fehlervermeidung, Garantiefälle
und Beanstandungen (siehe 7.3.3), Qualitätsprüfung und Nacharbeit.
Diese Kosten lassen sich jeweils mit einzelnen Kenngrößen genauer aufschlüs-
seln. Auf dieser Basis ist dann zu analysieren, mit welchen Maßnahmen wesentliche Kostenanteile reduziert werden können. Bei allen Maßnahmen der Kosten-
reduzierung sind jedoch deren Auswirkungen zu berücksichtigen.
Kostensenkungen an einer Stelle können zu Kostensteigerungen oder Leistungs-
minderungen in anderen Bereichen führen.

7.4 Benchmarking

Benchmarking wurde Anfang der 80er Jahre von Xerox entwickelt, um seine
Wettbewerbssituation gegenüber dem aufstrebenden Konkurrenten Canon zu
verbessern: die Herstellungskosten eines Xeroxkopieres lagen über den Verkaufspreisen vergleichbarer Geräte von Canon. Mit Hilfe des Benchmarking
gelang es Xerox, seine Prozesse und damit seine Wettbewerbsfähigkeit erheblich

zu verbessern. So führte das Unternehmen elektronische Bestellverfahren ein, verwendete neuartige Gabelstapler in der Produktion, produzierte in teilautonomen Gruppen und verwendete Barcodes. Aufgrund seiner Erfolge wird Benchmarking, besonders seit den 90ern, von sehr vielen Unternehmen eingesetzt.

Benchmarking ist der methodische Vergleich mit Hilfe von Kennzahlen von eigenen Produkten und Prozessen mit den Produkten und Prozessen von anderen Unternehmen, deren Produkte und Prozesse den eigenen überlegen sind. Die zentrale Frage des Benchmarking lautet: wie bzw. warum machen die anderen es besser? Das Ziel des Benchmarking besteht darin, die eigenen Prozesse mit Hilfe des Vorbilds der anderen zu verbessern.

Ein Benchmarking-Projekt kann wie folgt ablaufen:

Zu Beginn sind die Kernprobleme zu identifizieren: was soll sich durch ein Benchmarking verbessern? Entsprechend müssen die Prozesse ausgewählt werden, die einen Bezug zu den Problemen haben. Diese Prozesse sind zu visualisieren (siehe 6.3). Weiterhin ist anfangs ein Projektteam zusammenzustellen, das für die Durchführung des Benchmarkings verantwortlich ist. Wichtig ist, einen geeigneten Benchmarking-Partner zu finden: er soll bzgl. der zu optimierenden Prozesse möglichst ein Best-Practice-Unternehmen sein, das die Prozesse am besten beherrscht, damit das Unternehmen ein imitierenswertes Vorbild analysieren kann. Mit dem Partnerunternehmen sind dann Kennzahlen festzulegen, die als Basis des Vergleichs dienen. Mithilfe beispielsweise eines Fragebogens werden in allen beteiligten Unternehmen Datenerhebungen durchgeführt, sodass anschließend die Kennzahlen aller Benchmarking-Partner bekannt sind. Aus einem Vergleich der Kennzahlen ergeben sich Defizite des Unternehmens. An diesen Stellen werden die Prozesse des Unternehmens mit den besten Werten mit den Fragestellungen untersucht, wieso sie dort besser laufen und wie diese besseren Prozesse im eigenen Unternehmen umgesetzt werden können. Zum Schluss müssen die gewonnenen Erkenntnisse im Unternehmen umgesetzt und deren Erfolg überprüft werden.

Kurz gesagt: Kritische Prozesse werden identifiziert, mit passenden Kennzahlen gemessen, mit denen anderer Unternehmen verglichen und entsprechend verbessert.

Entscheidend für den Erfolg eines Projekts sind die Partnerwahl und die Definition der Kennzahlen. Abhängig von dem Partner (bzw. den Partnern) wird Benchmarking in drei Varianten gegliedert: internes, wettbewerbsorientiertes und funktionales Benchmarking.

Beim *internen* Benchmarking findet der Vergleich innerhalb des Unternehmens statt. Dabei werden beispielsweise einzelne Sparten, Produktionsstätten oder Abteilungen miteinander verglichen. Das interne Benchmarking ist verhältnismäßig leicht durchführbar, da die Daten, die die Grundlage des Benchmarking bilden, leicht erhoben werden können. Sensible Informationen brauchen nicht nach ‚Außen' weitergegeben werden. Allerdings ist das interne Benchmarking kaum in kleineren Unternehmen durchführbar. Ein gravierender Nachteil besteht in der geringen Innovationskraft der internen Vergleiche. Die Wahrscheinlichkeit, dass eine Abteilung wesentlich bessere Prozesse anwendet als eine andere, ist relativ gering – insbesondere bei zentral geführten Unternehmen, die ohnehin in vielerlei Hinsicht ähnlich arbeiten. Der Blickwinkel beim internen Benchmarking ist sehr begrenzt, die Möglichkeit über den Tellerrand hinauszuschauen, fehlt. Ein Vergleich von Mittelmaß mit Mittelmaß (oder schlimmer: Inkompetenz mit Inkompetenz) wird nicht zu großen Verbesserungen führen. Die ergeben sich vielmehr durch Vergleich mit den Besten.

Das *wettbewerbsorientierte* Benchmarking besteht aus dem Vergleich von Unternehmen der gleichen Branche. Die Gegenüberstellung mit einem der führenden Unternehmen (best practice) der Branche hat das Potenzial, wirklich innovative Verbesserungsansätze aufzuzeigen. Ein weiterer Vorteil besteht in der Ähnlichkeit der Prozesse, da sie auf dem gleichen Markt agieren. So lassen sich herausragende Ansätze des Best-Practice-Unternehmens relativ leicht auf das eigene Unternehmen übertragen. Problematisch ist beim wettbewerbsorientierten Benchmarking allerdings, einen kooperationsbereiten und vorbildtauglichen Partner zu finden, da die Unternehmen in Konkurrenz zueinander stehen und kein Interesse an starken Mitbewerbern haben. Weiterhin werden sensible unternehmensinterne Daten nur ungern an Konkurrenten weitergegeben, die daraufhin gezielt Schwächen ausnutzen könnten. Dieses Problem lässt sich jedoch mildern, indem eine neutrale Unternehmensberatung das Benchmarking durchführt. Dabei teilt sie den beteiligten Unternehmen die Kennzahlen der Konkurrenten anonym mit. Oftmals werden auch nicht die Daten aller Benchmarking-Teilnehmer mitgeteilt, sondern nur die besten, schlechtesten und der Mittelwert. Die Motivation marktführender Unternehmen, die bereits in vielen Prozessen am besten sind, an einer Benchmarking-Untersuchung teilzunehmen, ergibt sich aus deren Erwartungshaltung, vielleicht bei einzelnen Prozessen weitere Optimierungshinweise zu erhalten. Eine weitere Möglichkeit, Partner für ein wettbewerbsorientiertes Benchmarking zu finden, besteht in der internationalen Suche. So können sich Unternehmen der gleichen Branche, die aber in unterschiedlichen Ländern aktiv sind und somit nicht miteinander konkurrieren, ohne besondere Wettbewerbsängste miteinander vergleichen.

Beim *funktionalen* Benchmarking werden einzelne Prozesse oder Funktionen von branchenverschiedenen Unternehmen miteinander verglichen. Dies hat im Vergleich zum wettbewerbsorientierten Benchmarking zwei Vorteile. Da die Unternehmen nicht in Konkurrenz zueinander stehen, können Informationen unbesorgter ausgetauscht werden; die Zusammenarbeit ist deutlich erleichtert. Weiterhin gelingt durch die Ausweitung des Blickwinkels auf prinzipiell alle Unternehmen (statt nur auf Unternehmen der eigenen Branche), die Chance, das Unternehmen zu finden, das bestimmte Prozesse am besten durchführt. Spitzenleistungen werden dort gesucht, wo sie gefunden werden können, und nicht nur in der eigenen Branche. Schließlich will man ja nicht so gut wie der beste Konkurrent sein, sondern besser. Schwierig ist bei branchenfremden Unternehmen, dass Kennzahlen aufgrund unterschiedlicher Rahmenbedingungen nicht leicht vergleichbar sind und dass sich Prozesse einer Branche nicht immer auf eine andere Branche übertragen lassen. Deshalb sollte bei der Wahl des Partners berücksichtigt werden, dass dessen Prozesse den eigenen strukturell ähneln. So könnten ein Pralinenhersteller und ein Hersteller von Computerchips gemeinsam ein Benchmarking hinsichtlich der Produktionsprozesse durchführen, da beide mit kleinen, empfindlichen Produkten arbeiten, die unter fast keimfreien Bedingungen hergestellt werden müssen. Die Wahl der Branche des Partners hängt u.a. vom zu verbessernden Prozess ab. Sollen Best-Practices für den Prozess der Rechnungsstellung ermittelt werden, bietet sich ein Benchmarking-Partner aus der Kreditkartenbranche an, da diese Unternehmen besondere Kompetenz in jenem Bereich haben. Da insbesondere beim funktionalen Benchmarking die Kennzahlen von den beteiligten Unternehmen unterschiedlich verstanden werden können, sollten sie zu Beginn des Projekts genau untersucht und ggf. gemeinsam neu und einheitlich definiert werden.

Neben der Auswahl geeigneter Partner kommt im Benchmarking der Bestimmung der zu vergleichenden Kennzahlen eine besondere Bedeutung zu. Sie sollten …

- objektivierbar und messbar sein.
- auch nach dem Benchmarking beispielsweise als Zielgröße weiter verwendet werden können.
- größere wirtschaftliche Bedeutung haben.
- durch Entscheidungen des Unternehmens beeinflussbar sein. Kennzahlen, auf deren Entwicklung das Unternehmen keinen Einfluss hat, zeigen schließlich keine Ansatzpunkte für Verbesserungen auf.

Neben den in diesem Kapitel bereits aufgeführten Kennzahlen können einige der folgenden Messgrößen in einem Benchmarking erhoben und verglichen werden:

- Kundenzufriedenheit
    - Index aus Kundenbefragung
    - Beanstandungsquote
    - Kundenbindungsdauer
    - Neukundengewinnung
- Prozesszeiten und Termine
    - Durchlaufzeiten und deren Streuung
    - Anteil der Wartezeiten an der Durchlaufzeit
- Termintreue
- Prozessqualität
    - Fehlerrate
    - Fehlleistungskosten (Korrekturkosten / Gesamtkosten eines Prozesses)
- Ressourceneinsatz
    - Auslastung
    - Beschäftigungsgrad

Die Unterschiede bei den Ausprägungen der Kennzahlen zwischen den beteiligten Benchmarking-Unternehmen lassen sich in Diagrammen visualisieren, sodass Defizite und damit Optimierungspotenziale offensichtlich werden.

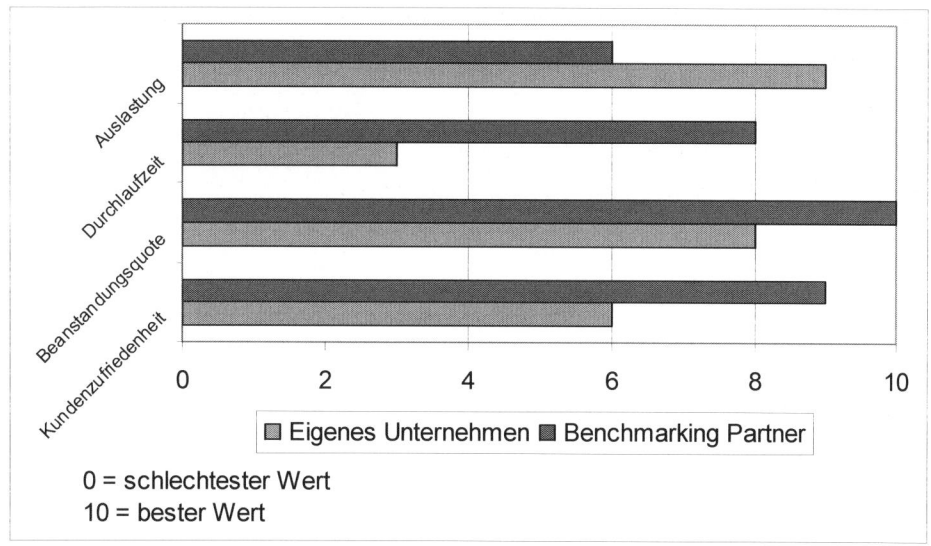

Abb. 7-9: Auswertung Benchmarking

Richtig durchgeführte Benchmarking-Projekte sind sehr vorteilhaft. Das Unternehmen erhält neue Ideen, seine Prozesse zu verbessern. So können Technologien im Unternehmen zur Anwendung kommen, die bis zu diesem Zeitpunkt noch niemand in der Branche verwendet hat (z. B. Barcodes bei Xerox). Wichtig ist, dass beim Benchmarking nicht nur gezeigt wird, *wo* Verbesserungen nötig sind, sondern auch die Frage nach dem *wie* eine Antwort findet. Zuletzt wirkt Benchmarking motivierend auf die Mitarbeiter: „Wenn dieses Unternehmen das schafft, dann können wir das auch!"

Die Anwendung des Benchmarkings beschränkt sich nicht auf einzelne Unternehmen, auch ganze Supply Chains können Gegenstand eines Benchmarkings sein, wenn die zu optimierenden Prozesse und Kenngrößen angepasst werden (z.B. Gesamtdurchlaufzeit durch die Supply Chain). Aufgrund eines Supply-Chain-Benchmarkings können signifikante Verbesserungsansätze erkannt werden. So lassen sich Optimierungsansätze für eine erfolgreichere Zusammenarbeit mit Kunden und Lieferanten ermitteln, der zwischenbetriebliche Informationsfluss verbessern, die Flexibilität erhöhen und vieles mehr. Entsprechende Maßnahmen sind im Folgekapitel dargestellt.

7.5 Fragen, Denkanregungen und Zusammenfassung

Verständnisfragen

1. Welche Aufgaben bzw. Funktionen haben Ziele?

2. Erläutern Sie die Anforderungen, denen Ziele entsprechen sollten.

3. Finden Sie jeweils ein Zielpaar, das zueinander in komplementärer, konkurrierender, antinomer und indifferenter Beziehung steht.

4. Wodurch unterscheiden sich Haupt-/Nebenziele von Ober-/Unterzielen? In welcher Beziehung stehen die jeweiligen Ziele?

5. Warum werden einzelne Ziele bzw. Kennzahlen in ganzen Systemen zusammengefasst?

6. Worauf ist bei Erstellung eines Zielsystems zu achten?

7. Zeigen Sie mögliche Zielkonflikte bei funktionaler Organisation zwischen der Logistikabteilung und anderen Abteilungen auf.

8. Finden Sie Beispiele für Zielkonflikte mit Logistikbezug zwischen den Kategorien Zeit, Kosten und Qualität.

9. Viele Kennzahlen wie beispielsweise Lieferzeit geben einen Mittelwert an. Warum ist es darüber hinaus noch interessant, Werte über die Streuung um diesen Mittelwert zu erhalten?

10. Welche Vorteile bringen kurze Lieferzeiten mit sich?

11. Zeigen Sie mit konkreten Beispielen, wie sich die Durchlaufzeit verkürzen lässt.

12. Warum macht die tatsächliche Bearbeitungszeit oft nur einen Bruchteil der Durchlaufzeit aus?

13. Ein Unternehmen hatte im Geschäftsjahr 2002 insgesamt 1.500 Aufträge. Dabei gab es im Nachhinein 200 Änderungswünsche, von denen 100 erfüllt wurden. Insgesamt entsprachen 1.200 Termine den Kundenwunschterminen. 120 Lieferungen kamen beim Kunden verspätet an. 240 Aufträge führten zu Beanstandungen.

    a) Berechnen Sie aufgrund dieser Informationen die jeweiligen Kennzahlen.

    b) Interpretieren Sie diese Kennzahlen.

    c) Machen Sie Vorschläge zur Verbesserung der Kennzahlenwerte.

14. Welche Ziele werden mit einem Benchmarking-Projekt verfolgt?

15. Wie wird ein Benchmarking-Projekt durchgeführt?

16. Wodurch unterscheiden sich internes, wettbewerbsorientiertes und funktionales Benchmarking? Welche Vor- und Nachteile ergeben sich bei den einzelnen Varianten?

Diskussionsanregungen

1. Welche Ziele müssen/sollen/wollen Sie im Rahmen Ihrer beruflichen Tätigkeit erreichen?

2. Wurden Ihre beruflichen Zielvorgaben mit Ihnen gemeinsam vereinbart? Welchen Einfluss haben Sie auf diese Ziele? Wie wirken Ihre Zielvorgaben auf Sie (motivierend, demotivierend, gleichgültig, …)? Auf welche Ursachen führen Sie diese Wirkung zurück?

3. In welchem Zusammenhang stehen Ihre Zielvorgaben zu den Oberzielen Ihres Unternehmens?

4. Nennen Sie Beispiele für Ziele, die den Zielanforderungen nicht entsprechen.

5. Wie geht Ihr Unternehmen mit Kundenbeanstandungen um? Schildern Sie den Prozess mit einer eEPK.

Zusammenfassung

Ziele

Begriff und Typen	Ziele sind für die Zukunft angestrebte Zustände oder Prozesse. Sie werden u.a. in wirtschaftliche, ökologische und soziale Ziele aufgeteilt.
Funktionen	- Grundlage für unternehmerische Entscheidungen - Kontrolle und Korrektur (durch Vergleich des Istzustands mit den angestrebten Zielzuständen) - Motivation der Mitarbeiter - Information von Geschäftspartnern, Kapitalgebern, Mitarbeitern
Dimensionen	- Inhalt (Was soll erreicht werden?) - Ausmaß (In welchem Umfang soll etwas erreicht werden?) - Räumlicher Bezug (Wo soll das Ziel erreicht werden?) - Zeitlicher Bezug (Bis wann soll das Ziel erreicht werden?)
Anforderungen an Ziele	Ziele sollten sein: - konkret - realistisch - aktuell - durchsetzbar
Zielbeziehungen	- Komplementär/harmonisch: Ziele unterstützen sich gegenseitig - Konkurrierend: Ziele stehen im Konflikt zueinander - Indifferent: Ziele sind voneinander unabhängig
Zielsystem	Zielsysteme setzen die unterschiedlichen Ziele zueinander in Beziehung, wobei häufig Prioritäten benannt werden. - Haupt- und Nebenziele: Hauptziele sind wichtiger als Nebenziele. Bei konkurrierenden Zielen werden normalerweise die Hauptziele zulasten der Nebenziele verfolgt. - Ober- und Unterziele: Oberziele sind meist allgemein formuliert und werden in Form von Zwischen- und Unterzielen konkretisiert. Insofern stehen Ober- und Unterziele in einer komplementären Zielbeziehung.

Kennzahlen

Begriff	Kennzahlen sind verdichtete, systematisch aufbereitete Einzelinformationen, die komplexe Sachverhalte und Zusammenhänge mit einer Maßgröße darstellen und dadurch unternehmerische Entscheidungen unterstützen.
Funktionen	Unterstützung bei der - Planung, - Steuerung, - Kontrolle, - Beurteilung und - Koordination unternehmerischer Prozesse
Kennzahlen-systeme	Hierdurch werden einzelne Kennzahlen zueinander ins Verhältnis gesetzt, was nach sachlichen Überlegungen oder mathematischen Zusammenhängen erfolgen kann. Diese Systematisierung - erleichtert die Lösung von Zielkonflikten; - gibt Ziele klar vor; - signalisiert frühzeitig Abweichungen, Chancen und Risiken - hilft bei der Analyse von Stärken und Schwachstellen sowie deren Ursachen.

Wichtige Kennzahlen

Kennzahl	Formel	Kurzbeschreibung
Lieferzeit	= Zeitpunkt Warenankunft – Zeitpunkt Bestellung	Zeitraum von der Bestellung des Kunden bis zur Warenankunft beim Kunden
Durchlauf-zeit	= Zeitpunkt letzter Arbeitsvorgang – Zeitpunkt erster Arbeitsvorgang	Zeitraum der Produktion eines Gutes zwischen dem Beginn des ersten Arbeitsvorganges und dem Abschluss des letzten Arbeitsvorgangs.
Lieferzu-verlässig-keit	= (Anzahl termingerechter Lieferungen eines Zeitraums) / (Anzahl aller Lieferungen eines Zeitraums)	Wahrscheinlichkeit, mit der ein zugesagter Termin vom Lieferanten eingehalten wird.
Lieferfä-higkeit	= (Anzahl der dem Kundenwunsch entsprechenden zugesagten Termine) / (Anzahl aller Aufträge)	Prozentwert der ausdrückt, wie häufig die Kundenwunschtermine zugesagt werden

Lieferfle-xibilität	(Anzahl der erfüllten Änderungswünsche) / (Anzahl aller Änderungswünsche)	Beschreibt die Fähigkeit des Lieferanten, auf Mengen- oder Terminänderungswünsche der Kunden einzugehen
Lieferqua-lität	(Anzahl der Aufträge ohne Beanstandungen eines Zeitraums) / (Anzahl aller Aufträge eines Zeitraums)	Anteil der Aufträge ohne Beanstandungen seitens der Kunden

Benchmarking

Begriff	Benchmarking ist der methodische Vergleich von eigenen Produkten und Prozessen mit den Produkten und Prozessen von anderen Unternehmen mit Hilfe von Kennzahlen.
Ziel	Verbesserung der eigenen Prozesse und Produkte mit Hilfe des Vorbilds anderer bzw. besserer Unternehmen.
Schritte eines Benchmarkings	- Festlegung von Zielen bzw. zu verbessernden Kernproblemen und zugehörigen Prozessen. - Visualisierung der Prozesse. - Finden von Partnerunternehmen. - Auswahl oder Definition von Kennzahlen, die wichtige Aspekte des Problems bzw. Prozesses beschreiben. - Erheben der Kennzahlen in allen Unternehmen. - Schwachstellenidentifikation anhand des Vergleichs der Kennzahlen – Wo sind andere Unternehmen besser? - Prozessanalyse: Warum sind andere Unternehmen in einigen Bereichen besser? - Prozessveränderung: Optimieren der eigenen Prozesse anhand der Erkenntnisse des vorangegangenen Schritts. - Erfolgskontrolle der eingeleiteten Maßnahmen.
Arten	- Internes Benchmarking: Vergleiche innerhalb des eigenen Unternehmens. - Wettbewerbsorientiertes Benchmarking: Vergleiche mit anderen Unternehmen der gleichen Branche. - Funktionales Benchmarking: Vergleiche einzelner Prozesse oder Funktionen mit Unternehmen aus anderen Branchen.

Überblick und Lernziele

Um die wesentlichen Ziele der Logistik – erhöhte Geschwindigkeit, niedrigere Kosten und bessere Qualität – zu erreichen, müssen Unternehmen auf intelligente Art ihre Reaktionsfähigkeit, Agilität und Schlankheit erhöhen.

Reaktionsfähigkeit ist die Geschwindigkeit, mit der ein Unternehmen auf ungeplante bzw. nicht vorhergesehene Anforderungen reagieren kann. Hohe Reaktionsfähigkeit ist in einer komplexeren Umwelt mit zunehmend schwer zu planenden Variablen (insbesondere des Kundenverhaltens) bedeutsam: erfolgreiche Unternehmen können nicht nur gut mit vorhergesehenen, sondern auch mit unvorhergesehenen Situationen umgehen. Der Grad der Agilität bringt zum Ausdruck, wie schnell es sich eine neue, ggf. veränderten Bedingungen angepasste, Organisation geben kann. Angesichts eines sich schnell ändernden Wettbewerbsumfelds und kürzerer Produktlebenszyklen kommt dieser Fähigkeit besondere Bedeutung zu. Schlankheit strebt eine Minimierung von Aufwand bzgl. aller Ressourcen in Produktion (Lean Production) und Management (Lean Management) an. Verschwendung – alles, was nicht zum Kundennutzen beiträgt – ist zu eliminieren.

In diesem Kapitel lernen Sie …

- mit welchen Maßnahmen sich die Reaktionsfähigkeit, Agilität und Schlankheit eines Unternehmens erhöhen lässt;
- über die Bedeutung von Kooperationen und wie sie sich erfolgreich gestalten lassen;
- Nutzendimensionen und Einsatzgebiete von Informationstechnologie kennen;
- welche Rolle Mitarbeitern bei Prozessoptimierungsmaßnahmen zukommt und wie sie sich dafür gewinnen lassen.

8.1 Maßnahmen zur Erhöhung der Reaktionsfähigkeit, Agilität und Schlankheit

8.1.1 Konzentration auf Kernkompetenzen und Outsourcing

Unternehmen benötigen zur Herstellung ihrer Produkte Waren, die in sie eingehen. Die Waren werden beschafft und dann im Produktionsprozess zum Endprodukt transformiert, wodurch der Wert der eingekauften Waren steigt. Die Differenz aus Produktwert und Eingangswarenwert wird als Wertschöpfung bezeichnet. Die Wertschöpfung ist der Betrag, den das Unternehmen durch seine Tätigkeiten schafft. Eine hohe Wertschöpfung lässt sich erzielen, indem im Extremfall nur Rohstoffe beschafft werden und im Unternehmen selbst der ganze Rest hergestellt wird. Am Beispiel eines Automobilunternehmens hieße das, dass es beispielsweise nur Eisen (für Karosserie und Motor), Gummi (für Reifen) etc. einkauft. Aus diesen Rohstoffen könnte es dann die für ein Auto benötigten Produkte selbst herstellen und zu einem Auto montieren. Der Wertschöpfungsanteil des Automobilunternehmens läge in diesem Fall bei fast 100%, da Rohstoffe nur einen Bruchteil des Werts eines Autos ausmachen. In einer solchen Fabrik müsste das Eisen in seine verschiedensten Formen gepresst, jede Schraube selbst hergestellt, sämtliche Reifen entwickelt und produziert werden und vieles mehr. Ein Vorteil dieser Strategie liegt in hoher Unabhängigkeit von anderen Unternehmen, sämtliche relevanten Prozesse können selbst gesteuert und kontrolliert werden. Ein nur scheinbarer Vorteil liegt in der Überlegung begründet, dass der Gewinn, den potenzielle Zulieferer erwirtschaften vom Unternehmen selbst generiert werden kann: „Warum sollen wir Aufträge an andere Unternehmen vergeben, wodurch sie Gewinn machen? Wenn wir die Dinge übernehmen, können wir den Gewinn selbst behalten!" Solche Gedanken lassen jedoch komplett die Vorteile der Arbeitsteilung außer Acht. Ein spezialisierter Anbieter erzielt wesentlich höhere Stückzahlen als ein Unternehmen, das nur für den Eigenbedarf produziert. Dadurch sind Größenvorteile (economies of scale) erzielbar: effizientere Produktionstechnologien rechnen sich, die Mitarbeiter sind qualifizierter, die Organisation optimal auf die Bedürfnisse ausgerichtet, die Forschung auf dem aktuellen Stand. Weiterhin wäre der Aufwand, um alles selbst herstellen zu können, von kaum einem Unternehmen zu bewältigen: es bräuchte sehr viel Kapital, um die nötigen Anlagen zu erwerben, und Unmengen qualifizierter Mitarbeiter, die die Vielzahl der Komponenten eines Autos herstellen müssten. Ein solchermaßen verzetteltes Unternehmen dürfte große Schwierigkeiten haben, bei der Entwicklung sämtlicher Komponenten auf dem neuesten Stand der Technik zu sein. Ein Unternehmen, das sehr breit aufgestellt ist, muss eine hohe Komplexität bewältigen, was flexibles Agieren erschwert. Wünschen Kunden veränderte Produkte, benötigt ein Unternehmen, das alles selbst macht, viel Zeit, um sich den neuen Anforderungen zu stellen, da eine Unmenge an (Vor-)Produkten, Technologien und Strukturen vom Unternehmen angepasst werden müssen.

Ein Unternehmen, das (fast) alles selbst macht, wird seine Produkte verteuert und technisch veraltet anbieten und unflexibel sein. Die bessere Lösung besteht darin, sämtliche Ressourcen (Kapital, Mitarbeiter) auf die Kernkompetenzen zu konzentrieren, also auf die Produkte bzw. Prozesse, die ein Unternehmen besonders gut beherrscht und die für seinen Erfolg entscheidend sind. Im Bereich seiner Kernkompetenz kann das Unternehmen somit Spitzenleistungen anbieten. Die restlichen Dinge werden nicht mehr vom Unternehmen selbst erbracht, sondern von außen. Durch dieses Outsourcing können Produkte und Dienstleistungen von Unternehmen bezogen werden, die darin ihre Kernkompetenzen aufgebaut haben und somit besser und preiswerter sind, als dies bei Eigenproduktion möglich wäre.

Im Bereich der Logistik existieren etliche Aufgaben, bei denen Unternehmen überprüfen sollten, ob sie zu den Kernkompetenzen gehören (bzw. dazu ausgebaut werden sollten) oder an einen Logistikdienstleister outgesourct werden sollten, beispielsweise: Transportaufgaben, Lagerhaltung, Disposition und Beschaffung, Kommissionierung/Konfektionierung, Verpackung, Montageaufgaben, Qualitätskontrolle, Inventurabwicklung, Auftragsbearbeitung/ Rechnungsstellung, Retouren-Service, Regal-Service, "Full Service"-Pakete und auch innerbetriebliche Logistik.

Neben der bereits geschilderten Möglichkeit der Konzentration auf Kernkompetenzen und den Größenvorteilen bietet Outsourcing eine Reihe weiterer Vorteile.

Fixe Kosten lassen sich in variable Kosten umwandeln. Erstere fallen unabhängig vom Auslastungsgrad an. So verursacht ein Lager Kosten, unabhängig davon, ob es leer oder gefüllt ist. Variable Kosten hingegen hängen direkt von der Nutzung ab: hat ein Unternehmen seine Lagerfunktion an ein anderes Unternehmen outgesourct, fallen bei niedrigerer Inanspruchnahme des Lagers weniger Kosten an, als bei hoher Lagerauslastung. Der Aspekt der Variabilisierung fixer Kosten ist insbesondere von Bedeutung, wenn das Unternehmen saisonalen Schwankungen unterliegt, wie beispielsweise ein Lebensmittelhändler im Weihnachtsgeschäft. Erbringt das Unternehmen die Leistungen selbst, muss es seine Kapazitäten an den Spitzen orientieren. Im Rest des Jahres werden dann weder Lagerkapazitäten noch Maschinen noch Mitarbeiter ausgelastet. Dieses Problem lässt sich vermeiden, indem zumindest für die Bedarfsspitzen fremde Ressourcen (beispielsweise Mitarbeiter eines Zeitarbeitsunternehmens) verwendet werden.

Durch Outsourcing werden gebundene Ressourcen (im wesentlichen Kapital und Mitarbeiter) frei und können zur weiteren Verbesserung der Kernbereiche eingesetzt werden. Die für Outsourcing-Aktivitäten anfallenden Kosten sind aufgrund vertraglicher Regelungen genau kalkulierbar, was bei der Eigenherstellung aufgrund diverser Unsicherheitsfaktoren nicht der Fall ist. Letztlich kann die Qualität der outgesourcten Produkte und Dienstleistungen besser sein, da der Partner darauf spezialisiert ist. Sie können beispielsweise den Material- und Informationsfluss oft effizienter steuern und Abstimmungs- und Koordinierungsaufgaben übernehmen. Logistikdienstleister verfügen gemeinhin über ein größeres Know-how zur Steuerung logistischer Prozesse als produzierende Unternehmen, die sich auf ihre Produktionskernprozesse konzentrieren.

Allerdings kann Outsourcing auch negative Konsequenzen haben. Auf einen Lieferanten hat das Unternehmen weniger Einfluss, als auf unternehmensinterne Abteilungen. Besonders wichtig ist, keine Kernkompetenzen outzusourcen, da dadurch wichtiges Know-how für das Unternehmen verloren geht und der Outsourcingpartner später evtl. als Konkurrent des Unternehmens auftritt. Konzentriert sich ein Maschinenbauunternehmen beispielsweise auf die Entwicklung neuer Maschinen und vergibt es deren Produktion an andere Unternehmen, besteht die Gefahr, dass die Produzenten die Maschinen auf eigene Rechnung herstellen und als Konkurrent am Markt auftreten. Noch problematischer könnte die Situation sein, wenn es sich darüber hinaus weigert, für das Forschungsunternehmen Produktionsaufträge anzunehmen, wenn dieses mittlerweile sein Produktions-Know-how verloren hat. Des Weiteren erschwert ein Kompetenzverlust die

Kontrolle des Partners dahingehend, ob dessen Leistungen den notwendigen Anforderungen und Entwicklungen, dem neuesten Stand und dem gezahlten Preis entsprechen. Letztlich ist auch die Frage zu beantworten, was mit den Mitarbeitern geschehen soll, die durch die fremdvergebenen Tätigkeiten an ihrem bisherigen Arbeitsplatz nicht mehr benötigt werden.

Aufgrund des Spannungsverhältnisses von Chancen und Risiken des Outsourcings ist jeweils im Einzelfall abzuwägen, ob ein Bereich oder eine Tätigkeit ausgelagert werden sollte. Um diese komplexen Entscheidungen zu systematisieren, können Hilfsmittel wie die Make-or-buy-Analyse und die Entscheidungsbewertungstabelle verwendet werden.

Die Make-or-buy-Analyse ist im Wesentlichen strukturgleich mit einer Break-Even-Analyse: es wird – unterschiedliche fixe und variable Kostenverläufe vorausgesetzt – die kritische Menge berechnet, ab der ein Fremdbezug lohnt. Leicht abgewandelt lässt sich auch die Frage beantworten, ab welchem Preis der Fremdbezug bei konstanter Menge günstiger wird.

Folgendes Beispiel zur Veranschaulichung: ein Unternehmen benötigt für ein neues Produkt vermutlich 500 Einbauteile. Um sie selbst herzustellen müssten 500.000€ in neue Maschinen investiert werden, deren Abschreibungen und Kapitalkosten jährlich 120.000€ betragen.[12] Für Mitarbeiter sind weitere 80.000€ zu veranschlagen. Darüber hinaus fallen für jedes produzierte Stück Materialkosten in Höhe von 700€ an. Ein Komponentenhersteller bietet dem Unternehmen an, das Produkt zum Stückpreis von 1.200€ zu liefern.

Aufgrund dieser Daten lässt sich leicht berechnen, ob das Angebot günstiger ist.

Kosten Eigenfertigung	=	Kosten Fremdbezug
Fixe Kosten + Menge * variable Kosten	=	Menge * Einkaufspreis
Menge	=	Fixe Kosten / (Einkaufspreis – variable Kosten)

Bezogen auf das Beispiel ergibt sich als kritische Menge:
$$200.000€ / (1.200€ - 700€) = 400$$

---

[12] Normalerweise werden für Investitionsrechnungen der Abschreibungszeitraum und der Zinssatz der Kapitalkosten benötigt, was den vorliegenden Fall jedoch verkomplizieren würde. Zur Konzentration auf das Wesentliche werden hier die Fixkosten direkt angegeben.

Bis zu einer Menge von 400 Stück lohnt sich der Fremdbezug, danach ist die Eigenfertigung günstiger. Da von einem Bedarf von 500 Stück ausgegangen wird, würde sich die Eigenfertigung anbieten.

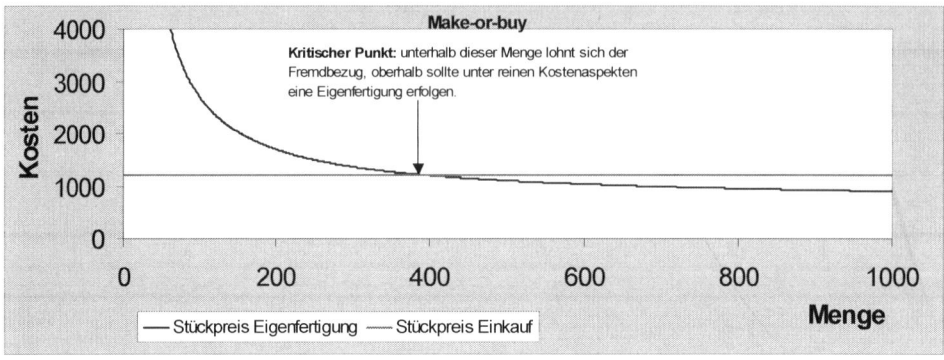

Abb. 8-1: Make or buy

Dieses Beispiel macht allerdings die Grenzen einer rein auf Kosten basierenden Überlegung deutlich. So könnte das Unternehmen beispielsweise Schwierigkeiten haben, das benötigte Kapital aufzubringen. Weiterhin ist nicht sicher, dass tatsächlich 500 Produkte benötigt werden; entwickelt sich die Marktlage schlechter als prognostiziert, oder floppt das Produkt komplett, könnten die Fixkosten nicht abgebaut werden. Da beim Outsourcing normalerweise keine Fixkosten anfallen, besteht diese Gefahr nicht, wodurch sich die Konsequenzen eines Misserfolgs mindern lassen. Beispielsweise kaufen die meisten Automobilkonzerne von ihren Zulieferern ganze Module, die diese auf eigene Kosten entwickeln. Verkauft sich ein Modell schlecht, hat nicht der Automobilhersteller die hohen Entwicklungskosten für die Module zu tragen, sondern der Lieferant. So lassen sich – allerdings auf Kosten der Wertschöpfungspartner – auch unternehmerische Risiken outsourcen.

Die Vielzahl von Faktoren, die bei einer Outsourcing-Entscheidung berücksichtigt werden sollten, lassen sich mit Hilfe einer Entscheidungsbewertungstabelle strukturieren. Dazu werden die relevanten Kriterien aufgelistet (1) und mit einer Gewichtung (2) versehen. Diese Gewichtung muss für den Einzelfall begründet werden (3), darf also nicht willkürlich sein. Dann erhalten die zur Verfügung stehenden Alternativen (in diesem Fall die Eigenfertigung und der Fremdbezug) einen begründeten (4) Punktwert (5). Diese Punkte werden mit der Gewichtung multipliziert (6), und anschließend addiert (7). Die Alternative mit dem höchsten Punktwert ist die günstigste.

			Eigenfertigung			Fremdbezug (Outsourcing)		
Entscheidungs-kriterium	Gewich-tung (1-10)	verbale Begründung	verbale Begründung	Bewertung (1-10)	Gesamt (GxB)	verbale Begründung	Bewertung (1-10)	Gesamt (GxB)
① Preis	② 8	③ das Unternehmen agiert in einem preissensiblen Martkumfeld	④ bei 500 Stück beträgt der Stückpreis 1092€	⑤ 8	⑥ 64	④ 1.200,00 €	⑤ 5	⑥ 40
Konsequenzen eines Misserfolgs	9	die Prognose von 500 Stück ist unsicher, die Nachfrage könnte auch deutlich niedriger sein	hohes Risiko, da die Maschine nur mit hohen Abschlägen verkauft werden kann.	2	18	Das Risiko trägt der Lieferant	10	90
Kapital-belastung	7	Wichtiges Kriterium, da das Unternehmen derzeit einen Kapitalengpass hat	Es müssten 500.000€ aufgebracht werden.	2	14	Kein Kapital nötig	10	70
Gestaltungs-möglichkeiten	3	Nicht so wichtig, da das Produkt klar spezifizierbar ist und nicht geändert werden muss	hohe Einflussmöglichkeiten	9	27 ⑦ 123	geringerer Einfluss	3	9 ⑦ 209

Abb. 8-2: Entscheidungsbewertungstabelle

Obwohl die rein kostenorientierte Make-or-buy-Analyse zu einer Eigenfertigung geführt hätte, sollte in diesem konkreten Fall unter Berücksichtigung der darge-stellten Faktoren die Fertigung outgesourct werden.

8.1.2 Single, Modular und Global Sourcing

Alle benötigten Produkte und Dienstleistungen, die nicht vom Unternehmen selbst hergestellt werden, müssen extern beschafft werden. Dabei stellen sich Fragen nach der Anzahl der Lieferanten, nach der Wertschöpfungstiefe der einzukaufenden Produkte und nach der Größe des zu berücksichtigenden Be-schaffungsmarkts.

Das Konzept des *Single Sourcing* beinhaltet eine freiwillige Beschränkung der Zusammenarbeit auf nur einen Lieferanten, obwohl mehrere Lieferanten das Produkt liefern könnten. Single Sourcing bedeutet beispielsweise für einen PC-Hersteller, dass er Festplatten nicht mehr von Maxtor, Seagate, Samsung und IBM bezieht, sondern nur noch von Samsung. Durch ausschließliche Zusammen-arbeit mit nur einem Lieferanten für eine Produktgruppe wird eine langfristig angelegte Partnerschaft begründet, in der beide Partner voneinander abhängig sind und stark miteinander kooperieren. Dadurch lassen sich die Organisationen beider Unternehmen an ihren Schnittstellen aufeinander abstimmen, Daten beispielsweise über Ressourcenauslastung und Auftragsbestand austauschen, Technologie und Know-how transferieren und Investitionen gemeinsam tätigen. Single Sourcing kann erhebliche Vorteile für beide Unternehmen mit sich bringen. Da von dem Lieferanten größere Stückzahlen geordert werden, kann er in größeren Losen produzieren und seine Produktion wegen besserer Planungsmöglichkeiten aufgrund des Datenaustauschs optimieren. Die so erzielbaren Kostensenkungen können an den Kunden durch Preissenkungen weitergegeben werden. Weiterhin lassen sich Beschaffungskosten durch Reduktion der Schnittstellen senken. Auf Basis einer vertrauensvollen, qualitätsorientierten Zusammenarbeit können unter Umständen sogar Wareneingangskontrollen entfallen. Innovative Beschaffungskonzepte wie Just-in-Time (siehe 8.1.5) können letztlich nur dann durchgeführt werden, wenn Kunde und Lieferant eng miteinander zusammenarbeiten, was bei einer Vielzahl von Lieferanten für eine Produktpalette kaum möglich ist.

Diesen positiven Aspekten des Single Sourcing stehen allerdings auch Nachteile gegenüber. Zu einem großen Problem könnte sich die Abhängigkeit der Partner entwickeln. So bestehen bei Produktionsunterbrechungen beim Lieferanten kurzfristig keine Beschaffungsalternativen. Aufgrund der engen Verbindung ist ein Wechsel zu anderen Lieferanten erschwert, der sich beispielsweise anbietet, wenn andere Lieferanten überlegene Produkte entwickelt haben. Weiterhin ist darauf zu achten, dass sich das Unternehmen einen Überblick über den jeweiligen Beschaffungsmarkt erhält, auch wenn es nur bei einem Lieferanten kauft. Kennt es beispielsweise die Preise anderer Lieferanten nicht mehr, sind Preisverhandlungen mit dem eigenen Lieferanten gemeinhin erfolgloser.

Die Abhängigkeit von einem Lieferanten wird beim Double Sourcing reduziert, indem für eine Produktgruppe prinzipiell zwei Lieferanten eingesetzt werden. Bei ausreichendem Auftragsvolumen ist auch hierbei eine enge Bindung mit ihren Vorteilen zwischen den Lieferanten und dem Kunden gegeben.

Im Gegensatz zum Single Sourcing werden beim Multiple Sourcing Produkte prinzipiell von mehreren unterschiedlichen Lieferanten geordert. Die Bindung zwischen Lieferant und Kunde ist nicht eng, ihr Geschäftsverhältnis beschränkt sich auf einzelne Aufträge, im Extremfall arbeiten die Unternehmen nur einmal zusammen. Multiple Sourcing kann bei Standardprodukten ggf. zu niedrigeren

Preisen führen. So lassen sich in Internetmarktplätzen Frachtaufträge ausschreiben, die evtl. zu besonders günstigen Konditionen von einem Spediteur angenommen werden, der auf dieser Strecke sonst aufgrund eines Rücktransports eine Leerfahrt hätte.

Eine zentrale Zielsetzung des Single Sourcing besteht in der Reduzierung von Schnittstellen und Komplexität, indem pro Produktgruppe nicht mehrere Lieferanten sondern nur ein Unternehmen als Partner fungiert. Die Zahl der Lieferanten lässt sich jedoch durch *Modular Sourcing* noch weiter reduzieren. Hierbei werden nicht nur Einzelteile, sondern komplette Module und Komponenten von einem Modul- oder Systemlieferanten bezogen. Autohersteller kaufen mittlerweile ganze Sitzsysteme, Armaturenbretter oder Frontenden.

Abb. 8-3: Frontmodul eines Automobils

Statt Lampen, Kühlerelemente und Stoßstangen jeweils bei den Lieferanten zu kaufen, wenden sich die Hersteller an nur einen Modullieferanten, der diese Einzelteile bezieht und zu einem Modul zusammenfügt (siehe Abb. 8-4).

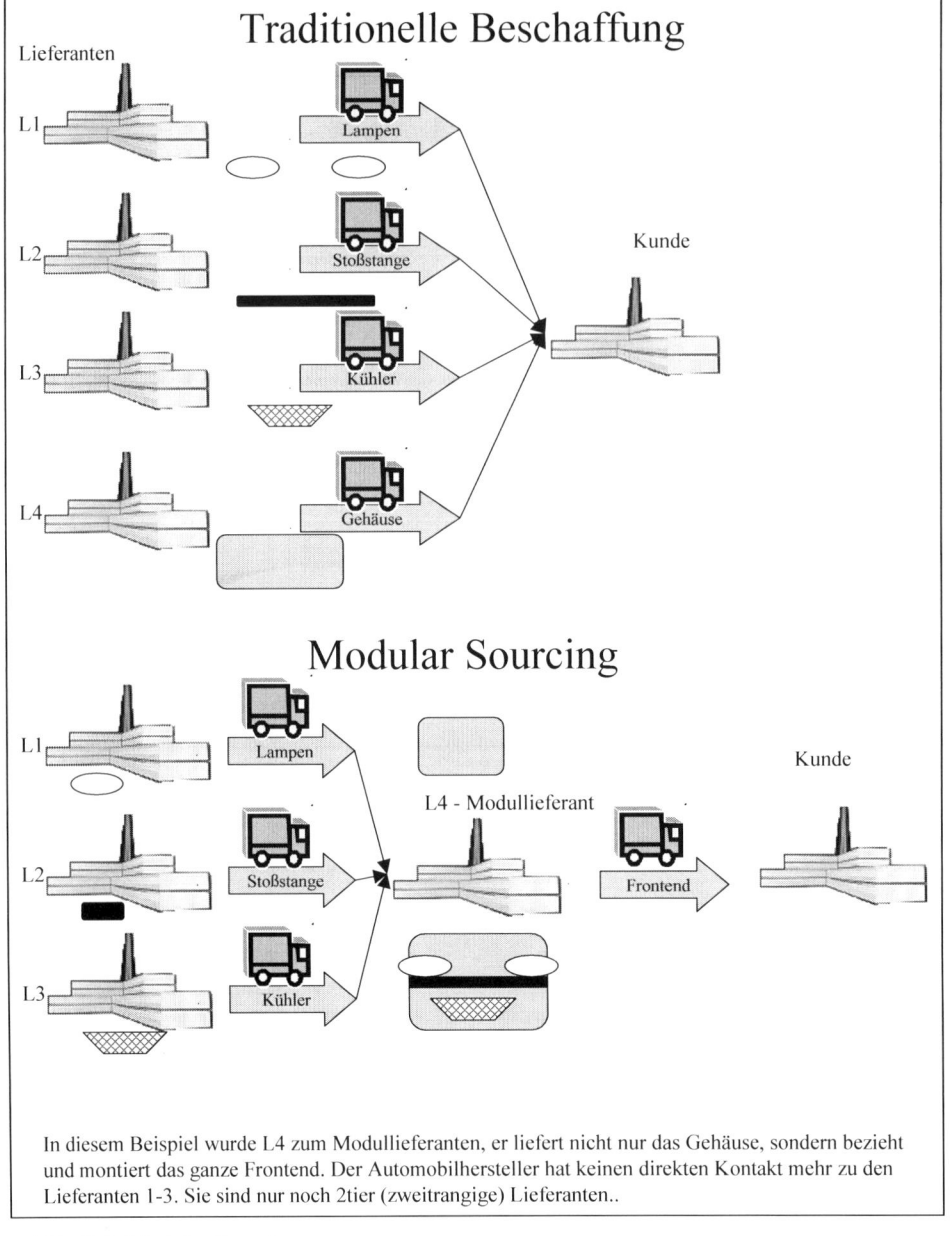

Traditionelle Beschaffung

Lieferanten

L1

Lampen

L2

Stoßstange

L3

Kühler

L4

Gehäuse

Kunde

Modular Sourcing

L1

Lampen

L2

Stoßstange

L4 - Modullieferant

L3

Kühler

Frontend

Kunde

In diesem Beispiel wurde L4 zum Modullieferanten, er liefert nicht nur das Gehäuse, sondern bezieht und montiert das ganze Frontend. Der Automobilhersteller hat keinen direkten Kontakt mehr zu den Lieferanten 1-3. Sie sind nur noch 2tier (zweitrangige) Lieferanten..

Abb. 8-4: Modular Sourcing

Dadurch nimmt die Wertschöpfungstiefe beim Hersteller ab, er kann sich auf seine Kernkompetenzen konzentrieren. Dafür steigen allerdings die Anforderungen an den Modullieferanten: er muss nun die Kontakte zu den anderen Lieferanten managen und zusätzlich zu seinen eigenen Teilen auch Module entwickeln und fertigen. Folglich muss sich jeder Lieferant fragen, ob er die Fertigung von Modulen als neue Kernkompetenz aufnehmen möchte und kann.

Global Sourcing bedeutet, dass prinzipiell jedes Unternehmen der Welt als Lieferant in Frage kommt. Der betrachtete Beschaffungsmarkt ist also nicht regional oder national, sondern international. Durch Global Sourcing werden auch ausländische Lieferanten im Beschaffungsprozess berücksichtigt, die evtl. bessere Konditionen bieten können. Unternehmen versprechen sich von der weltweiten Beschaffung niedrigere Kosten, allerdings sind auch Vorteile bzgl. Zeit, Flexibilität und Qualität denkbar. Selbst wenn beispielsweise wegen erhöhter Lieferzeiten nicht im Ausland gekauft werden soll, können Informationen über günstigere ausländische Lieferanten in Preisverhandlungen mit inländischen Lieferanten gewinnbringend eingesetzt werden. Neben dem deutlich erhöhten Aufwand, sich einen weltweiten Marktüberblick zu verschaffen, müssen noch weitere Probleme des Global Sourcing berücksichtigt werden. Bei Lieferanten außerhalb des Euroraums bestehen Wechselkursrisiken, Transportzeiten und – kosten könnten steigen, möglicherweise besteht ein unterschiedliches Verständnis von Qualität, ggf. müssen Zölle gezahlt werden. Ebenfalls nicht zu unterschätzen sind Sprachbarrieren und unterschiedliche Mentalitäten, die den Aufbau eines Vertrauensverhältnisses erschweren. Vertrauen lässt sich insbesondere durch direkte zwischenmenschliche Kontakte aufbauen, was beim Global Sourcing deutlich erschwert ist.

8.1.3 Vendor Managed Inventory

Schon der Name Vendor Managed Inventory (VMI) bringt die zentrale Idee dieses Ansatzes auf den Punkt: im Gegensatz zum normalen Kunden-Lieferanten-Verhältnis ist hier der Verkäufer für die Warenbestände des Kunden verantwortlich. Der Kunde ordert seinen Bedarf nicht mehr selbst, sondern der Lieferant überwacht die Bestände des Kunden und entscheidet, wann und wie viel er liefern muss. VMI sourct gewissermaßen Teile des Beschaffungsprozesses aus.

> BASF AG hat mit etlichen Schlüsselkunden VMI-Konzepte realisiert: in den Chemikalientanks der Kunden sind Füllstandssensoren enthalten, durch welche die BASF per Internet immer über den Verbrauch und aktuellen Bestand der Ware informiert ist.
>
> Ähnliche Konzepte sind im Einzelhandel verbreitet: Mit dem Internet verbundene Scannerkassen ermöglichen es Supermärkten, Abverkäufe einzelner Produkte unmittelbar an Lieferanten weiterzugeben, die bei Unterschreiten des Meldebestands automatisch nachliefern.

Die Vorteile des VMI sind offensichtlich. Die Lieferanten haben aufgrund der übermittelten Daten (Verbrauch und aktueller Bestand) größere Planungssicherheit: sie können den künftigen Bedarf ihrer Kunden besser prognostizieren und ihre Produktion anpassen. „Feuerwehraktionen" aufgrund plötzlicher, unvorhergesehener Kundenbestellungen entfallen bei VMI. Weiterhin steigt durch Implementierung eines solchen Konzepts die Kundenbindung. Für den Kunden ergeben sich ebenfalls erhebliche Vorteile. So sinkt sein Bestellaufwand erheblich, er muss weder seine Bestände überwachen noch Bestellungen aufgeben. Da der Lieferant seine Produktion und Lieferung besser planen kann, sinkt das out-of-stock-Risiko bei gleichzeitig sinkenden Beständen. Oftmals werden bei VMI die Verträge so gestaltet, dass das Eigentum der Ware erst bei Verbrauch auf den Kunden übergeht, sodass sich seine Liquidität verbessert.

8.1.4 Exkurs: Planspiel zum Umgang mit Unsicherheit

Das folgende konkurrenzorientierte Planspiel sensibilisiert Sie für einige Aspekte, die bereits angesprochen wurden und weitere, die in späteren Abschnitten thematisiert werden. Im Planspiel sind Sie verantwortlich für die Produktion und den Verkauf von Spezialkuchen. Auf dem Markt sind insgesamt vier Unternehmen (Gruppen) tätig, es handelt sich also um ein Angebotsoligopol. Die hergestellten Kuchen einer Spielperiode können nicht gelagert werden; alle hergestellten, aber nicht verkauften Kuchen stehen in der Folgeperiode nicht mehr zur Verfügung. Entsorgungskosten werden nicht berechnet.

Weiterhin hat eine Marktforschung ergeben, dass die Kunden für Ihre leckeren Kuchen bis zu maximal 80€ zu zahlen bereit sind. Die Nachfrage nach diesen Kuchen liegt konstant bei 2.000 Stück. Es ist nicht davon auszugehen, dass sie sich während des Planspiels ändert. Da die Kuchen der vier Unternehmen qualitativ identisch sind, orientieren sie sich hauptsächlich am Preis. Wegen spezieller Werbemaßnahmen und persönlicher und räumlicher Präferenzen der Kunden kaufen jedoch nicht alle beim günstigsten Anbieter. Die Nachfrage verteilt sich deshalb wie folgt:

günstigster Anbieter:	50%	der Nachfrage
zweitgünstigster Anbieter:	30%	der Nachfrage
drittgünstigster Anbieter:	15 %	der Nachfrage
teuerster Anbieter:	5%	der Nachfrage

Bleibt noch Nachfrage übrig, weil ein günstigerer Anbieter ‚seine' Nachfrage aufgrund niedriger Produktion nicht befriedigen kann, geht diese auf den nächstgünstigeren Anbieter über.

Zu Beginn des Spiels entscheiden Sie sich für eine Produktionstechnologie (eine spezielle Maschine), die sich im Wesentlichen durch ihre unterschiedliche Zusammensetzung von fixen und variablen Kosten voneinander unterscheiden. Sie sind während des ganzen späteren Spielverlaufs an Ihre Entscheidung gebunden, können also die Maschine im Spielverlauf nicht mehr austauschen. Folglich sollten Sie sich vor dem Kauf der Maschine eine Strategie überlegen und die dazu passende Maschine auswählen. Für diese Überlegungen stehen Ihnen 20 Minuten zur Verfügung. Halten Sie Ihre Überlegungen für die spätere Reflexion schriftlich fest.

Anschließend werden insgesamt sieben Perioden gespielt. In jeder Runde müssen Sie zwei Entscheidungen treffen: wie viele Kuchen wollen Sie herstellen und zu welchem Preis bieten Sie sie auf dem Markt an? Anschließend teilen Sie dem Spielleiter Ihre Ergebnisse mit. Nachdem er alle Preise kennt, informiert er die Gruppen über die Anzahl der verkauften Kuchen. Daraufhin füllen Sie Ihre Entscheidungskarten aus und ermitteln Ihren unternehmerischen Erfolg. Weiterhin sollten Sie Ihre getroffenen Entscheidungen vor dem Hintergrund des Verhaltens Ihrer Konkurrenten reflektieren. Waren Sie erfolgreich? Haben sich die anderen so verhalten, wie Sie es von ihnen erwartet haben? Können Sie Ihre bisherige Strategie beibehalten oder muss sie ggf. dem Verhalten Ihrer Konkurrenten angepasst werden? Wie werden sich die Konkurrenten vermutlich in der Folgeperiode entscheiden? Halten Sie auch hier Ihre Überlegungen schriftlich fest. Sie erhalten in den ersten beiden Perioden jeweils zehn Minuten Zeit, in den verbleibenden fünf Runden noch je fünf Minuten. Möglicherweise erscheint Ihnen die Zeit recht knapp, aber auch im Arbeitsleben müssen Sie Entscheidungen unter Unsicherheit und Zeitdruck treffen.

Wickert Maschinenbau GmbH - Produktionsprogramm

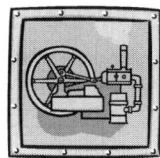

Unser Unternehmen ist Weltmarktführer für Kuchenherstellungsmaschinen. Wir haben derzeit fünf Maschinen im Programm, die Sie erwerben können. Alle haben eine voraussichtliche Nutzungsdauer von 7 Perioden.

Modell AXJ 2000

Dieses Glanzstück unserer Produktpalette kann bis zu 5.000 Kuchen pro Periode herstellen. Aufgrund der hohen Effizienz fallen pro Kuchen Kosten von nur 14,60 Euro an. Für Wartung und Abschreibung des Kaufpreises müssen Sie mit 9.000 Euro pro Periode rechnen.

Modell BCD 1414 – Luxury Edition

Dieses Modell kann neben Kuchen auch Plätzchen und Brot herstellen, mit einer Kapazität von bis zu 20.000 Einheiten pro Periode. Die Herstellung eines Kuchens kosten 19,20 Euro bei Fixkosten von 12.000 Euro.

Modell Ecoman M1

Mit einer Kapazität von max. 1.500 Stück pro Periode fallen bei dieser Produktionstechnologie variable Kosten in Höhe von 18,60 Euro an, während pro Periode mit 8.000 Euro gerechnet werden muss.

Modell Ecoman Z3

Mit einer Kapazität von max. 1.000 Stück pro Periode fallen bei dieser Produktionstechnologie variable Kosten in Höhe von 24,50 Euro an, während pro Periode mit 6.000 Euro gerechnet werden muss.

Modell Smart XJ

Dieses Einsteigermodell bietet bei einer Kapazität von 800 Stück mit 4.200 Euro die niedrigsten laufenden Kosten. Pro Kuchen werden 28,40 Euro benötigt

Entscheiden Sie sich für eine Maschine und halten Sie Ihre Gründe schriftlich fest! Bedenken Sie: Sie können Ihre Entscheidung im Lauf des Planspiels nicht mehr ändern!

F i r m a / G r u p p e:

Fixkosten der Spielperiode in €:

variable Kosten je Einheit in €:

Entscheidungskarte

	Spielrunden:						
	1	2	3	4	5	6	7
Verkaufspreis							
Anzahl der produz. Einh.							
Zahl der Verkauften Einh.							

Gewinn- und Verlustrechnung

	Spielrunden:						
	1	2	3	4	5	6	7
Zahl der produz. Einh.							
variable Kosten insges.							
fixe Kosten der Periode							
Gesamtkosten							
Verkaufspreis je Einheit							
Anzahl der verk. Einh.							
Verkaufserlöse							
Erfolg (Verk.erl. - Ges.kosten)							
kumulierter Erfolg							

Nach Ablauf des Spiels sollten seine betriebswirtschaftlichen Hintergründe und sein Verlauf analysiert werden. Die Spielgruppen bearbeiten unterschiedliche Fragestellungen und stellen ihre Antworten dem Gesamtplenum vor.

Gruppe Gewinner

- Analysieren Sie die Ursachen Ihres Erfolgs.
- Würden Sie in einem erneuten Spiel andere Entscheidungen treffen? Welche?

Gruppe 2. Platz

- Informieren Sie sich, welche Produktionsmaschinen die anderen Gruppen verwendeten. Gibt es einen Trend in eine bestimmte Richtung? (eher Maschinen mit niedrigen Fixkosten oder niedrigen variablen Kosten?)
- Welcher Teilaspekt des Outsourcing ist durch die Maschinenwahl berührt?
- Wie wirkt sich die relativ hohe Unsicherheit bei Produktionsmengenentscheidungen auf die Wahl der Maschine aus?

Gruppe 3. Platz

- Was haben Sie mit Hilfe des Planspiels gelernt?
- Welchen Nutzen haben Planspiele/Modelle in der betrieblichen Wirklichkeit?
- Nennen Sie Ansatzpunkte zur Verbesserung des Planspiels.

Gruppe 4. Platz

- Analysieren Sie die Ursachen Ihres Misserfolgs.
- Wo müssten Sie in einem neuen Spiel anders handeln? Begründen Sie!

8.1.5 Die Fertigung der Nachfrage anpassen: vom Push- zum Pull-Prinzip

Möglicherweise haben Sie sich im Planspiel für eine Maschine entschieden, mit der Sie große Stückzahlen zu niedrigen Stückkosten produzieren konnten. Entsprechend dieser Maschine haben Sie hohe Mengen hergestellt. Dies könnte angesichts der Unsicherheit im Markt und dessen schwerer Prognostizierbarkeit zu hohen Verlusten geführt haben: Sie produzierten evtl. sehr viel mehr, als Ihnen vom Markt abgenommen wurde.

Eine ähnliche Denkweise findet sich in vielen Unternehmen: die Produktion wird auf große Stückzahlen ausgerichtet, da sich so günstigere Stückkosten erzielen lassen. Eine hohe Produktion ermöglicht aufgrund von Mengenrabatten günstigere Einkaufspreise, teurere, aber auch effizientere Maschinen rechnen sich und evtl. beherrschen die Mitarbeiter ihre Tätigkeiten besser. Da hohe Losgrößen produziert werden entstehen auch kaum Rüstkosten. Durch diese Denkweise erhoffen sich die Unternehmen Kostenvorteile gegenüber der Konkurrenz. Dabei werden die Probleme dieses Ansatzes leicht übersehen: da viel produziert wird, sind große Lager nötig. Weiterhin entstehen Kosten durch das unnütz in den Lagern gebundene Kapital. Besonders in Bereichen mit schnellem technologischem Wandel und Preisverfall ergibt sich häufig die Notwendigkeit hoher Abschreibungen auf das gelagerte Inventar. Senkt beispielsweise Intel die Preise seiner Prozessoren, verlieren die bei PC-Herstellern gelagerten Chips und PCs automatisch an Wert. Zusätzliche Arbeit entsteht durch Sortieren, Hin- und Herbewegen der Ware in den Lagern und durch evtl. notwendige Nacharbeiten. Dem Vertrieb kommt in solchen Unternehmen die Aufgabe zu, die gelagerten Produkte in den Markt zu „drücken" (deshalb auch „Push-Prinzip"), was oft nur mit aufwändigen Marketingmaßnahmen und Rabatten möglich ist.

Der US-Automarkt ist ein gutes Beispiel für die Problematik des Push-Prinzips: die Hersteller haben ihre Produktion auf hohe Stückzahlen ausgerichtet und lasten ihre Produktionsstätten aus. Wenn die Nachfrage konjunktur- oder modellbedingt sinkt, füllen sich die Lager der Hersteller und Händler, die die Autos dann nur noch durch hohe Preisabschläge verkaufen können. Bei Autos ist das Prinzip, etwas auf Lager herzustellen und anschließend in den Markt zu drücken, besonders problematisch, da Kunden zunehmend individuell zusammengestellte Autos wünschen. Ein Standardauto lässt sich nur zu noch höheren Rabatten verkaufen.

Die Folge von vollen Lagern und Maschinen, die zugunsten niedriger Stückkosten bei Massenproduktion oftmals hohe Umrüstkosten verursachen, ist eine geringe Flexibilität.

Der umgekehrte Ansatz stellt nicht die Produktion mit dem primären Ziel niedriger Stückkosten in den Mittelpunkt der Überlegungen, sondern die Nachfrage der Kunden. Hierbei wird nicht so viel und damit so „günstig" wie möglich produziert, sondern so viel, wie tatsächlich benötigt wird. Dadurch steigen zwar prinzipiell die Rüst- und Stückkosten, die Lager sind jedoch weitgehend leer, es entstehen kaum Kapitalkosten, kostspielige Rabattaktionen sind unnötig. Das Unternehmen ist tatsächlich „schlank", also nicht mit zurzeit nicht benötigten Produkten vollgestopft und somit auch in der Lage, flexibel auf neue Marktbedingungen zu reagieren.

Die extreme Form des Pull-Prinzips besteht in der Auftragsfertigung (built-to-order), bei der die Produktion erst nach der Kundenbestellung beginnt. Auf ein Fertigwarenlager kann somit komplett verzichtet werden. Hierbei ist eine besonders schnelle und flexible Produktion von zentraler Bedeutung, schließlich wünschen Kunden kurze Lieferzeiten. Deshalb sollten die Maschinen möglichst geringe Umrüstzeiten haben und auch kleine Losgrößen wirschaftlich fertigen können. Der Optimierung des Zeitverhaltens kommt bei der built-to-order-Produktion besondere Bedeutung zu, Wartezeiten sind unbedingt zu minimieren. In der Produktion lässt sich dies beispielsweise durch Aufteilung der Lose in Teillose erreichen. Ob eine built-to-order-Produktion durchführbar ist, hängt letztlich von der Lieferzeit und der Bereitschaft der Kunden ab, auf ihr Produkt zu warten. Ist die erreichbare Lieferzeit kleiner oder gleich der vom Kunden akzeptierten Lieferzeit, kann built-to-order erfolgreich eingeführt werden. Wie lange Kunden zu warten bereit sind, hängt hauptsächlich vom Produkt und von den Lieferzeiten der Konkurrenz ab: für einen Neuwagen werden deutlich längere Lieferzeiten akzeptiert als für einen PC, aber sie sollten nicht wesentlich über denen der Konkurrenten liegen.

Der anfänglich große Erfolg des Computerherstellers Dell war im Wesentlichen in der Kombination der Strategien des Direktverkaufs und built-to-order-Ansatzes begründet. Andere Computerhersteller prognostizierten den Kundenbedarf nach ihren Produkten, stellten sie entsprechend her und lieferten sie zu ihren Vertragshändlern, wo die Computer in Ausstellungsräumen auf die Kunden warteten. Oftmals vergingen dabei Monate vom Zeitpunkt der Produktion bis zum Verkauf an den Endkunden. Zwischenzeitlich konnten sich massive Preissenkungen ergeben – sie betragen durchschnittlich 30% pro Jahr.

Dell fertigt die Computer hingegen erst nach dem Eingang eines Kundenauftrags. Viele der höherwertigen Komponenten (z.B. Festplatten, Prozessoren) werden ebenfalls erst nach Auftragseingang bestellt. Entsprechend fordert Dell von seinen Lieferanten extrem kurze Lieferzeiten. Dells Kunden erhalten so innerhalb kurzer Zeit einen günstigen PC, der genau ihren Anforderungen entspricht.

Auch bzgl. der Finanzierung hat Dell massive Vorteile gegenüber seinen Konkurrenten: die Kunden zahlen schon bei Auftragsvergabe, während Dell für die benötigten Komponenten von seinen Lieferanten über 30 Tage Zahlungsziel eingeräumt bekommt. Folglich entsteht ein Finanzmittelüberschuss. Das übliche Problem der Finanzierung des Umlaufvermögens ist bei Dell durch das built-to-order-Prinzip in einen Vorteil umgewandelt.

Allerdings hat Dell sein System seit 2007 aufgeweicht, um auch im Consumermarkt, der nur kurze Lieferzeiten akzeptiert, erfolgreicher sein zu können.

Liegt die Lieferzeit eines Unternehmens über der Zeit, die ein Kunde zu warten bereit ist, lässt sich das Pull-Prinzip dennoch einhalten: es existiert zwar ein Fertigwarenlager, aus dem die Kundennachfrage sofort befriedigt wird, aber die Produktionshöhe entspricht dennoch der Kundennachfrage: „Sell one, make one, buy one." Vom Verkauf hängt also die Produktionsmenge ab, und davon die Menge der eingekauften Vorprodukte. Nach dem Push-Prinzip wäre der Ursache-Wirkungszusammenhang umgekehrt: aus der Produktionsmenge leitete sich die Verkaufsmenge ab.

Eine bekannte Variante des Pull-Prinzips ist Just-in-Time (JIT). Dabei wird versucht, nicht nur auf das Fertigwarenlager, sondern auch auf die Eingangs- und Zwischenlager zu verzichten. Die zentrale Herausforderung besteht darin, dass jeder Prozess nur das herstellt bzw. ordert, was der nächste Prozess benötigt. Und – wegen der fehlenden Lager – genau zu dem Zeitpunkt, zu dem er es benötigt. Kein Prozess stellt also ohne konkreten Auftrag eines nachfolgenden Prozesses etwas her. Um JIT komplett umzusetzen, müssen ein Unternehmen und seine Wertschöpfungspartner ihre Prozesse optimal beherrschen. Sowohl Zeitverzögerungen als auch Qualitätsprobleme hätten wegen fehlender Lagerbestände unmittelbare Produktionsausfälle zur Folge. Je sicherer die Prozesse sind, desto geringere Sicherheitsbestände werden benötigt. Durch kontinuierliche Verbesserung der Prozesse können die Bestände gesenkt werden – wenngleich auch der umgekehrte Weg erfolgreich ist: durch kontinuierlich sinkende Sicherheitsbestände lassen sich Prozesse optimieren. Die Japaner, die JIT entwickelt haben, verwenden für diese Vorstellung das Bild eines Schiffs (repräsentiert das Unternehmen und seine Prozesse), das über einen See fährt, in dem unterschiedlich hohe Felsen (stehen für Probleme) sind. Da das Wasser (entspricht den Sicherheitsbeständen) höher als die Felsen ist, gibt es scheinbar keinen Handlungsbedarf: die Sicherheitsbestände überlagern die Probleme.

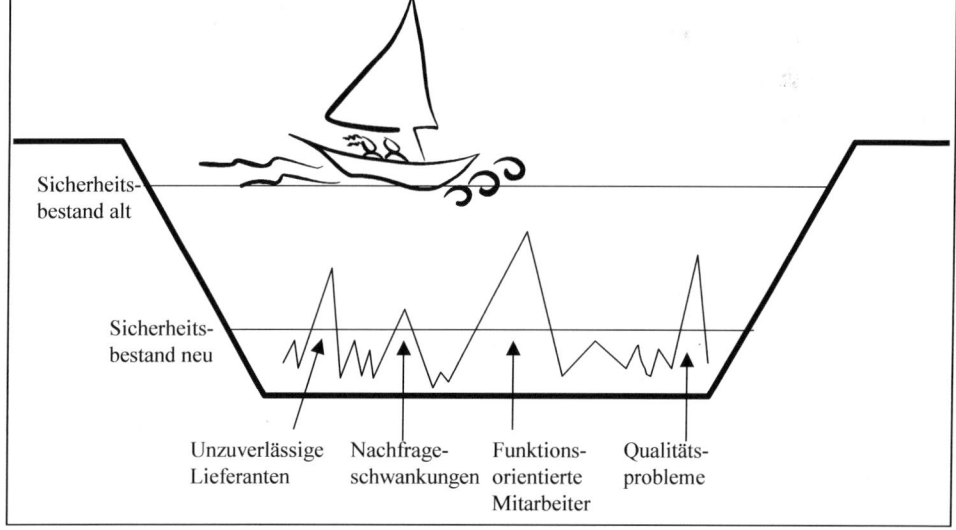

Abb. 8-5: Sicherheitsbestände verdecken Probleme

Durch schrittweises Absenken des Wassers erscheinen die Felsen an der Oberfläche – indem Sicherheitsbestände gesenkt werden, offenbaren sich unterschiedliche Probleme im Prozessablauf. Nachdem diese Probleme erkannt und bewältigt sind, kann der Sicherheitsbestand erneut gesenkt werden.

Ein klassisches Verfahren zu ermitteln, welche Mengen eingekauft bzw. hergestellt werden sollen, ist das Konzept der optimalen Bestellmenge bzw. Losgröße.

Die optimale Bestellmenge ermittelt für einen gegebenen Jahresbedarf an Produkten die Menge, bei der die Gesamtkosten einer Bestellung minimal sind. Dabei gilt es, zwei gegenläufige Kostenverläufe zu berücksichtigen. Einerseits kann mit höherer Bestellmenge seltener bestellt werden, was die bestellfixen Kosten reduziert. Diese Kosten fallen unabhängig von der Bestellmenge bei jeder einzelnen Bestellung an, beispielsweise für die Bearbeitung. Gleichzeitig führen hohe Bestellmengen zu hohen durchschnittlichen Lagerbeständen und damit zu hohen Lager- und Kapitalkosten. Unterstellt man einen gleichmäßigen Verbrauch – woraus sich als durchschnittlicher Lagerbestand die Hälfte der Bestellmenge ergibt – so sind die Gesamtkosten als Summe der Lagerkosten und bestellfixen Kosten zu minimieren, was durch Nullsetzung der ersten Ableitung erfolgt (genaue Herleitung siehe Abb. 8.6). Die Formel setzt neben gleichmäßigem Lagerabgang voraus, dass sämtliche Werte bekannt und über den betrachteten Zeitraum hinweg konstant sind und dass genug Kapital- und Lagerraum vorhanden ist, um auch evtl. sehr große Mengen kaufen und lagern zu können.

Die Abbildung verdeutlicht die Zusammenhänge, rechts findet sich die mathematische Herleitung und links ist die Lösung für folgenden Fall dargestellt:

Die Wickert Maschinenbau GmbH hatte 2007 einen Verbrauch an legierten Spezialschrauben des Typs Bosch AX 173 von 600 Stück. Für das Jahr 2008 wird mit dem gleichen Bedarf gerechnet. Eine Schraube kostet 3,00€. Pro Bestellvorgang fallen im Unternehmen Kosten von 49€ an. Der Lagerhaltungskostensatz setzt sich zusammen aus 11% Kapitalkosten (Verzinsung des im Lager gebundenen Kapitals) und 9% sonstigen Kosten (Versicherung, Abschreibung, Lagerraum, Personal).

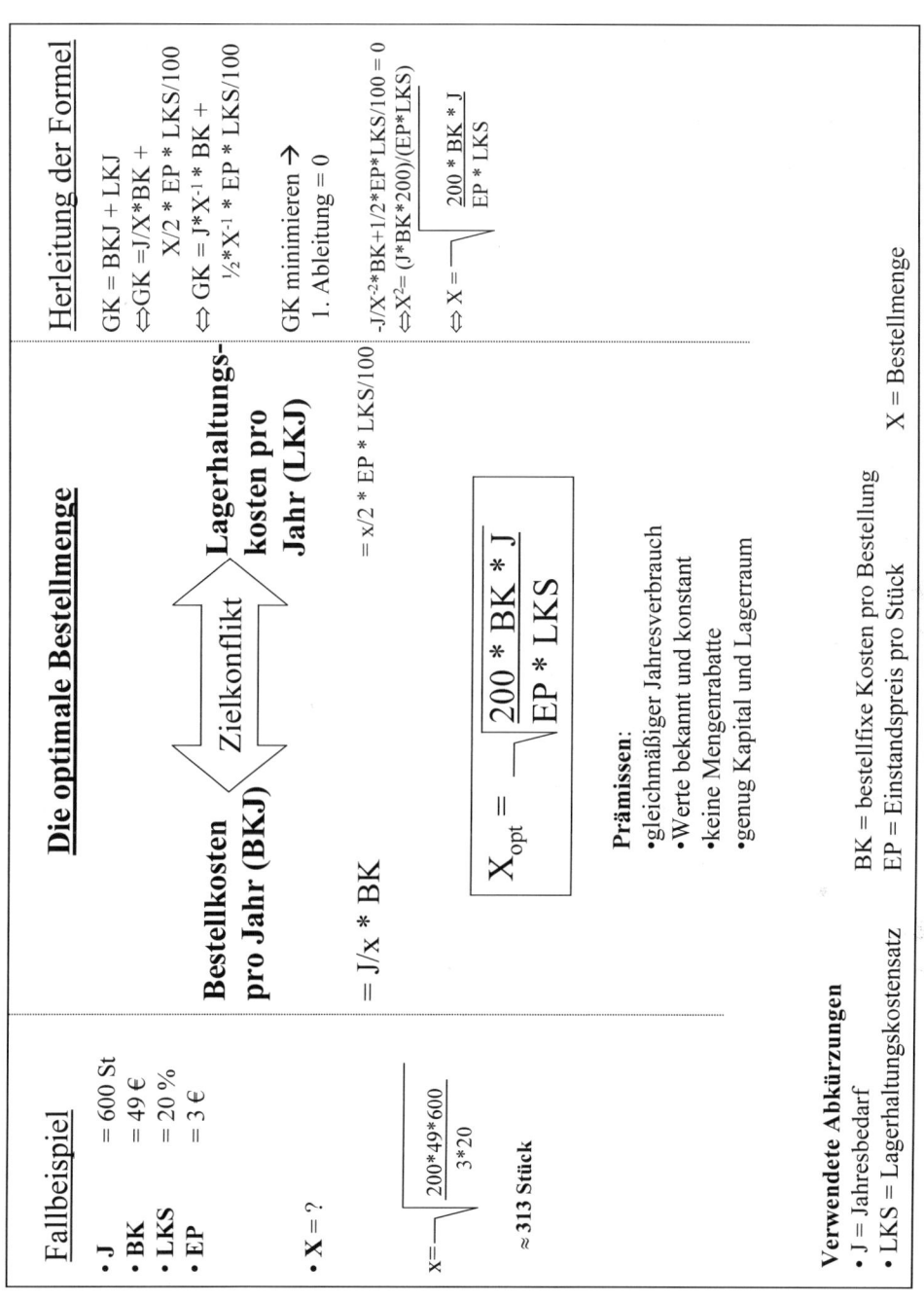

Abb. 8-6: Optimale Bestellmenge, Herleitung

Grafisch dargestellt sehen die Kostenverläufe für den Fall wie folgt aus:

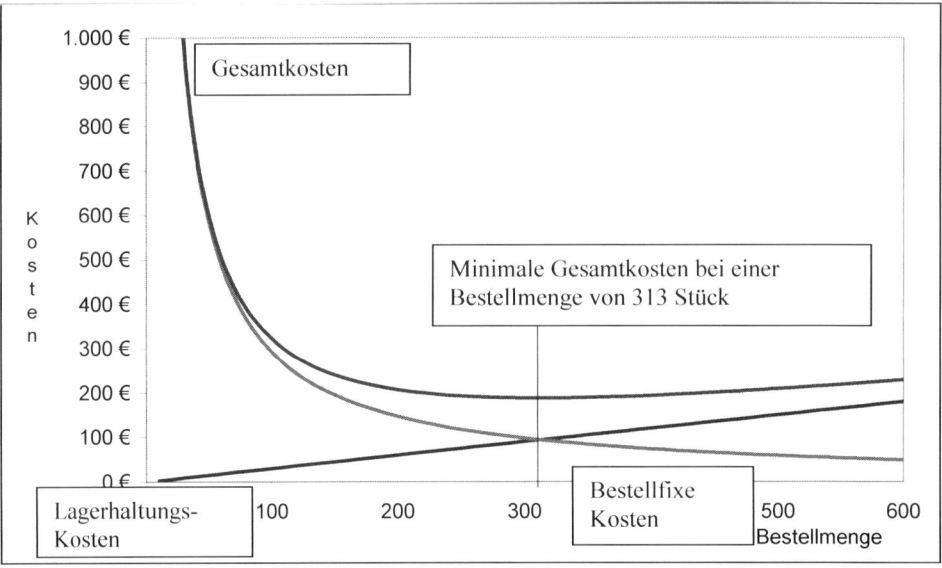

Abb. 8-7: Optimale Bestellmenge, Kostenverläufe

Die Frage nach der optimalen Losgröße lässt sich analog zu der nach der optimalen Bestellmenge beantworten. Auch hier besteht ein Zielkonflikt. Für große Lose spricht, dass Maschinen seltener umgerüstet werden müssen. So fallen seltener Fixkosten durch direkte Rüstkosten und Opportunitätskosten durch Maschinenausfälle an. Werden jedoch hohe Stückzahlen produziert (höhere, als sofort verkauft werden können), müssen die Endprodukte gelagert werden, und verursachen so Lager- und Kapitalkosten – dies ist die typische Push-Denkweise. Da die Frage nach der optimalen Losgröße strukturgleich wie die der optimalen Bestellmenge ist, lässt sich die oben hergeleitete Formel verwenden, nur dass statt der bestellfixen Kosten auflagefixe Kosten verwendet werden.

Auf den ersten Blick mögen Formeln für optimale Bestellmengen und Losgrößen der Zielsetzung widersprechen, möglichst niedrige Lagerbestände zu realisieren. Allerdings ergeben sich unter Anwendung der Formeln ebenfalls sehr niedrige Bestellmengen bzw. Losgrößen, wenn die fixen Kosten minimiert und die variablen Kosten vollständig angegeben werden. Vielfach wird bei Anwendung der Formeln ein Lagerhaltungskostensatz ermittelt, der die Probleme voller Lager – siehe oben – nicht vollständig berücksichtigt. Weiterhin besteht eine große

Herausforderung der Logistik gerade darin, die fixen Kosten zu reduzieren. Bei Bestellungen lassen sich die Prozesskosten erheblich senken, beispielsweise indem Bestellungen nicht mehr über die Einkaufsabteilung abgewickelt werden, sondern von den jeweiligen Mitarbeitern, die die benötigten Artikel über einen elektronischen Katalog (der wiederum von der Einkaufsabteilung gepflegt wird) im Intranet selbst bestellen. Durch Einschaltung von Logistikdienstleistern können ggf. auch kleine Mengen günstig geliefert werden, da sie Aufträge mehrerer Unternehmen bündeln und so ihre LKWs auslasten können. Im Bereich der Produktion lassen sich Rüstkosten beispielsweise durch Einsatz flexibler Roboter senken.

Lagerfreie Produktion bietet sich wegen der Kapitalkosten insbesondere für teure Artikel an und für solche mit einer hohen Variantenvielfalt. Je höher die Anzahl an Varianten, desto schwieriger und ungenauer sind Prognosen über die künftige Nachfrage nach einzelnen Varianten und umso stärker wirken sich die Probleme des Push-Ansatzes aus.

Bei der Umsetzung pull-orientierter Managementkonzepte ergeben sich allerdings einige Hinderungsgründe, die zu durchdenken und ggf. zu überwinden sind. Bereits bei der optimalen Bestellmenge ist das Problem dargestellt, dass mit kleineren, nachfragegerechteren Mengen die Anzahl der Transaktionen und deren Kosten steigen. Durch geschicktes Vorgehen lassen sich die Transaktionskosten jedoch senken. Insbesondere dürfen die Kosten hoher Lagerbestände (Kapital, Lager, Personal, Abschreibungen) und deren negative Auswirkungen auf die Flexibilität nicht unterschätzt werden. Problematisch ist weiterhin die erhöhte Komplexität. Während beim Push-Prinzip ein Absatzplan erstellt und die entsprechende Menge produziert wird, muss bei einer Pull-Orientierung sehr schnell und flexibel auf jeweilige Kundenbedürfnisse eingegangen werden. Eine wichtige Voraussetzung für das Gelingen eines Pull-Konzepts ist der schnelle Fluss von Informationen – sowohl unternehmensintern als auch über die Unternehmensgrenzen hinaus. Eine weitere Schwierigkeit stellen die heutigen ERP-Systeme dar, die noch nicht optimal auf Pull-Ansätze ausgerichtet sind. Allerdings kommt zunehmend besser passende SCM-Software auf den Markt. Last but not least ist ein Umdenken der Mitarbeiter nötig, die gewohnt sind, in Push-Kategorien zu denken und Chancen des Pull-Ansatzes angesichts dessen Herausforderungen zu ignorieren.

8.1.6 Postponement

Ein Unternehmen stellt Notebooks her und verkauft sie direkt an seine Kunden, durchschnittlich 500 Stück pro Tag. Diese erwarten, dass die Notebooks einen Tag nach der Bestellung versendet werden. Aufgrund der kurzen Lieferzeit ist eine built-to-order-Produktion nicht möglich, da das Zusammenbauen der Komponenten und das Aufspielen der Software mehr als einen Tag beanspruchen. Würde das Unternehmen nur ein Notebook produzieren, könnte es wie im vorigen Abschnitt geschildert mit einem Fertigwarenlager eine pull-orientierte Produktion mit niedrigen Lagerbeständen umsetzen. Allerdings bieten Notebookhersteller ihre Produkte in vielen Varianten an: alleine eine Notebookserie hat vier unterschiedliche Prozessoren, drei Festplattengrößen, zwei verschiedene Speichergrößen und drei installierte Softwarepakete. Aus der Kombination dieser Faktoren ergeben sich 72 Notebookvarianten. Um schnell liefern zu können, hält das Unternehmen für jede dieser Varianten 20 Notebooks auf Lager, insgesamt also 1040 Stück. Immer, wenn ein Notebook verkauft wird, erfolgt entsprechend dem Pull-Prinzip („sell one, make one") eine Nachproduktion dieser Variante.

Die relativ hohen Sicherheitsbestände ergeben sich aus dem Phänomen, dass sich der Absatz einzelner Varianten schwerer prognostizieren lässt, als der einer Produktgruppe. Aufgrund von Erfahrungswerten und Marktstudien kann ein Unternehmen möglicherweise recht genau ermitteln, wie viele Notebooks es insgesamt verkaufen wird, hingegen ist es viel schwerer zu sagen, wie viele Notebooks folgenden Typs nachgefragt werden: Pentium 4 2GHz mit 40 GB Festplatte und 512 MB Hauptspeicher mit Windows XP und Office Professional. Schätzt man die Nachfrage zu gering ein, leidet die Lieferfähigkeit. Bei einer gröberen (aggregierten) Planungsebene, in der nur die Zahl der nachgefragten Notebooks insgesamt prognostiziert wird, ist das Risiko einer starken Fehleinschätzung geringer, als bei Planung auf Variantenebene (disaggregierte Planung). Geht man beispielsweise von einem täglichen Bedarf von sieben Notebooks jeder Variante aus, kommt es mit großer Wahrscheinlichkeit zu Ungleichverteilungen der Nachfrage innerhalb der Produktvarianten, d.h. von einer Variante werden nur vier nachgefragt, von einem anderen Notebook jedoch zehn. Aus übergeordneter Sicht müssten 14 Notebooks der beiden Varianten gelagert sein, um pünktlich liefern zu können, da sich die Schwankungen der Varianten ausgleichen. Bei

Blick auf die Variantenebene müssen wegen dieser Schwankungen jedoch bei jeder Variante zusätzliche Bestände gehalten werden, um ein bestimmtes Versorgungsniveau sicherzustellen. Schließlich ist erst im Nachhinein bekannt, welche Notebookvarianten stärker nachgefragt werden als andere. Eine aggregierte Planung wäre leichter umsetzbar und ermöglichte niedrigere Bestände, allerdings benötigt eine herkömmliche Produktion konkrete, disaggregierte Daten, also die Information, wie viele Notebooks von welcher Variante herzustellen sind.

Eine Lösung dieses Dilemmas liegt im Postponement, d.h. die Variantenbildung erfolgt so spät wie möglich, am besten erst nachdem der konkrete Kundenauftrag vorliegt. Ein für alle Varianten gemeinsames Vorprodukt wird gelagert und erst nach der Kundenanfrage an die Wünsche des Kunden angepasst. Dadurch sind kürzere Lieferzeiten als beim built-to-order-Verfahren möglich, da zum Zeitpunkt der Bestellung das Produkt bereits weitgehend hergestellt ist und auf Lager liegt. Es brauchen nur noch die spezifischen Kundenwünsche bearbeitet werden. Gleichzeitig sind niedrigere Lagerbestände möglich, da die Planung der allgemeinen, noch nicht spezialisierten Produkte aggregiert erfolgt.

Für den Notebookhersteller bedeutet Postponement soweit dies technisch und wirtschaftlich möglich ist, dass er in seinem Lager Notebooks hat, die erst bis zum kleinsten gemeinsamen Nenner sämtlicher Notebookvarianten montiert sind. Gehäuse, Motherboard, Display, Tastatur, Netzteil und CD-ROM-Laufwerke sind bereits zusammengefügt, während die für die Variantenbildung nötigen Elemente noch fehlen: Prozessor, Festplatte, Speicher und Software. Letztere werden erst nach Eintreffen des Kundenauftrags eingebaut, was innerhalb der vom Kunden geforderten Zeit geschehen kann. Von den „Vor-Notebooks" müssen entsprechend der täglichen durchschnittlichen Nachfrage von 500 Stück auch nur 500 Stück zusätzlich eines Sicherheitsbestandes, der von der Schwankung der Nachfrage abhängt, gelagert werden, vielleicht 600 Stück. Diese Zahl liegt deutlich unter den oben ermittelten 1040 komplett gefertigten Notebooks. Neben niedrigeren Lagerbeständen entfällt gleichzeitig das Problem, einige schlechtgehende Modellen nur mit hohen Abschlägen verkaufen zu können, da sie gar nicht erst gefertigt werden.

Bei der Einführung des Postponements haben sich vier Vorgehensweisen bewährt: die Reihenfolge der Prozesse zu verändern, einen möglichst großen gemeinsamen Nenner der Varianten zu finden, die Produkte zu modularisieren und zu standardisieren.

1. Postponement bedeutet, dass die Variantenbildung möglichst spät erfolgt. Entsprechend sollten Prozesse daraufhin untersucht werden, wie spät die Variantenbildung erfolgen kann. Bei einer späteren Variantenbildung als der ursprünglichen können sich ggf. erhöhte Produktionskosten ergeben, die jedoch oftmals durch die Vorteile des Postponements überkompensiert werden.

Das klassische Beispiel des Postponements durch Veränderung der Reihenfolge ist Benetton. Ein zentrales Problem modischer Kleidungshersteller ist die Farbe der Kleidung: welche Farben besonders stark bzw. schwach nachgefragt werden, entscheidet sich meist erst im Laufe der Saison und ist kaum prognostizierbar. Der traditionelle Ansatz besteht darin, nach den (ungenauen) Prognosen die Kleidung zu produzieren, mit dem Ergebnis, dass Kleidungsstücke einer Farbe schnell verkauft sind und weiter nachgefragt werden. Allerdings sind im Lauf der Saison kaum Ersatzlieferungen möglich, da die komplette Produktion eines Pullovers inkl. Beschaffung der Rohstoffe zu lange dauert; bis dahin ist die Saison schon weitgehend vorbei. Die Kleider in ungeliebten Farben werden hingegen kaum verkauft und müssen unter hohen Rabatten in den Markt „gedrückt" werden.

Benetton änderte aufgrund dieser Problematik die Reihenfolge seiner Produktionsschritte. Statt das Garn schon vor der Weiterverarbeitung zu Kleidungsstücken zu färben und sie gefärbt zu lagern wurde dieser Prozessschritt an das Ende verlegt: das ungefärbte Garn wurde zu einem Kleidungsstück vernäht, das zwischengelagert wird. Entsprechend der Nachfrage wird sehr zeitnah das ungefärbte Kleidungsstück gefärbt und an die Geschäfte bzw. Kunden ausgeliefert. Zwar führte das spätere Einfärben zu leicht erhöhten Produktionskosten, doch im Vergleich zu den erhöhten Verkaufszahlen von Kleidung in gesuchten Farben und geringeren Absatzproblemen unmodischer Kleidung ist dies – zumindest im Beispiel Benettons – vernachlässigbar.

2. Postponement setzt voraus, dass unterschiedliche Produkte in unterschiedlichen Varianten größtenteils identisch sind. Diese gemeinsame Basis ist herauszu-

finden bzw. zu vergrößern: je mehr Gemeinsamkeiten zwei Produktvarianten haben, desto größer ist das Erfolgspotenzial des Postponement. Folglich sollte bereits bei der Produktentwicklung darauf geachtet werden, dass die angedachten Produktvarianten bzgl. Aufbau und Produktionsprozess weitgehend ähnlich sind. Ebenfalls sollte die Produktentwicklung berücksichtigen, dass die Variantenbildung möglichst spät im Produktionsprozess erfolgen kann.

3. Eine Möglichkeit dies zu erreichen, besteht in der Modularisierung der Produkte und Prozesse. Auf eine gemeinsame Basis (Punkt 2) werden möglichst spät im Produktionsprozess (Punkt 1) unterschiedliche Module aufgesetzt, die aus dem identischen Vorprodukt die unterschiedlichen Varianten machen. So kann ein Mobiltelefon komplett hergestellt werden, bis auf seine äußere Blende. Diese Blende (ein Modul) existiert in verschiedenen Farben und wird erst nach dem Kundenauftrag aufgesteckt. Da die Blenden nur wenig Kapital binden und leicht zu montieren sind lassen sie sich in allen Farben sogar beim Fachhändler lagern. So benötigt der Händler nur einen geringen Lagerbestand an Handys und eine Vielzahl an (relativ wertlosen) Blenden. Der Kunde wählt eine Farbe aus und erhält das gewünschte Handy praktisch sofort.

4. Eine weitere Möglichkeit das Problem des Variantenreichtums zu lösen besteht in der Standardisierung der Produkte. Varianten werden oftmals gebildet, um den Kunden unterschiedliche ganz spezifische (Zusatz-)Nutzen zu ermöglichen. Erweitert man die Leistungsfähigkeit des Produkts derart, dass es alle Nutzenmöglichkeiten beherrscht, werden keine Produktvarianten benötigt. Bei Computern (und den meisten anderen elektrischen Produkten) gibt es wegen der verschiedenen Spannungen unterschiedliche Stromnetzteile für den amerikanischen und den europäischen Markt. Durch Verwendung universeller Netzteile, die mit beiden Spannungsstärken arbeiten, kann auf diese Variantenbildung verzichtet werden und der Kunde hat außerdem den Vorteil, das Gerät in unterschiedlichen Kontinenten einsetzen zu können.

Bezogen auf das Beispiel des Notebookherstellers lassen sich die geschilderten Vorgehensweisen des Postponement wie folgt umsetzen. Bereits in der Entwicklung der Notebooks wird darauf geachtet, dass sie modular aufgebaut sind: die unterschiedlichen Varianten ergeben sich aus Modulen (Festplatten, Prozessoren, Softwarepaketen), die sich schnell auf einer gemeinsamen Basis anbringen lassen. Weiterhin ist darauf zu achten, dass die verschiedenen Modellvarianten möglichst viele Komponenten gemeinsam haben. Statt beispielsweise zwei unterschiedliche Motherboards für verschieden leistungsstarke Prozessoren zu verwenden, sollte ggf. für beide Prozessoren die bessere und evtl. auch teuere Version eingebaut werden. Durch diese Standardisierung lässt sich die Anzahl der unterschiedlichen Komponenten reduzieren. Ähnliches gilt für die restlichen Bauteile: Tastatur, Display, Gehäuse etc. Bzgl. der Produktionsreihenfolge ist darauf zu achten, dass die variantenbildenden Module möglichst erst nach der Kundenbestellung eingebaut werden, auch wenn dies eine etwas aufwändigere Produktion zur Folge hat.

Bei der zugehörigen Darstellung in Abbildung 8-8 wird bewusst auf die meisten eigentlich nötigen Ereignisse (siehe 6.3) verzichtet, um die Übersichtlichkeit zu erhalten.

Die vorangehende Darstellung verdeutlicht u.a., dass durch Postponement gewissermaßen eine Kombination der Vorteile von push- und pull-Systemen möglich wird. Aufgrund von (ungenauen) Prognosen lassen sich Standardprodukte auf Lager fertigen, wobei Skaleneffekte genutzt werden können. Die Variantenbildung erfolgt hingegen erst nach dem Kundenauftrag, es handelt sich hierbei gewissermaßen um eine built-to-order-Produktion. Allerdings ohne deren größten Nachteil der hohen Lieferzeiten. Schließlich muss das vom Kunden gewünschte Produkt nicht komplett gefertigt werden.

Durch die vier dargestellten Methoden des Postponement ergeben sich oftmals höhere Produktionskosten als dies bei herkömmlicher Produktion der Fall wäre. Folglich ist im Einzelfall zu prüfen, ob Postponement ein wirtschaftlich sinnvolles Konzept ist, also ob die entstehenden Kosten geringer sind, als die realisierbaren Einsparungen. Im Folgenden werden einige Voraussetzungen aufgezeigt, unter denen Postponement üblicherweise Vorteile bringt.

- Eine offensichtliche Voraussetzung des Postponement ist die Variantenvielfalt des herzustellenden Produkts. Schließlich besteht das Konzept gerade im Hinausschieben der Variantenbildung.

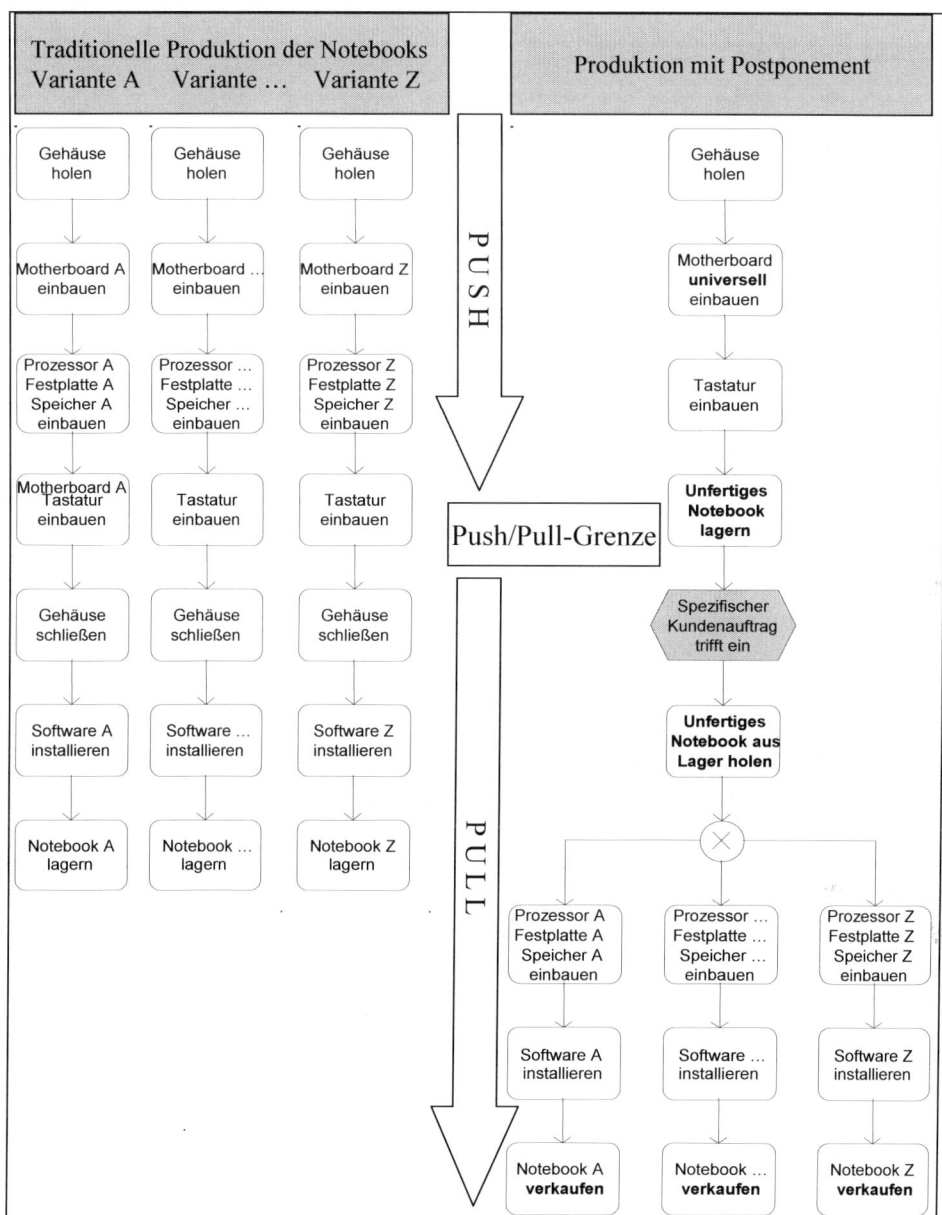

Abb. 8-8: Postponement

- Eine andere grundlegende Bedingung des Postponement ist Unsicherheit über Zusammensetzung und Höhe der Kundennachfrage. Wäre sie dem Unternehmen im Vorhinein genau bekannt, könnte es zeitpunktgenau exakt die Menge der jeweiligen Produktvariante herstellen, die von den Kunden gewünscht wird.
- Weiterhin lohnt sich Postponement nur, wenn bzgl. der Lieferzeit eine gewisse Dringlichkeit besteht. Sind Kunden bereit, so lange zu warten, bis das Produkt komplett für sie hergestellt ist, wird der Zeitspareffekt des Postponement (er ergibt sich aufgrund der bereits verfügbaren Vorprodukte) im Vergleich zum built-to-order-Verfahren nicht benötigt.
- Für Postponement spricht eine negative Korrelation der Nachfrage nach unterschiedlichen Produktvarianten, d.h. wenn die Nachfrage nach einer Produktvariante steigt, sinkt die Nachfrage nach einer anderen Variante. Dadurch gleicht sich die unterschiedliche Nachfrage auf übergeordneter Produktebene bzgl. der bereits vorproduzierten Zwischenprodukte wieder aus. Werden beispielsweise mehr rote Pullover von Benetton verkauft, sinkt die Nachfrage nach andersfarbigen Pullovern der Marke. Da insgesamt jedoch in etwa die gleiche Menge verkauft wird, kommt es bei den ungefärbten Pullovern zu keinen Engpässen.
- Je höher der Wert der Produkte, desto höher sind deren Kapitalbindungskosten. Entsprechend lohnt sich dort eine Bestandsreduzierung – wie sie Postponement ermöglicht – besonders.
- Ein hoher Kundenanpassungsgrad bedeutet eine große Variantenzahl von Produkten, die speziell auf die Bedürfnisse eines Kunden zugeschnitten sind. Sie lassen sich allerdings nur schwer an andere Kunden verkaufen. Ein auf Lager produzierter rosafarbener Porsche wird schwer verkäuflich sein. Verschlechtert sich die Absetzbarkeit eines Produkts durch seine Variantenbildung, sollte sie erst nach der Kundenbestellung erfolgen.

8.2 Kooperationen entwickeln

8.2.1 Chancen und Risiken horizontaler und vertikaler Kooperationsformen

Die bereits geschilderten Megatrends bzgl. Globalisierung, Variantenvielfalt, kürzerer Produktlebenszyklen, gestiegener Entwicklungskosten und erhöhtem Kostendruck stellen größere Anforderungen an Unternehmen. Viele können ihnen nicht mehr alleine begegnen und suchen die Kooperation mit anderen Unternehmen. Üblicherweise geschieht dies entlang der Wertschöpfungskette zwischen Kunden und Lieferanten, was als vertikale Kooperation bezeichnet wird. Viele Nutzendimensionen zwischen Kunden und Lieferanten wurden bereits angesprochen. Konzentration auf Kernkompetenzen, Outsourcing, Single und Modular Sourcing, Vendor Managed Inventory wären ohne vertikale Kooperation genauso wenig umsetzbar wie JIT-Konzepte, Built-to-order-Verfahren und Maßnahmen zur Reduzierung des Peitscheneffekts.

Bei horizontalen Kooperationen arbeiten hingegen Unternehmen der gleichen Wertschöpfungsebene zusammen – also Unternehmen, die eigentlich miteinander konkurrieren.

Im Gegensatz zu einer Fusion oder Übernahme behalten die beteiligten Unternehmen bei einer Kooperation ihre rechtliche Selbständigkeit. Nachteile der Fusionen und Übernahmen wie hoher Kapitalbedarf und Integrationsprobleme fallen bei Kooperationen in viel geringerem Umfang an. Typische Kooperationsformen sind Joint Ventures, virtuelle Unternehmen und strategische Allianzen. Bei Joint Ventures gründen die Kooperationsunternehmen ein neues, rechtlich selbständiges Unternehmen, an dem sie beteiligt sind und dessen Geschäfte sie gemeinsam führen. Virtuelle Unternehmen haben keine eigene Rechtspersönlichkeit. Sie erscheinen nach außen als ein eigenständiges Unternehmen, setzen sich aber aus rechtlich selbständigen Unternehmen zusammen. Der Kunde glaubt also, mit nur einem Unternehmen zusammenzuarbeiten, obwohl die am Auftrag beteiligten unterschiedlichen Unternehmen angehören. In strategische Allianzen bringen in etwa gleichstarke Unternehmen ihre Kompetenzen ein und stimmen sich mit den Partnerunternehmen ab, sodass sie in bestimmten Bereichen ihre wirtschaftliche Selbständigkeit zugunsten der Kooperation aufgeben. Diese Kooperationen bestehen auf freiwilliger Basis und sind prinzipiell aufkündbar. Kooperationen werden eingegangen um wirtschaftliche Ziele besser zu erreichen. Zu diesen Zielen gehören primär Kostensenkungen, aber auch Erschließung neuer Märkte, Reduzierung unternehmerischer Risiken und Beschleunigung der Prozesse.

Horizontale Kooperationen

In der Automobilbranche sinken die Stückzahlen einer Serie aufgrund des Trends zur Variantenvielfalt und zu Nischenfahrzeugen. Dadurch wird es schwieriger, die anfallenden Entwicklungskosten und fixen Produktionskosten (Bau einer Fertigungsstraße) auf die Produkte zu verteilen. Um dennoch Größenvorteile erzielen und die Kosten auf eine ausreichende Anzahl hergestellter Autos verteilen zu können, kooperieren Hersteller in immer mehr Bereichen. Beispielsweise kostet die Entwicklung einer neuen Motorengeneration bis zu 1,5 Mrd. €. Angesichts dieser Dimensionen haben sich viele Hersteller dazu durchgerungen, bei der Entwicklung und Produktion von Motoren zu kooperieren, obwohl dies gerade bei Motoren bis vor kurzem noch undenkbar war. Der Dieselmotor für Jaguar wird von einem Joint Venture von Jaguars Muttergesellschaft Ford und dem französischen Hersteller PSA (Peugeot/Citroën) geliefert. Weiterhin baut PSA gemeinsam mit BMW Benzinmotoren. Möglich wird dies durch die elektronische Feinabstimmung von Motoren, die deren Anpassung des Verhaltens ans jeweilige Markenimage ermöglicht. Der Trend in der Automobilbranche führt zu Kooperationen in allen Bereichen, die der Kunde nicht unmittelbar wahrnimmt. Mittlerweile werden ganze Automobilplattformen in Kooperation entwickelt. So entspringen der VW Touareg und der Porsche Cayenne ebenfalls einer Kooperation. Neben Kostensenkungen ermöglichen Entwicklungskooperationen weiterhin die Beschleunigung der Entwicklung wie auch die Verbesserung der Qualität der Produkte, da die Unternehmen sich mit ihrem spezifischen Know-how ergänzen können.

Kooperationen erleichtern auch den Eintritt in neue Märkte. Vertriebskooperationen sind in der Pharmabranche sehr verbreitet. Um ihre Medikamente im wichtigen amerikanischen Markt absetzen zu können, nutzen europäische Hersteller die Vertriebsstrukturen amerikanischer Partner. So vermarktet das US-Unternehmen Abbott beispielsweise Krebsmedikamente von Boehringer Ingelheim.

Etliche Dienste müssen global angeboten werden, was einzelne Unternehmen vielfach überfordert. Im Mobilfunkbereich kann einzig Vodafone aus eigener Hand seinen Kunden ein fast globales Telefonnetz mit gleichen Zusatzdiensten und ähnlichen Tarifen bieten. Konkurrenten wie T-Mobile versuchten durch Übernahmen mitzuhalten, scheiterten mit dieser Strategie jedoch aufgrund der immensen Finanzierungskosten und Integrationsproblemen. Deshalb kooperiert T-Mobile mit anderen europäischen Anbietern wie Telefónica, Orange und Telecom Italia Mobile. So können diese Hersteller ihren international tätigen Kunden ebenfalls einheitliche Dienstleistungen anbieten, ohne teure finanzielle Beteiligungen eingehen zu müssen.

Eine sehr bekannte Kooperation angesichts globaler Herausforderungen in der Luftfahrt ist die Star Alliance, zu der auch die Lufthansa gehört. Die Flugunternehmen stimmen ihre Meilenprogramme, Flugpläne und Preise aufeinander ab und lassen sich gegenseitig Passagiere zu Flugzielen zukommen, die sie selbst nicht ansteuern. Aus dieser Kooperation haben sich für die Lufthansa Zusatzerlöse von bis zu 250 Mio. € pro Jahr ergeben.

Auch im Bereich der klassischen Transportlogistik entstehen vielfältige Kooperationsformen. Mittelständische Spediteure schließen sich beispielsweise zu Beförderungsnetzwerken zusammen, um so mit großen Anbietern wie der Deutschen Post, UPS und Fedex konkurrieren zu können.

Kooperationen ermöglichen also niedrigere Kosten, bessere Produkte und Dienstleistungen, kürzere Entwicklungszeiten, Zugang zu neuen Märkten und Verteilung von Entwicklungs- und Produktionsrisiken. Dieses Potenzial können allerdings nicht alle Kooperationen ausschöpfen. Mehr als 50% erreichen die in sie gesteckten Ziele nicht, weil zentrale Verhaltensweisen und Voraussetzungen (siehe 8.2.2) nicht gegeben sind.

Kooperationen können insbesondere daran scheitern, dass mögliche Nachteile im Vorhinein nicht erkannt werden. Hierbei ist insbesondere darauf zu achten, dass es zu keiner einseitigen Ausnutzung der Kooperation kommt, sondern alle Beteiligten einen Gewinn aus ihr ziehen. Weiterhin steigt die Abhängigkeit zwischen den Partnern, die Entscheidungszeiten können sich verlängern, da Abstimmungen erforderlich sind. Aufgrund unterschiedlicher Unternehmenskulturen können Kommunikationsprobleme entstehen. Weiterhin ist spezifisches und wertvolles Know-how in das gemeinsame Projekt einzubringen, das dem Konkurrenten nach einem möglichen Scheitern der Kooperation weiterhin zur Verfügung stünde. Natürlich muss bei Kooperationen auch der Gewinn mit dem Partner geteilt werden. Nicht zuletzt kann eine Kooperation scheitern, weil ein beteiligter Partner von einem anderen Unternehmen übernommen wird, das die Kooperation beendet. Diese möglichen Nachteile und Risiken gilt es bei der Entscheidung für eine Kooperation bzw. einen bestimmten Kooperationspartner zu berücksichtigen.

8.2.2 Erfolgsfaktoren einer Kooperation

Damit Kooperationen erfolgreich sind – ihre Vorteile zum Tragen kommen und mögliche Nachteile unterbleiben – gilt es bei deren Ausgestaltung und Pflege eine Vielzahl von Faktoren zu beachten.

Die Wahl des Partners sollte sehr sorgfältig erfolgen, schließlich ist eine Kooperation üblicherweise längerfristig ausgelegt und alle Partner beeinflussen durch ihre Einstellungen, Werte, Ziele und Kompetenzen das Gelingen oder Scheitern der Kooperation.

Wichtig ist, den Zweck bzw. die Ziele einer Kooperation festzulegen. Ein Zielsystem sollte erstellt werden, wie im siebten Kapitel geschildert. Dabei ist u.a. darauf zu achten, dass die Ziele konkret formuliert, nicht zu zahlreich und handlungsrelevant sind. Weiterhin müssen die Ziele der einzelnen Kooperationspartner möglichst harmonisch, wenigstens jedoch nicht konfliktär sein. Legt beispielsweise ein Partner größten Wert auf hohe Lieferfähigkeit (und hohe Sicherheitsbestände), der andere hingegen auf möglichst geringe Kapitalbindung, passen die Ziele nicht zusammen. Wenn der Zielkonflikt nicht aufgelöst werden kann, ist die Kooperation vom Scheitern bedroht.

Der mit Abstand bedeutsamste Erfolgsfaktor einer Kooperation ist Vertrauen. Vertrauen sich die Mitarbeiter der Partnerunternehmen nicht, werden sie nicht bereit sein, sensible Informationen weiterzugeben, sich für die Kooperation zu engagieren und teilweise eigene Interessen zugunsten der Gesamtziele schwächer zu gewichten. Auf einer vertrauensvollen Basis hingegen gewähren sich Partner sogar gegenseitigen Einblick in ihre Geschäftsprozesse, sodass sie sie aufeinander abstimmen können.

Das Gefangenendilemma

Ein bekanntes Beispiel der Spieltheorie verdeutlicht die Bedeutung des Faktors Vertrauen:

Estragon und Vladimir sitzen wegen eines Banküberfalls in Untersuchungshaft in getrennten Zellen und stehen kurz vor einem Einzelverhör durch den Staatsanwalt. Beiden sind folgende Zusammenhänge bekannt:

- Streiten beide den Banküberfall ab, kann ihnen der Staatsanwalt nichts nachweisen. Sie erhalten nur eine dreimonatige Gefängnisstrafe wegen unerlaubten Waffenbesitzes.

- Gestehen beide, müssen sie mit jeweils drei Jahren Haft rechnen.

- Gesteht nur einer und belastet den nicht geständigen Mittäter, erhält er als Zeuge der Anklage Haftverschonung, während der ungeständige fünf Jahre ins Gefängnis muss.

Wie soll sich Estragon verhalten?

Gegenseitiges Vertrauen ist nicht leicht herzustellen und schnell wieder zerstört. Zu achten ist insbesondere auf eine möglichst große Ausgeglichenheit der Partnerschaft. Niemand sollte sich übervorteilt oder unfair behandelt fühlen. In gut funktionierenden Partnerschaften werden lokale Optimierungen nicht vorgenommen, wenn sie auf Kosten der Gesamtperformance gehen. Vielmehr sind Gesamtoptimierungen anzustreben, selbst wenn dies für manche Unternehmen der Partnerschaft nachteilig sein sollte. In solchen Fällen müssen selbstverständlich Ausgleichszahlungen geleistet werden; es sind immer Win-Win-Situationen anzustreben. Generell sollte der gegenseitige Umgang von Fairness geprägt sein.

Persönliches Engagement sowohl der Führungskräfte als auch der anderen Mitarbeiter ist eine weitere Voraussetzung erfolgreicher Partnerschaften. Sollten Mitarbeiter Bedenken gegen kooperatives Verhalten haben, darf dem weder mit Ignoranz noch Druck begegnet werden. Durch Weisungen lässt sich kein vertrauensvolles kooperatives Verhalten erzwingen, da der so ‚motivierte' Mitarbeiter Wege finden wird, kooperativ zu erscheinen ohne es zu sein. Vielmehr sollten Mitarbeiter von den Vorteilen einer Kooperation überzeugt und bzgl. ihrer Kooperationsfähigkeit weitergebildet werden. Schließlich setzt dies neben Kommunikations- auch Teamfähigkeit voraus. Weiterhin müssen die Unternehmen bzw. ihre Mitarbeiter im Rahmen der Kooperation getroffene Vereinbarungen zuverlässig und kompetent einhalten.

Konkrete vertrauensbildende Maßnahmen können regelmäßige gegenseitige Besuche sein. So wird nicht erst dann miteinander gesprochen, wenn größere Probleme entstanden sind, sondern schon bevor sie entstehen. Regelmäßige Kontakte fördern auch die zwischenmenschlichen Beziehungen. Eine andere Möglichkeit, Vertrauen zu bilden, besteht darin den Kunden Einblick in die eigene Kostenrechnung zu geben. Dies praktizieren beispielsweise manche Modullieferanten mit ihren Kunden, was deren Vertrauen in den Partner erhöht. Eine wichtige Voraussetzung hierfür ist selbst wieder Vertrauen.

Die entscheidende Komponente für erfolgreiche Kooperationen sind Menschen und deren Beziehungen zueinander. Entsprechend handelt es sich – im Gegensatz zu den Inhalten des folgenden Abschnitts – um überwiegend ‚weiche' Einfluss- und Erfolgsfaktoren, deren Bedeutung deshalb allerdings keinesfalls vernachlässigt werden darf. Nicht ausdifferenzierte Zielsysteme und juristisch ausgefeilte Verträge entscheiden über den Erfolg von Kooperationen zwischen Unternehmen, sondern deren Mitarbeiter und die Frage, wie gut sie sich verstehen und wie kooperationsbereit und -fähig sie sind.

8.3 Informationstechnologie einsetzen

Der Informationstechnologie (IT) kommt großes Optimierungspotenzial bzgl. logistikrelevanter betrieblicher Abläufe zu. Weiterhin ist sie die Ursache für die Entwicklung der Logistik zum Supply Chain Management mit ihrer unternehmensübergreifenden Orientierung. Die prinzipiell bestehenden Konflikte zwischen den elementaren Zielkategorien Zeit, Kosten und Qualität lassen sich durch den Einsatz von Informationstechnologie abschwächen und in Einzelfällen sogar in harmonische Beziehung zueinander bringen. IT ermöglicht niedrigere Transaktionskosten, kürzere Durchlaufzeiten, höhere Produktverfügbarkeit und besserer Informationsqualität. Da kein Material ohne die zugehörigen Informationen fließen kann, stellt die Gestaltung des Informationsflusses eine zentrale Herausforderung des Logistikmanagements dar.

Einsatzgebiete der Informationstechnik wurden bereits wiederholt angesprochen. Neben dem normalen Einsatz von Standardsoftware, um ABC-Analysen durchzuführen oder komplexe Entscheidungen zu strukturieren, wurden u.a. die Möglichkeiten zur Prozessmodellierung und das internetbasierte Konzept des Vendor Managed Inventory erläutert. In diesem Abschnitt werden beispielhaft weitere Einsatzmöglichkeiten der Informationstechnologie vorgestellt. Aufgrund der raschen Entwicklung in diesem Bereich ist eine permanente Beobachtung des Markts empfehlenswert. Wer neue Technologien zuerst betriebswirtschaftlich sinnvoll einsetzt, kann sich Wettbewerbsvorteile erarbeiten.

Beispiel Radio Frequency Identification (RFID)

So wie vor Jahren die Barcode-Technik unternehmerische Prozesse revolutionierte, deutet sich für die nächsten Jahre eine neue Technik an, die vielfältige Anwendungen ermöglicht. Informationen werden nicht mehr auf Barcodes gespeichert, sondern in winzigen Chips, die auf Produkte aufgeklebt werden. Deren Inhalte können durch Lesegeräte per Funk abgefragt werden, so dass sie nicht einzeln gescannt werden müssen.

Ist ein solches Lesegerät beispielsweise am Ausgang eines Supermarkts aufgestellt, wird Diebstahl deutlich erschwert. Dadurch können Konzepte wie

Vendor Managed Inventory noch besser im Einzelhandel eingesetzt werden. Bisher ist es dadurch erschwert, dass Diebstähle nicht automatisch erfasst sind und folglich keine Nachlieferung erfolgt, obwohl der Meldebestand bereits unterschritten ist. Weiterhin lässt sich der Prozess des Bezahlens beschleunigen: der Kunde fährt mit seinem Einkaufswagen an einem Lesegerät bei der Kasse vorbei und erhält sofort seine Rechnung, ohne die Ware auf ein Band legen zu müssen. In Kombination mit Kreditkarten könnte so evtl. ganz auf Kassierer verzichtet werden.

Bei allen Möglichkeiten der Informationstechnologie sollte jedoch nicht vergessen werden, dass es sich dabei nicht um einen Selbstzweck handelt, sondern ein Mittel ist, betriebswirtschaftliche Ziele zu erreichen. Prinzipiell ist immer die Wirtschaftlichkeit des Technikeinsatzes zu überprüfen – eine Selbstverständlichkeit, die während des Internetbooms Ende der 90er Jahre in den Hintergrund rückte.

8.3.1 Informationstechnologie verbindet Unternehmen

Im Rahmen des unternehmensübergreifenden SCM sind eine Vielzahl von Informationen zu berücksichtigen. Optimale Planungsmöglichkeiten, die niedrige Sicherheitsbestände bei erhöhter Lieferfähigkeit ermöglichen, bestehen für ein Unternehmen erst dann, wenn es u.a. informiert ist über Auslastungsgrade der Lieferanten oder künftige Bedarfe der Kunden. Weiterhin müssten die Auslastung der Vorlieferanten und Nachfrage der Kunden der Kunden frühzeitig bekannt sein. Eine erfolgreiche Zusammenarbeit der Wertschöpfungspartner benötigt sowohl die Bereitschaft, Informationen einander mitzuteilen als auch die Fähigkeit, die Komplexität und Vielzahl der erhaltenen Informationen zu bewältigen. Der IT kommt die Aufgabe zu, Informationen zwischen den Unternehmen auszutauschen und sie dadurch erst zu einer funktionierenden Supply Chain zu integrieren.

Die Bereitschaft zum Informationsaustausch vorausgesetzt, muss die Frage der Informationsbewältigung mithilfe der IT beantwortet werden. Ein grundlegendes

Problem der Informationsweitergabe besteht in der Frage der Verfügbarkeit. Auch wenn seit den 90er Jahren verstärkte Anstrengungen unternommen wurden, alle betriebswirtschaftlich relevanten Informationen in einem einheitlichen ERP-System (Enterprise Ressource Planning) wie R/3 oder Navision Attain zu verarbeiten, ist dieses Ziel noch nicht flächendeckend erreicht. Vielfach herrschen in den Unternehmen noch abteilungsspezifische Insellösungen vor, die optimal an die Bedürfnisse und Prozesse der Abteilung angepasst sind. Den gewohnten Grad an Anwenderfreundlichkeit und Passgenauigkeit für unternehmensspezifische Sonderfälle können standardisierte ERP-Programme kaum bieten – und wenn dann meist nur mit extrem hohem und teurem Anpassungsaufwand. Diese Nachteile der ERP-Systeme wiegen gemeinhin allerdings weit schwächer, als deren entscheidendem Vorteil: der allgemeinen Verfügbarkeit der Informationen in nur einem System. Da prinzipiell das ganze Unternehmen in beispielsweise R/3 abgebildet ist, kann direkt im System mit allen Informationen gearbeitet werden. Die Alternative besteht in vielfachen Medienbrüchen: Mitarbeiter X aus Abteilung Y druckt eine Liste aus Anwendungssystem Z aus, faxt sie an Mitarbeiter A der Abteilung B, der die Liste oder Teile davon in Anwendungssystem C eintippt. Der dabei entstehende Zeitaufwand und die Fehleranfälligkeit sind offensichtlich. In weniger extremen Situationen werden Dateien exportiert, per Mail versendet, konvertiert und ins andere System importiert. Zwar ist dieses Verfahren schneller und weniger fehleranfällig als die eben geschilderte Varianten mit Medienbrüchen (zwischen Computerdateien und Papierlisten), aber ein sofortiger Zugriff auf aktuelle Informationen ist auch hier nicht möglich.

Sind diese Probleme nach einer (meist aufwändigeren als ursprünglich geplanten) erfolgreichen Einführung einer ERP-Software gelöst, stellen sich im Rahmen des SCM weitere Herausforderungen. Wie können planungsrelevante Informationen allen betroffenen Partnern direkt zugänglich gemacht werden? Hier ist das eben geschilderte unternehmensinterne Problem der unmittelbaren Informationsverfügbarkeit auf unternehmensübergreifender Ebene zu lösen, was ungleich schwieriger ist. Dazu benötigen die beteiligten Unternehmen kompatible Informationsarchitekturen, also IT-Systeme, auf deren Informationen (bzw. Teile davon) die IT-Systeme der Partner zugreifen können. Die meisten klassischen ERP-Systeme können die dabei entstehende Komplexität und Datenflut nicht bewältigen. Hierfür werden spezielle Planungs- und Optimierungssoftwaretools (siehe 8.3.3) verwendet, die auf die Daten der ERP-Systeme zugreifen und auf deren Basis deutlich bessere Planungsergebnisse ermitteln, als dies mit isolierten Anwendungssystemen möglich ist. Wichtig ist hierbei, dass Informationen nicht sequentiell, sondern simultan weitergegeben werden bzw. verfügbar sind, da sonst unnötige Verzögerungen und teilweise auch Verfälschungen des Informationsflusses entstehen. Informationen möglichst schnell zu erhalten ist eine grundlegende Voraussetzung für die Einführung des Pull-Prinzips. Die sequentielle Informationsweitergabe war übrigens eine wesentliche Ursache für den Peitscheneffekt des Planspiels im vierten Kapitel.

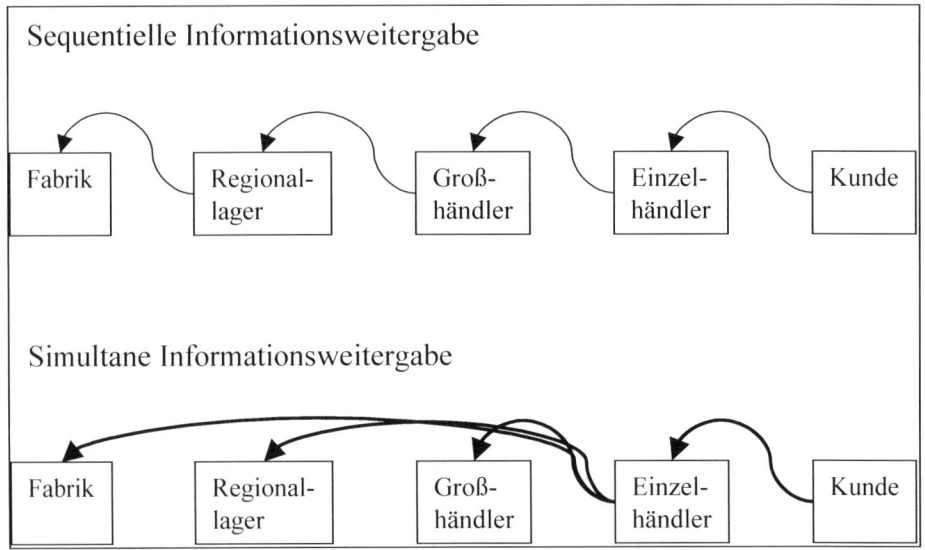

Abb. 8-9: Sequentielle und simultane Informationsweitergabe

Der Trend zur Konzentration auf Kernkompetenzen (siehe 8.1.1) verstärkt die Bedeutung der Informationstechnologie. Unternehmen, die sich auf ihre Kernkompetenzen konzentrieren sourcen viele Aktivitäten aus, womit die Zahl der Partner steigt. Im Ergebnis erhöht sich dadurch die Anzahl der Unternehmen einer Supply Chain. Mit steigender Zahl aufeinander abzustimmender Unternehmen nimmt die Komplexität der Koordination erheblich zu. Sie kann dann kaum noch alleine von Menschen bewältigt, sondern muss durch leistungsfähige IT gelöst werden.

8.3.2 E-Business und Internet

E-Business ist die Abwicklung von Geschäftsprozessen mit Hilfe des Internets. Viele Kernprozesse können mit Hilfe von E-Business optimiert werden.

Die *Produktentwicklung* lässt sich in Großkonzernen mit Hilfe des Internets beschleunigen, indem ein Produkt global entwickelt wird. Die Daten werden für alle Mitarbeiter des Unternehmens (bzw. der an der Entwicklung beteiligten Partnerunternehmen) zugänglich gemacht. So kann aufgrund unterschiedlicher Zeitzonen im Extremfall 24 Stunden täglich an der Entwicklung des Produkts gearbeitet werden.

Bzgl. des *Auftragsgewinnungsprozess*es lässt sich das Internet als zusätzlichen Vertriebsweg nutzen. Durch eine gut gestaltete, mehrsprachige Homepage sind auch kleine Unternehmen ohne hohe Kosten auf dem Weltmarkt präsent. So können neue Kunden gewonnen werden, die auf anderem Wege nie von dem Unternehmen gehört hätten. Weiterhin beschleunigt sich durch das Internet der Kommunikationsprozess mit potenziellen Kunden. Sie können sich sofort auf der Homepage über Produkte, Dienstleistungen, Preise, Geschäftsbedingungen und evtl. sogar über vom Ressourcenauslastungsgrad abhängige Lieferzeiten infor-mieren. Angebote, Bestellungen und Auftragsbestätigungen können schnell und kostengünstige per E-Mail versendet werden. Besonderen Nutzen erhält das Internet, wenn die Homepage direkt mit dem ERP-System des Unternehmens verbunden ist. Erst dann kann dem Kunden automatisch – aufgrund der gespei-cherten Ressourcenauslastung – ein bestimmter Termin zugesagt werden. Wei-terhin kann der Kunde dann seine Bestellungen über ein entsprechendes Formu-lar direkt ins Bestellsystem eingeben, wodurch zeitintensive und fehleranfällige Tipparbeit beim Unternehmen entfällt.

Viele Unternehmen (z. B. Daimler-Chrysler oder Dell) bieten Kunden auf ihrer Homepage die Möglichkeit, ihre Produkte individuell zusammenzustellen, wobei sie sofort deren Aussehen und Preise angezeigt bekommen.

Das Internet eröffnet auch neue Anwendungen des Direktmarketings. Durch Kooperationen mit Anbietern von Suchmaschinen wie Google oder Altavista lässt sich bei passenden Suchbegriffen ein Hinweis auf die Homepage des eige-nen Unternehmens anzeigen. Weiterhin können Kunden Werbemails zugesendet werden, die genau ihrem Interessenprofil entspricht. Allerdings darf hierbei ein gesundes Maß nicht überschritten werden, sonst empfindet der Kunde die Mails nur noch als Belastung.

Beispiel Amazon

Amazon ist der führende Online-Einzelhändler weltweit und im Bereich e-business sehr innovativ. Wer ein Schlagwort in einer Suchmaschine eingibt, erhält zusammen mit den Ergebnissen der Suchanfrage mit großer Wahrscheinlichkeit ein Link zu Amazon. Wer bereits Kunde dieses Unternehmens ist, erhält nicht extrem häufig, aber regelmäßig Werbung per Mail zugesandt, insbesondere für kurzfristige Sonderaktionen. Der Einkauf bei Amazon ist sehr komfortabel. Nachdem ein Buch ausgewählt wurde, erscheinen gleich eine Reihe thematisch verwandter Bücher, die den Kunden interessieren könnten. So steigt die Wahrscheinlichkeit, dem Kunden mehr Bücher zu verkaufen, als er ursprünglich plante. Da sich viele Einstellungen wie Lieferadresse speichern lassen, sind Wiederholungskäufe sehr komfortabel zu tätigen. Ebenfalls Kundenfreundlich ist die unverzügliche Versendung von Mails bzgl. des jeweiligen Auftragsstatus. Kunden erhalten beispielsweise unverzüglich nach ihrer Bestellung eine Auftragsbestätigung und auch eine Information, wann das Paket versendet wurde.

Selbstverständlich können Artikel per Internet zu jedem beliebigen Zeitpunkt geordert werden. Da Kunden, die per Internet bestellen, generell kurze Lieferzeiten erwarten, kommt dieser Größe auch bei Amazon hohe Bedeutung zu. Aufgrund einer ABC-Analyse (siehe 6.1) werden A-Bücher, die sehr stark verkauft werden, permanent auf Lager gehalten, während nur selten nachgefragte Artikel erst beim Verlag bestellt werden. So erreicht Amazon eine kundenfreundliche Lieferzeit bei gleichzeitig niedrigen Bestandskosten.

Bei *Beschaffungsprozessen* (e-procurement) lassen sich Kosten insbesondere durch die schnell erzielbare Markttransparenz und günstige Transaktionen senken. Globale Beschaffungsportale geben einen Überblick, wo ein Produkt zu welchen Preisen angeboten wird.

Günstige Preise lassen sich auch durch im Internet durchgeführte ‚Reverse Auctions' erzielen. Dabei spezifizieren Unternehmen auf einer entsprechenden Seite (einem virtuellen Marktplatz, auf dem Angebot und Nachfrage zusammentreffen) das gesuchte Produkt und benennen einen Startpreis. Interessierte und vor Beginn der Auktion zugelassene Anbieter des Produkts können dann ein Angebot unterhalb des Startpreises abgeben. Dieses Angebot wird auch den Wettbewerbern angezeigt, die dann wiederum ein günstigeres Angebot abgeben können. Gezielte Einladung der potenziellen Lieferanten und eine geschickte Ausgestaltung der Auktionsdetails (Zeitraum, Vorinformationen, genaue Angabe der Produktspezifikationen etc.) vorausgesetzt, lassen sich mit diesen ‚umgekehrten' Auktionen günstige Preise erzielen.

Eine andere Möglichkeit niedrige Einkaufspreise zu erzielen, besteht in der Bündelung der Nachfrage. Mehrere Unternehmen, die den gleichen Bedarf haben, tun sich zusammen (Pooling), um gemeinsam durch eine größere Angebotsmenge und Nachfragemacht bei Lieferanten günstigere Konditionen (z.B. Mengenrabatte) aushandeln zu können. Diese virtuellen Einkaufsgenossenschaften oder leveraged buying networks sind im Gegensatz zu den USA in Deutschland jedoch noch kaum verbreitet.

Ein besonders interessantes Mittel zur Verbesserung der Beschaffungsprozesse sind elektronische Kataloge. Insbesondere bei der Vielzahl der C-Güter, die vom Einkaufsvolumen kaum interessant sind, sind die Kosten des Beschaffungsprozesses oft höher, als deren Kaufpreis. Der in vielen Unternehmen noch angewendete Beschaffungsprozess verläuft vereinfacht dargestellt in etwa wie folgt: ein Mitarbeiter füllt ein Bedarfsformular aus Papier aus und schickt es per Werkspost in die Beschaffungsabteilung. Dort wird sie geprüft, möglicherweise sind Rückfragen nötig, und letztlich bestellt, per Fax, Post oder Telefon. Später kommt die Ware an, sie wird geprüft und dem Bedarfsträger überbracht. Weiterhin wird die Rechnung geprüft und beglichen. Die reine Bearbeitungszeit liegt im Schnitt bei 150 Minuten, die Durchlaufzeit der Bestellung beträgt aufgrund der Medienbrüche und des Postwegs mehrere Tage. Mit Hilfe von elektronischen Katalogen lassen sich sowohl Kosten als auch Lieferzeiten erheblich senken. Eine Lösung kann wie folgt gestaltet werden: innerhalb des Intranets haben Mitarbeiter Zugriff auf einen firmeninternen Online-Shop, das insbesondere die C-Artikel auflistet. Die Mitarbeiter geben ihre Bestellung direkt in das System ein, wobei sich Filter derart generieren lassen, dass bestimmte Benutzergruppen nur Zugriff auf eine eingeschränkte Auswahl von Artikeln erhalten. Weiterhin lassen sich jedem Benutzer Wertgrenzen zuordnen, unterhalb derer keine Genehmigung der Bestellung nötig ist. Nach der Eingabe der Bestellung erfolgt automatisch die Auftragsvergabe beim Lieferanten. Aktualisiert werden die Kataloginhalte nicht von den Beschaffungsmitarbeitern, sondern von den jeweiligen Lieferanten.

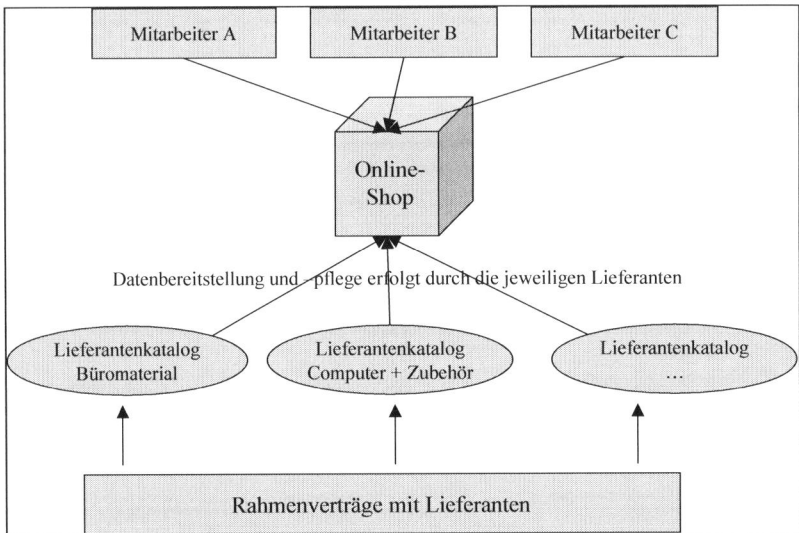

Abb. 8-10: Elektronische Kataloge

Durch elektronische Kataloge wandelt sich das Aufgabengebiet der Beschaffungsmitarbeiter. Statt ihre Zeit mit der Ausführung einzelner Aufträge zu verbringen, können sie sich um die Erweiterung des Produktangebots, um die Aushandlung von Rahmenverträgen und besserer Konditionen bemühen. So bleiben außerdem genug Kapazitäten frei, die für die Beschaffung der A-Güter verwendet werden können.

Distributionsprozesse können durch das Internet beispielsweise durch neue Dienstleistungen wie Track & Trace ergänzt werden. Dabei kann der Kunde zu jedem Zeitpunkt im Internet sehen, wo seine Ware gerade ist.

Darüber hinaus ist eine Vielzahl weiterer Geschäftsmodelle denkbar, die durch das Kommunikationsmedium Internet umgesetzt werden können. Ein interessantes Prinzip ist *Books-on-Demand*. Traditionell werden Bücher in bestimmten

Auflagen gedruckt, deren Höhe von der prognostizierten Nachfrage abhängt. Während dies bei gutgehenden A-Büchern unproblematisch ist, ergeben sich bei C-Büchern Schwierigkeiten. Zwar kann die Auflage mit evtl. 1.000 Stück recht niedrig angesetzt werden, doch dauert es möglicherweise Jahre, bis sie verkauft werden. Solange binden sie Kapital und Lagerplatz. Die Alternative besteht in der konsequenten Umsetzung des Pull-Prinzips: ein Buch wird erst nach Eingang einer Bestellung gedruckt. Dies kann entweder beim Verlag geschehen, was mittels moderner Drucktechnologie mittlerweile wirtschaftlich umsetzbar ist, oder auch erst beim Kunden. Dazu brauchen die Informationen nur per Mail an Kunden versendet werden, der sie dann selbst ausdruckt. Dem Unternehmen entstehen dabei weder Herstellungs- und Materialkosten und auch die Prozesskosten für die Auftragsbearbeitung lassen sich minimieren, wenn die elektronische Bestellung des Kunden direkt an das ERP-System des Lieferanten angeschlossen ist. Das gleiche Verfahren etabliert sich zunehmend beim Verkauf von Software: sie wird nicht mehr in Geschäften gekauft, sondern vom Anbieter heruntergeladen und mittels Lizenznummern freigeschaltet, die nach Erhalt des Rechnungsbetrags automatisch versendet werden.

Auch der Bankensektor wurde durch das Internet nachhaltig verändert – sehr viele Aktivitäten lassen sich direkt am Rechner erledigen, sodass Besuche in Bankfilialen nur noch bei beratungsintensiven Produkten nötig sind. Die Kunden brauchen durch das Internet-Banking nicht mehr in die Filiale zu fahren und lange auf freie Mitarbeiter zu warten. Weiterhin können Transaktionen ohne zeitliche Einschränkungen wie Öffnungszeiten vorgenommen werden. Mittlerweile sind kostenlose Zusatzdienste wie die übersichtliche Verwaltung und Darstellung von Aktiendepots selbstverständlich. Kunden brauchen nicht lange veraltete Kurse in Zeitungen zu suchen, sondern erhalten die aktuellen Werte ihrer Aktien unverzüglich angezeigt. Für Banken ergibt das Homebanking großes Rationalisierungspotenzial. Da die Kunden ihre Transaktionen (beispielsweise Überweisungen oder Aktienorders) selbst in die Datenbank eingeben, werden dafür keine Mitarbeiter mehr benötigt. Online-Aktivitäten können so zu einem sehr großen Grad automatisiert werden. Da weniger Kunden in Filialen kommen müssen, lässt sich durch intensive Nutzung des Online-Bankings auch das teure Filialnetz reduzieren. Etliche Banken verzichten komplett auf Filialen und beschränken sich auf Tätigkeit als reine Direktbanken ohne persönlichen Kundenbezug. Selbstverständlich kann diese extreme Form nicht für alle Bankinstitute vorbildlich sein, weil dies nur für bestimmte Zielgruppen und beratungsarme Produkte möglich ist.

8.3.3 Planungs- und Simulationssoftware

Wie bereits herausgearbeitet wurde, kann der Zielkonflikt zwischen niedrigen Lagerbeständen und hoher Lieferfähigkeit abgemildert bzw. gelöst werden, indem die Partner der Supply Chain Informationen über Auftragsbestand, Warenbestände, Kapazitäten etc. untereinander simultan austauschen. Der Nutzen dieses Informationsaustauschs wurde im Planspiel des vierten Kapitels verdeutlicht. Dort allerdings war die Anzahl der Informationen recht gering und überschaubar, da die Supply Chain neben dem Endkunden nur aus drei weiteren Unternehmen bestand. Vielfach sind Supply Chains bzw. Wertschöpfungsnetze wesentlich komplexer und die Anzahl der planungsrelevanten Informationen für einzelne Menschen kaum überschaubar. An dieser Stelle können komplexe Entscheidungen durch sogenannte Advanced Planning Systems (APS) unterstützt werden, die u.a. von SAP oder i2 technologies erhältlich sind. Klassische ERP-Systeme legen ihren Schwerpunkt auf die Ausführungsunterstützung statt auf Entscheidungsunterstützung. Mit ERP-Software werden interne Material- und Warenflüsse eines Unternehmens von der Ermittlung des Materialbedarfs und dessen Beschaffung über die Herstellung bis zur Distribution abgebildet, geplant und kontrolliert. ERP-Programme sind hauptsächlich auf einzelne Unternehmen bezogen und bieten kaum Funktionalitäten wie engpassorientierte Planung. APS-Software hingegen ist verstärkt unternehmensübergreifend ausgerichtet. Dort werden komplexe logistische Strukturen und Prozesse einer Supply Chain abgebildet. Auf dieser Basis sind simultane Planungen realisierbar, die u.a. schnellere Reaktionen und optimierte Bestände und Kapazitäten ermöglichen. APS dienen der Entscheidungsunterstützung u.a. indem sie Engpässe aufzeigen, auf die sich die Unternehmen besonders konzentrieren sollten.

ERP und APS schließen sich dabei jedoch nicht aus, vielmehr verwenden APS Daten, die ERP-Systeme verwalten. Funktionierende ERP-Anwendungen bei allen beteiligten Unternehmen sind somit die Voraussetzung für funktionierende Advanced Planning Systems.

Beispiel Daimler

Folgende Erfahrung motivierte Daimler, damals noch DaimlerChrysler, seine Supply Chain in einem APS abzubilden: nach der Modellpflege der C-Klasse im Jahr 1997 ergab sich eine höhere Nachfrage als ursprünglich geplant. Der System- bzw. Modullieferant der Türinnenverkleidung hatte deswegen Lieferschwierigkeiten, woraus sich lange Wartezeiten für die Kunden ergaben. Ursache dieses Problems war jedoch nicht der Systemlieferant selbst, sondern ein Unterlieferant. Dieser hatte schon bei der alten Nachfrage im Dreischichtbetrieb an 7 Tagen der Woche gearbeitet. So konnte er die erhöhte Nachfrage nicht durch Ausweitung der Arbeitszeit befriedigen. Dazu musste erst eine weitere Anlage in Betrieb genommen werden, was mehrere Wochen in Anspruch nahm.

In diesem Fall wurde das Problem eines Engpasses erst erkannt, als es auftrat und folglich zu spät behoben. Daimler lernte aus diesen Schwierigkeiten und startete eine Initiative, um mögliche Engpässe schon im Vorhinein erkennen und frühzeitig lösen zu können. Dazu wurde die Planungsperspektive über die direkten Lieferanten auf sämtliche Vorlieferanten ausgeweitet.

Nachdem die Struktur der Supply Chain für Türinnenverkleidungen ermittelt wurde, waren Bedarfe, Bestände und Kapazitäten von allen beteiligten Unternehmen in ein APS einzugeben. So können kritische Pfade erkannt und Probleme behoben werden, noch bevor es zu Lieferengpässen kommt. Weiterhin lassen sich Bestände senken, da alle Partner Zugriff auf die Informationen haben und das operative Geschäft besser planen können.

Vgl. Graf, Hartmut; Putzlocher, Stefan: DamlerChrysler: Integrierte Beschaffungsnetzwerke. S. 47 – 61 in: Corsten, Daniel; Gabriel, Christoph: Supply Chain Management erfolgreich umsetzen. Grundlagen, Realisierung und Fallstudien. Berlin 2002

Neben diesem Anwendungsgebiet können Planungs- und Simulationstools für vielfältige logistische Optimierungsfragen eingesetzt werden. Zunehmender Beliebtheit erfreuen sich Programme zur Tourenplanung, ein Vorgang der hochkomplex ist. Schließlich sollen vorgegebene Lieferungen zu bestimmten Zeit-punkten an ihrem Zielort ankommen. Dabei sollen die Leerfahrten und Wegstre-cken möglichst gering sein. Gleichzeitig muss kurzfristig auf Staus, Verzögerun-gen und Bestelländerungen reagiert werden können. Die Kombination all dieser Parameter kann von Menschen nur schwer und mühsam bewältigt werden. Mit-hilfe geschickt programmierter Software können solche Prozesse unterstützt und beschleunigt werden.

Das Spektrum der Fragen und Aufgaben, die sich mit Planungs- und Simulati-onssoftware lösen lassen, ist äußerst breit und reicht vom operativen bis zum strategischen Bereich. Neben der Tourenplanung ist eine typische operative Anwendung der Simulation die Ermittlung der optimalen Reihenfolge und Grö-ßen von Losen in der Produktion. Im strategischen Bereich kann die Simulation bei der optimalen Gestaltung von Supply Chains genauso zum Einsatz kommen, wie bei der Suche nach geeigneten Standorten für Fabriken oder Distributionsla-ger. Weiterhin können unterschiedliche Szenarien getestet werden: wie wirken sich neue Geschäftsmodelle aus? Wie verändern sich Kennziffern wie Lieferzeit, Liefertreue und durchschnittlicher Lagerbestand bei Umstellung der Distribution von LKW zu Flugzeug?

Solche Fragestellungen sind vielfach zu komplex, um detailliert im Vorhinein durchdacht werden zu können und gleichzeitig zu wichtig, um sie einfach nach Gefühl zu beantworten. In solchen Situationen bietet sich folgendes Vorgehen an: Zuerst wird das Problem modelliert (beispielsweise mit einer Software wie *Insight Maker*, siehe Anhang A) und das Modell daraufhin überprüft, ob es die Wirklichkeit richtig abbildet. Anschließend können mit dem Modell verschiede-ne Simulationen durchgeführt werden, bis eine gute Variante gefunden ist. Diese Variante kann dann implementiert d.h. in der Realität umgesetzt werden.

8.4   Den Wandel managen und Mitarbeiter entwickeln

Im zweiten Kapitel wurden einige Trends dargestellt, die die unternehmerische Umwelt beeinflussen. Globalisierung, steigende Kundenanforderungen, kürzere Produktlebenszyklen und eine rasche technologische Entwicklung wirken sich auf Unternehmen aus, die sich den veränderten Rahmenbedingungen anpassen müssen. Sie sollten ihre Prozesse effizienter und effektiver gestalten, um den Anforderungen nach niedrigeren Kosten, höherer Geschwindigkeit und besserer Qualität gerecht werden zu können. Eine Auswahl an Methoden, Konzepten und Technologien zur Optimierung der Prozesse und Strukturen wurde in den späteren Kapiteln vorgestellt. Der angestrebte Wandel muss allerdings auch initiiert, umgesetzt und von den Mitarbeitern getragen werden, wobei sich etliche Herausforderungen ergeben. Weiterhin stellen sich aufgrund der neuen Anforderungen andere und meist höhere Ansprüche an die Qualifikation der Mitarbeiter. In diesem letzten Abschnitt des Buchs soll untersucht werden, welche Probleme sich beim geplanten Unternehmenswandel oft ergeben, wie mit ihnen umgegangen werden kann und welche Rolle den Mitarbeitern und deren Qualifikationsprofil dabei zukommt.

Eine zentrale Aufgabe des Change Managements besteht darin, die Mitarbeiter von der Notwendigkeit der Neuerung zu überzeugen und sie dafür zu gewinnen, sonst besteht die Gefahr, dass die Verbesserungsmaßnahmen von ihnen boykottiert werden.

Beispiel Großbäckerei

Die Herstellung von Brot bei einer Großbäckerei war arbeitsintensiv und erforderte spezielles Produktions-Know-how der Mitarbeiter. Mittels einer Spezialmaschine konnte der gleiche Arbeitsgang hochautomatisiert abgewickelt werden, wodurch er schneller und kostengünstiger verlief, das Wissen der qualifizierten Mitarbeiter allerdings nicht mehr in gleichem Umfang benötigt wurde. Das Management war nach Inbetriebnahme der Maschine über deren schlechte Produktqualität erstaunt, da sie beim Probelauf gute Resultate erzielte. Eine genauere Analyse des Produktionsprozesses ergab, dass die Mitarbeiter den Erfolg der Maschine und des Produktionsprozesses durch „Dienst nach Vorschrift" und „versehentliche" Fehlbedienungen verhinderten. Daraufhin wurde die an sich sehr einfache Maschine um etliche Hebel und Regler erweitert, die zwar betätigt werden konnten, jedoch keinerlei Einfluss auf den Produktionsprozess der Maschine hatten, da sie die meisten Steuerungsmechanismen selbst tätigen konnte. Obwohl also durch die Erwei-

---

terungen der Maschine deren Tätigkeit nicht verändert wurde, verbesserte sich die Produktqualität schlagartig: die Mitarbeiter fühlten sich wieder geschätzt und gebraucht – sie konnten Knöpfe drücken – und unterließen daraufhin ihre Sabotage. Zwar macht dieses Beispiel eine zentrale Ursache von Problemen bei der Gestaltung des Wandels deutlich, ob die getroffene Maßnahme hingegen langfristigen Erfolg verspricht, ist fraglich. Schließlich werden die Produktionsmitarbeiter nicht sonderlich erfreut sein, wenn sie die wahre Lösung des Problems erkennen sollten.

Organisatorische oder technische Veränderungen führen zu einem Verlust an Stabilität. Die Einführung von etwas Unbekanntem führt bei vielen Menschen zu Unsicherheit und teilweise zu Angst. Veränderungen werden so vielfach als Bedrohung gesehen. Wenn auch nicht immer der Zielzustand abgelehnt wird, so ist doch oftmals der Weg dorthin eine Quelle der Unsicherheit, weil auf liebgewonnene Gewohnheiten verzichtet werden muss. Zwar variiert die Bereitschaft zum Wandel von Person zu Person, doch sind die meisten Menschen in schwächerem oder stärkerem Maße Veränderungen gegenüber skeptisch eingestellt. Widerstände gegen Wandel gehen mit typischen verbalen Äußerungen der Betroffenen einher: ‚bei uns funktioniert das nicht', ‚zu teuer', ‚dafür haben wir keine Zeit', ‚wir haben das noch nie so gemacht', ‚wir haben es schon immer so gemacht', ‚warum sollten wir etwas ändern, es funktioniert auch so', ‚es ist unmöglich', ‚Sie haben recht, aber…', ‚Wir müssen erst einen Ausschuss bilden', ‚Wir haben die Sache an einen Spezialisten delegiert'.
Vielfach werden Widerstände jedoch nicht offen formuliert, sondern auf subtilere Weise zum Ausdruck gebracht, was ein Erkennen von Hemmnissen gegen den Wandel erschwert. Die Arbeit läuft viel zäher und wird nur noch lustlos und schleppend erledigt, das Betriebsklima leidet, nebensächliche Fragen werden endlos diskutiert, es gibt absichtliche Fehlleistungen, die den Nutzen der Neuerungen in Frage stellen sollen. Weiterhin steigen vielfach der Krankenstand und die Fluktuation.
Die Probleme lassen sich jedoch nicht lösen, indem primär an diesen Symptomen kuriert wird. Vielmehr sind die Ursachen der Widerstände zu erkennen und zu beheben.

Ironischerweise kann großer Erfolg in der Vergangenheit eine starke Barriere gegen Wandel sein. Da die bisherigen Konzepte gut funktionierten und man sich an sie gewöhnt hat bzw. sie beherrscht, wird gerne an ihnen festgehalten, auch wenn diese Standardlösungen nicht mehr den neuen Rahmenbedingungen entsprechen. Ein Blick in die Wirtschaftsgeschichte zeigt zahlreiche Beispiele von Unternehmen, die einst erfolgreich waren, dann aber ihre Handlungen nicht anpassten, als sich die Rahmenbedingungen änderten und dadurch in schwere, teilweise existenzielle Krisen gerieten. Ende der 70er Jahre stand Chrysler kurz vor dem Konkurs, weil das Unternehmen trotz gestiegener Benzinkosten in Folge der Ölkrise von 1973 seine Produktpalette nicht anpasste. So produzierte es nach wie vor große Autos mit hohem Benzinverbrauch, während viele Konkurrenten sparsamere Modelle anboten. Auch IBM hatte in den 80er Jahren große wirtschaftliche Schwierigkeiten, da es sich zulange auf seinen Erfolgen im Großrechnerbereich ausruhte und den Trend zu PCs fast verkannte.

Eine wichtige Ursache des Widerstands gegen Wandel besteht in Konflikten zwischen Zielen der Organisation bzw. derjenigen, die den Wandel forcieren und den Zielen der Mitarbeiter, die von den Maßnahmen betroffen sind. Ergibt sich aufgrund einer Restrukturierung der Aufbauorganisation eine verringerte Anzahl von Führungskräften der mittleren Ebene (z.B. bei Lean Management Konzepten), so ist mit Widerstand aus dieser Gruppe zu rechnen, da einige um ihre Position fürchten. Typische Vorbehalte gegen Effizienzsteigerungen liegen in der Angst um den eigenen Arbeitsplatz begründet, schließlich möchte sich niemand selbst wegrationalisieren.

Vielfach werden die angestrebten Veränderungen nicht klar kommuniziert. So erhalten die Mitarbeiter kaum Informationen über den angestrebten Wandel, oder sie kommen zur falschen Zeit, unvollständig oder verfälscht an und werden evtl. als unglaubwürdig eingestuft. Dann verstehen Mitarbeiter gar nicht, warum Veränderungen überhaupt notwendig sind bzw. sie sind von der Vorgehensweise zur Problemlösung nicht überzeugt. Deshalb ist auch wichtig, dass Mitarbeiter den durchführenden Führungskräften des Veränderungsprojekts vertrauen. Sagt die Geschäftsleitung den Mitarbeitern zu, dass aufgrund von Effizienzsteigerungen keine Arbeitsplätze gestrichen, sondern neue, lukrative Tätigkeitsfelder eröffnet werden sollen, lassen sich dadurch nur dann Widerstände abbauen, wenn die Betroffenen der Geschäftsführung auch vertrauen und ihren Worten Glauben schenken.

Eine andere Ursache des Widerstands von Mitarbeitern gegen Veränderungs-maßnahmen besteht in deren fehlenden Beteiligung an den Maßnahmen. Wer keinen Einfluss ausüben kann, fühlt sich ausgegrenzt und steht den Wandelungen prinzipiell skeptisch gegenüber. Ein Scheitern von Veränderungsprojekten wird dann weniger als eigenes Versagen interpretiert, schließlich war man nicht in sie integriert und damit auch nicht verantwortlich. Vielmehr mag ein misslungenes Veränderungsprojekt bei nicht beteiligten Mitarbeitern eine gewisse Genugtuung auslösen: „Ich hab ja gleich gesagt, dass es so nicht geht, aber auf mich wollte ja keiner hören."

Nicht zu unterschätzen ist auch die Mehrbelastung der Mitarbeiter während eines Change-Projektes. Vielfach muss die normale Arbeit des Tagesgeschäfts in gleichem Umfang weitergeführt werden. Entsprechend läuft eine Mitarbeit bei Veränderungsmaßnahmen nur nebenher mit und wird ggf. als zusätzliche Belas-tung empfunden und deshalb versucht, möglichst wenig Zeit zu investieren.

Aus diesen Ursachen der Widerstände gegen Veränderungen lassen sich direkt Maßnahmen zu ihrer Überwindung ableiten. Probleme und Maßnahmen zu deren Lösung sollten offen und klar kommuniziert werden. Dabei ist u.a. zu erwähnen, wer durch den Wandel in welcher Weise betroffen ist. Letztlich fragt sich jeder Mitarbeiter bei Veränderungen warum etwas verändert wird, ob er die neuen Aufgaben bewältigen kann und welchen Nutzen sie für ihn persönlich haben. Diese Fragen sollten im Rahmen einer erfolgreichen Kommunikation für die Mitarbeiter positiv beantwortet werden. Wer versteht, warum etwas geändert wird, davon überzeugt ist, dass er die veränderte Situation wird bewältigen können und sich auch persönliche Vorteile für ihn ergeben, wird gemeinhin Veränderungsprojekte unterstützen. Vertrauen ist eine wichtige Voraussetzung für erfolgreiche Kommunikation, die Mitarbeiter müssen den Aussagen der Veränderer auch Glauben schenken. Damit sie die künftigen Herausforderungen bewältigen können, ist es notwendig, dass sie ausreichend qualifiziert werden, beispielsweise auf Seminaren. Mit steigender Qualifikation sinkt generell die Angst vor Veränderungen, da sich neue Situationen auf Basis erhöhter Kompe-tenzen und gestiegenen Selbstvertrauens souveräner bewältigen lassen. Falls sich für einzelne Betroffenengruppen durch Veränderungen negative Auswirkungen ergeben, sollten sie dagegen geschützt werden, beispielsweise durch die Zusage, dass keine Entlassungen erfolgen. Werden die vom Wandel Betroffenen aktiv an ihm beteiligt, steigt die Akzeptanz weiter. Sie fühlen sich für das Gelingen verantwortlich und können durch ihre Beteiligung ihre Interessen ausreichend vertreten. Zusätzlich lässt sich der Wandel fördern, indem in Change-Projekten gemachte Fehler nicht bestraft werden, sodass sich eine gewisse Experimentierfreude einstellt. Des Weiteren sollte über Anreizsysteme nachgedacht werden, die Mitarbeiter belohnen, die zur Durchsetzung positiver Veränderungen beitragen.

Ein verbreiteter Ansatz zur Durchführung von Verbesserungsprojekten wurde von Kurt Lewin in drei prägnante Phasen eingeteilt: „unfreeze, change, refreeze". In der ersten Phase müssen die Mitarbeiter auf den Wandel vorbereitet werden. Ihnen ist zu verdeutlichen, warum die alten Abläufe verändert werden müssen. Sie haben ihre bisherigen Verhaltensweisen kritisch zu hinterfragen. Dies gelingt insbesondere durch Verunsicherung: ihnen muss klarwerden, dass das bisherige Verhalten suboptimal ist. Eine Möglichkeit des ‚Auftauens' fester Abläufe, Denkweisen und Strukturen ist das Benchmarking. Wissen Mitarbeiter von anderen Unternehmen, die gleiche Tätigkeiten besser verrichten, fördert dies gemeinhin die Bereitschaft zum Wandel. Mit diesen veränderungsbereiten Mitarbeitern lässt sich der Wandel dann umsetzen („Change-Phase"). Abschließend ist der neue Zustand ‚einzufrieren'. Die erzielte Änderung ist zu stabilisieren, sodass aufgrund der ‚Macht der Gewohnheit' sich nicht wieder der ursprüngliche Zustand ergibt. Dem kann entgegengewirkt werden, indem der Erfolg der Veränderungen allen Beteiligten deutlich gemacht wird. ‚Refreeze' bedeutet nicht, den neuen Zustand gegen weitere Veränderungen abzuschotten, sondern einen stabilen Zustand zu schaffen, auf dessen Basis weitere Verbesserungen greifen können.

Ergänzend zu dem bisher Gesagten lassen sich weitere Faktoren erfolgreichen Change-Managements ausmachen. So bedarf es einer klaren Vision und konkreter Zielvorgaben, die möglichst messbar sein sollten. Förderlich ist eine breite Beteiligung der Mitarbeiter, ebenso wie die eindeutige Unterstützung durch das Top-Management.

Neben ‚harten' Faktoren wie Strategie, Organisation und Technologie – also den eigentlichen Gegenständen von Optimierungen – sind für einen nachhaltigen

Veränderungserfolg die ‚weichen' Faktoren zu berücksichtigen, die die Veränderungen tragen. Dazu gehört, wie im Zusammenhang mit Kaizen bereits angesprochen, eine Unternehmenskultur, die Wandel begrüßt, und veränderungs*bereite* und veränderungs*fähige* Mitarbeiter.

Erfolgreiche Mitarbeiter akzeptieren den ständigen Wandel in ihrem privaten und beruflichen Umfeld als Tatsache und leiten daraus die Notwendigkeit des lebenslangen Lernens ab. Qualifikation ist die zentrale Grundlage ihrer beruflichen Selbstsicherheit. Sie sehen ihren Arbeitsplatz nicht primär durch Gesetze zum Kündigungsschutz gesichert, sondern durch ihren Beitrag für den Erfolg des Unternehmens. Dabei wissen sie um die Vergänglichkeit ihrer Qualifikation: heute erworbenes Wissen kann möglicherweise morgen schon nicht mehr aktuell sein. Neben schnell veraltendem Fachwissen eignen sie sich längerfristig wertvolle Kompetenzen an. Außer einem vertieften IT-Verständnis entwickeln sie ihre Kommunikationsfähigkeit und die Bereitschaft, in Teams zu arbeiten. Dazu gehört auch, Vertrauen auszustrahlen und anderen zu vertrauen, was eine gewisse Wertorientierung unabdingbar macht. Für Mitarbeiter der Logistik wird die Fähigkeit zum vernetzten Denken immer wichtiger, genauso wie die Abkehr von der Funktionsorientierung zur Prozess- und Kundenorientierung. Dadurch werden Aufgabengebiete breiter, komplexer und anspruchsvoller und sind mit mehr Verantwortung versehen. Aber derart qualifizierte Mitarbeiter sehen sich durch Veränderungen weniger bedroht, sie werden nicht von ihnen getrieben, sondern sie treiben sie selbst voran und gestalten sie kompetent mit, woraus sich für sie Chancen der Weiterentwicklung ergeben.

8.5 Fragen, Denkanregungen und Zusammenfassung

Verständnisfragen

1. Erklären Sie die Begriffe Reaktionsfähigkeit, Agilität und Schlankheit.

2. Warum konzentrieren sich Unternehmen vielfach auf ihre Kernkompetenzen und sourcen Randbereiche aus?

3. Erklären Sie Vor- und Nachteile des Outsourcings.

4. Die Rentag GmbH benötigt ca. 800 Spezialbremsen pro Jahr. Bei eigener Fertigung würden Fixkosten von 20.000€ jährlich entstehen und variable Kosten von 30€. Ein Lieferant würde die Bremse zu einem Stückpreis von 50€ anbieten.

   a) Ist Eigenfertigung oder Fremdbezug kostengünstiger?

   b) Welche Aspekte sollten ggf. zusätzlich zu den Kosten berücksichtigt werden?

5. Erklären sie die verschiedenen Sourcing-Strategien: Single, Modular und Global Sourcing. Welche Chancen und Risiken ergeben sich aus den einzelnen Konzepten?

6. Welche Vor- und Nachteile gehen mit der Push-Fertigung einher?

7. Was spricht für eine nachfragesynchrone Fertigung? Welche Herausforderungen gehen mit der Umsetzung des Pull-Prinzips einher?

8. Erläutern Sie den Zusammenhang zwischen Höhe der Sicherheitsbestände und Prozessqualität.

9. Erklären Sie den Zielkonflikt, der mit der Formel zur optimalen Bestellmenge gelöst werden soll. Unter welchen Voraussetzungen ist diese Formel anwendbar?

10. Die Rentag GmbH entscheidet sich für den Kauf der jährlich 800 Spezial-bremsen zum Preis von 50€ (siehe Aufgabe 4). Pro Bestellung fallen zusätz-lich Kosten in Höhe von 50€ an. Ermitteln Sie die optimale Bestellmenge, wenn von einem Lagerhaltungskostensatz von 15% ausgegangen wird.

11. Postponement ist ein innovativer Ansatz zur nachfragesynchronen Fertigung bei hoher Variantenzahl der Produkte.

a) Was ist unter Postponement zu verstehen?

b) Wodurch unterscheidet sich Postponement von der built-to-order-Produktion?

c) Welche Ziele werden mit Postponement verfolgt?

d) Worauf ist bei der Umsetzung des Postponement-Konzepts zu achten?

e) Was ist unter Push/Pull-Grenze zu verstehen.

f) Welche Rahmenbedingungen begünstigen den wirtschaftlich sinnvollen Einsatz des Postponement?

12. Wodurch unterscheiden sich horizontale von vertikalen Kooperationen?

13. Erklären Sie die Begriffe Joint Venture, virtuelles Unternehmen und strategi-sche Allianz.

14. Welche Vorteile haben Kooperationen gegenüber Übernahmen und Fusio-nen? Gibt es auch Nachteile?

15. Welche Ziele werden mit Kooperationen verfolgt?

16. Erklären Sie, wie Kooperationen erfolgreich ausgestaltet werden können.

17. In welchem Zusammenhang steht das geschilderte Gefangenendilemma zum Thema ‚Kooperation'?

18. Welche Vorteile bieten ERP-Systeme gegenüber abteilungsspezifisch ange-passten Softwarelösungen?

19. Change-Projekte scheitern oft am Widerstand der betroffenen Mitarbeiter.
a) Schildern Sie unterschiedliche Formen des Widerstands gegen Wandel.
b) Welche Ursachen haben diese Widerstände?
c) Mit welchen Maßnahmen kann Widerständen begegnet werden?

20. Erläutern Sie Lewins Phasenkonzept des Wandels.

21. Warum ist lebenslanges Lernen für Mitarbeiter der Logistik besonders wichtig?

Diskussionsanregungen

1. Wie ist Ihr Unternehmen von den Trends zur Konzentration auf Kernkompetenzen und zum Outsourcing betroffen? Wie betreffen diese Entwicklungen Sie persönlich?

2. Welche Sourcing-Stratgien verfolgt Ihr Unternehmen? Aufgrund welcher Überlegungen?

3. In welchen Bereichen kann das Konzept des Vendor Managed Inventory eingesetzt werden? Was sind jeweilige Voraussetzungen für den erfolgreichen Einsatz?

4. Dominiert in Ihrem Unternehmen die Push- oder die Pull-Fertigungsweise? Welche Vorteile verspricht man sich davon?

5. Untersuchen Sie, ob das Konzept des Postponement in Ihrem Unternehmen sinnvoll ist und wie es umgesetzt werden könnte.

6. Welche Erfahrungen hat Ihr Unternehmen mit Kooperationen gemacht? Geben Sie Beispiele für erfolgreiche und gescheiterte Kooperationen und analysieren sie die Ursachen des Erfolgs bzw. Misserfolgs.

7. Vertrauen ist eine elementare Voraussetzung erfolgreicher Kooperationen. Wie lässt es sich aufbauen?

8. Schildern Sie die Erfahrungen Ihres Unternehmens bei der Einführung und Anwendung eines ERP-Systems.

9. Wie nutzen Sie das Internet zur Verbesserung ihrer Geschäftsprozesse? In welchen zusätzlichen Bereichen könnten Sie das Internet sinnvoll einsetzen?

10. Schildern Sie Change-Projekte, von denen Sie betroffen waren. Wie entwickelte sich Ihre Einstellung zu dem Projekt während seines Verlaufs? Welche Empfehlungen können Sie aufgrund Ihrer Erfahrungen für Change Projekte geben?

11. Welche Kompetenzen wollen Sie in den nächsten Jahren verbessern? Mit welchen Maßnahmen gedenken Sie dies zu tun?

Zusammenfassung

Konzentration auf Kernkompetenzen	Fokussierung des Unternehmens und seiner Ressourcen (Kapital, Mitarbeiter, Aufmerksamkeit des Managements) auf Dinge (insbes. Produkte und Prozesse,) die es besonders gut kann bzw. die für seinen Erfolg besonders wichtig sind. Durch Verzicht auf Randaspekte wird eine Verzettelung vermieden. Der Ansatz verstärkt im Allgemeinen die Notwendigkeit zur Kooperation mit anderen Unternehmen, da weniger Bereiche selbst abgedeckt werden und folglich mehr zugekauft werden muss.
Outsourcing	Verlagerung von Produktions- oder Dienstleistungstätigkeiten außerhalb des Unternehmens, wenn sie von anderen Unternehmen besser/günstiger geleistet werden können und nicht von strategischer Bedeutung sind. Ergibt sich unmittelbar aus der Konzentration auf Kernkompetenzen.

Single Sourcing	Freiwillige Beschränkung auf nur einen Lieferanten eines Produkts zugunsten einer vertieften Zusammenarbeit.
Modular Sourcing	Einzelteile werden nicht mehr im Unternehmen selbst zu größeren Einheiten (Modulen) zusammengebaut, sondern komplett als Module von einem Modullieferanten bezogen. Hierdurch reduzieren sich die Zahl der Lieferanten und die Komplexität der Prozesse erheblich.
Global Sourcing	Ausweitung der Perspektive der Beschaffung auf die ganze Welt, statt nur auf die eigene Region bzw. das eigene Land. Hierdurch können evtl. Produkte oder Dienstleistungen deutlich günstiger oder mit höherer Qualität bezogen werden.
Push-Fertigung	Die Produktion ist relativ unabhängig von der konkreten Kundennachfrage auf große Stückmengen und somit auf günstige Produktionskosten ausgerichtet. Die damit einhergehende Produktion auf Lager führt sowohl zu kurzen Lieferfristen als auch zu hohen Lagerkosten. Geeignet insbesondere für Standardprodukte und bei guter Planbarkeit der Kundennachfrage.
Pull-Fertigung	Die Produktion richtet sich stark an der Kundennachfrage aus und geht mit kleineren Losen, höheren Rüstkosten, höherer Komplexität und erhöhten Anforderungen an die Flexibilität einher. Geringere Lagerkosten und evtl. höhere Lieferfristen. Geeignet für teure und für variantenreiche Produkte.
Postponement	Bis zu einem möglichst späten Zeitpunkt werden alle Produktvarianten als Standardvorprodukt auf Lager gefertigt. Die Variantenbildung erfolgt möglichst spät und in Pullfertigung. Somit lassen sich bei variantenreichen Produkten die Vorteile der Push- und der Pullfertigung kombinieren: relativ niedrige Produktionskosten und Lieferzeiten bei geringen Lagerkosten. Voraussetzungen: Die Produktvarianten sollten eine möglichst große gemeinsame Basis haben und die Variantenbildung muss zum Ende des Produktionsprozesses erfolgen können.

Kooperation	
- Begriff	Freiwillige Zusammenarbeit rechtlich selbstständiger Unternehmen der gleichen Wertschöpfungsebene (horizontale Kooperation) oder entlang der Wertschöpfungskette (vertikale Kooperation).
- Typische Kooperationsformen	- Joint Ventures: Die Kooperationsunternehmen gründen ein neues, rechtlich selbständiges Unternehmen, an dem sie beteiligt sind und dessen Geschäfte sie gemeinsam führen. - Virtuelle Unternehmen: Treten zwar nach außen als integriertes eigenständiges Unternehmen auf, sind aber aus rechtlich selbstständigen Unternehmen zusammengesetzt. - Strategische Allianzen: Meist etwa gleichstarke Unternehmen bringen ihre Kompetenzen ein und stimmen sich eng mit den Partner ab, wodurch sie einen Teil ihrer Entscheidungsfreiheit aufgeben.
- Potenzielle Vorteile	Mit Kooperationen können die Vorteile eines rechtlichen Unternehmenszusammenschlusses wie bei einer Fusion (z.B. Kostensenkungen, Erschließung neuer Märkte, Prozessverbesserung) erreicht werden, ohne deren Nachteile (Kapitalbedarf, Integrationsprobleme) in Kauf nehmen zu müssen.
- Potenzielle Nachteile	- Gefahr der Abhängigkeit und Ausnutzung durch den Partner. - Längere Entscheidungszeiten, evtl. auch Blockaden. - Kooperation kann relativ leicht und schnell von einem Partner gekündigt werden. - Partner könnte das Know-how „absaugen" und als stärkerer Konkurrent am Markt auftreten.
- Erfolgsfaktoren	- Einigung über Ziele der Kooperation. - Vertrauen zwischen den Beteiligten. - Für alle beteiligten Unternehmen müssen sich Vorteile ergeben. - Hinreichende Berücksichtigung kultureller und zwischenmenschlicher Aspekte.

9   Fallstudie: Die Rentag GmbH

Im ersten Kapitel wurden am Beispiel der Rentag GmbH vielfältige logistikrelevante Problemstellungen aufgezeigt. In den folgenden Kapiteln wurden Methoden und Maßnahmen vorgestellt, solche Herausforderungen zu bewältigen. In diesem Kapitel haben Sie die Gelegenheit, Ihre gewonnenen Erkenntnisse anzuwenden.

1. Sichten Sie die verfügbaren Informationen zur Rentag GmbH. Lesen Sie dazu erneut Kapitel 1 und die nachstehenden Ergänzungsinformationen.

2. Diese Informationen sind noch relativ unstrukturiert. Stellen Sie den Ist-Zustand möglichst übersichtlich und anschaulich dar, u.a. mittels einer eEPK. Zeigen Sie dabei auch die Probleme der Rentag GmbH auf.
Die Ihnen vorliegenden Informationen sind nur eine unvollständige Abbildung des Unternehmens. Sie können den Ist-Zustand als Basis von Verbesserungen um weitere Aspekte ergänzen. Machen Sie bei der Präsentation Ihre Zusatzannahmen als solche kenntlich.

3. Erstellen Sie ein möglichst konkretes Konzept (Soll-Zustand) zur Lösung dieser Probleme.

4. Unterbreiten Sie Vorschläge, wie Sie Ihre Überlegungen im Unternehmen um- bzw. durchsetzen können.

Zusatzinformationen zur Rentag GmbH

Die Kunden der Rentag GmbH sind überwiegend Fahrradeinzelhändler, aber auch einige Supermarktketten und andere Handelshäuser. Insgesamt sind es ungefähr 100 Kunden. Prinzipiell werden alle Kunden bzgl. Lieferzeiten und Kundenpflege gleich behandelt. So werden die Aufträge in der Reihenfolge des Auftragseingangs bearbeitet. Allerdings bemühen sich die Vertriebsmitarbeiter bei besonders dringlichen Aufträgen um deren beschleunigte Abwicklung. Dies gilt verstärkt für einige Kunden, mit denen schon besonders lange Geschäftsbeziehungen bestehen – dies sind die Kunden mit den Nummern AK307-100 bis AK307-110. Weiterhin werden Kunden bevorzugt, die den Vertriebsmitarbeitern besonders sympathisch sind.

Um einen besseren Überblick über die Kundenstruktur zu erhalten, wurde ein Praktikant beauftragt, sämtliche in Word erstellten Rechnungen auszuwerten und so den Jahresumsatz aus 2012 eines jeden Kunden zu ermitteln. Ein Auszug seiner Ergebnisse ist nachstehend aufgeführt. Zur genaueren Analyse der Kunden steht die gesamte Excel-Datei auf der Website des Buchs zum Download zur Verfügung.

Kunden-Nr	Umsatz
AK307-100	5.926
AK307-101	228.661
AK307-102	15.974
AK307-103	275.934
AK307-104	18.502
AK307-105	17.882
AK307-106	17.100
AK307-107	20.946
AK307-108	20.167
AK307-109	243.331
AK307-110	15.805
AK307-111	20.517
AK307-112	5.519.298
AK307-113	18.079
AK307-114	16.800
AK307-115	90.795
AK307-116	9.883
AK307-117	17.189
AK307-118	10.548

Üblicherweise gehen Kundenaufträge per Fax oder Telefon im Unternehmen ein, wo sie von Vertriebsmitarbeitern in eine Auftragsdatenbank erfasst werden. Anschließend wird geprüft, ob die bestellten Räder auf Lager sind. Falls dies der Fall ist, wird mit Word eine Auftragsbestätigung geschrieben und die Ware versendet. Ansonsten wird der Auftrag ausgedruckt und an die Produktion weitergegeben, die ihn prüft und einen Liefertermin festlegt. Darüber wird der Kunde meistens telefonisch informiert.

Einige Kunden beschweren sich über zu lange Lieferzeiten. Die Mitarbeiter der Rentag GmbH sehen die Verantwortung hierfür jedoch bei den Kunden: Wenn sie gut planen und frühzeitig bestellen, würden sie ihre Fahrräder auch zum gewünschten Termin erhalten. Manchmal kommen die Lieferzeiten auch durch besonders hohe Bestellmengen zustande. Plötzlich benötigt ein Kunde Hunderte von Fahrrädern, und dann ist monatelang nichts mehr von ihm zu hören.

Die Mitarbeiter der Produktionsabteilung beschweren sich regelmäßig über große Auftragsspitzen und relativ lange Zeiten mit nur geringem Auftragsbestand. In diesen Phasen werden dann Standardräder in großen Stückzahlen „auf Lager produziert", um die Mitarbeiter zu beschäftigen und den Maschinenpark sinnvoll zu nutzen. Als wichtigste Kennziffer für ihren Erfolg betrachtet der Abteilungsleiter der Produktion die durchschnittlichen Stückkosten.

Aufgrund der Vorgehensweise der Produktion kommt es immer wieder zu hohen Beständen im Fertigteilelager. Um Platz zu schaffen und Kapital freizusetzen, versuchen die Vertriebsmitarbeiter dann die Lager mit Hilfe von Rabattaktionen zu räumen.

Die Rentag GmbH bezieht ihre Materialien und Vorprodukte von ca. 230 verschiedenen Lieferanten, die überwiegend in der Region des Stammwerks angesiedelt sind. Dies wird mit kürzeren Lieferzeiten und niedrigeren Transportkosten begründet.

Ein Bestellprozess verläuft in etwa wie folgt: Die Produktion meldet einen Bedarf, wenn eine kritische Bestandsmenge unterschritten wird oder in Folge eines Großauftrags ein Fehlbestand absehbar ist. Daraufhin kontaktiert der zuständige Mitarbeiter der Beschaffungsabteilung ca. fünf Unternehmen, die das benötigte Produkt liefern können, und erfragt aktuelle Preise und Lieferzeiten. Nach einem Vergleich der Konditionen erfolgt die Bestellung bei einem Lieferanten, meistens in sehr großen Stückzahlen, um Rabatte zu erhalten und nicht so oft bestellen zu müssen. Seitdem die Schreibmaschine durch eine Textverarbeitung ersetzt wurde, ist der Bestellvorgang jedoch deutlich einfacher geworden: Man öffnet die Word-Datei der letzten Bestellung, ändert per Hand das Datum und die Bestellmenge, speichert die Datei unter einem neuen Namen, druckt das Dokument aus und faxt es zum Lieferanten.

Nachdem die Ware eingeht und von der Produktion hinsichtlich Quantität und Qualität überprüft wurde, wird der Rechnungsbetrag überwiesen. Immer wieder trifft zum vereinbarten Liefertermin keine Ware ein, was dann meistens von der Produktion an die Beschaffung gemeldet wird. Der dort zuständige Mitarbeiter kümmert sich dann um die Verzögerung.

Einige Lieferanten führen die nicht eingehaltenen Liefertermine oder lange Lieferzeiten auf eine mangelhafte Kooperation der Rentag GmbH zurück. So wünschen sich viele Lieferanten Bedarfsprognosen, verstärkte IT-Integration sowie kleinere und dafür regelmäßige Bestellungen. Darauf ging die Rentag GmbH jedoch nicht ein. So wären die Kosten für eine Verzahnung der IT mit über 200 Lieferanten sehr hoch. Bedarfsprognosen kann die Beschaffungsabteilung ebenfalls nur schwer vornehmen. Einerseits weiß sie selbst nur wenig über den künftigen Bedarf, andererseits will sie sich in ihrer Flexibilität nicht einschränken lassen und von Fall zu Fall beim geeignetsten Lieferanten bestellen. In kleineren Mengen zu bestellen kommt für Mitarbeiter wegen des erhöhten Bestellaufwands nicht in Frage. Außerdem wird ihre Leistung auch nach den erzielten Rabatten beurteilt.

Bei einigen Lieferanten scheint die Rentag GmbH keinen besonderen Stellenwert zu besitzen, immer wieder werden Aufträge anderer Unternehmen vorgezogen. Auch scheinen andere Kunden der Lieferanten im Schnitt deutlich kürzere Lieferzeiten zugesagt – und eingehalten – zu bekommen.

Die Mitarbeiter der Rentag GmbH fühlen sich hauptsächlich den Zielen ihrer Abteilung verpflichtet. Dies liegt auch darin begründet, dass nur wenig Transparenz bzgl. der abteilungsübergreifenden Prozesse besteht. Entsprechend gering ist die Kundenorientierung außerhalb der Vertriebsabteilung.

Veränderungen stehen die Mitarbeiter des Unternehmens in der Regel skeptisch gegenüber, sie sehen den Status quo durch die bisherigen Erfolge als optimal an. Das betriebliche Vorschlagswesen fristet lediglich ein Schattendasein und steht eigentlich nur als Konzept auf dem Papier.

Anhang A Einführung in dynamische Modellbildung und Simulation mit Insight Maker

A.1 Grundlagen und Anwendungsbereiche

Vorbemerkung: Die Ausführungen dieses Kapitels geben nur einen sehr kurzen Überblick über die Modellierung mit *Insight Maker*. Deutliche ausführlichere und tiefgreifendere Informationen finden sich in Arndt, Holger: Systemisches Denken im Wirtschaftsunterricht. Erlangen 2016, das auch kostenlos unter https://opus4.kobv.de/opus4-fau/frontdoor/index/index/docId/8006 verfügbar ist.

Insight Maker ist eine Software zur Modellierung und Simulation. Im Gegensatz zu Tabellenkalkulationen oder Datenbanken können Anwender ihre Gedanken intuitiv und einfach ausdrücken. Dabei werden die zentralen Elemente einer Fragestellung mit entsprechenden Symbolen (Variable, Konstante, Niveau und Fluss mit Rate; zur jeweiligen Erklärung s.u.) im Modell dargestellt. Die Größen, die einen direkten Bezug zueinander haben, werden mit einem Pfeil verbunden. Die Pfeilrichtung entspricht dabei der Richtung des Informationsflusses. So entsteht schrittweise ein Modell, das die Problemstellung vereinfacht darstellt. Dabei werden die Annahmen, die über das Problem getroffen wurden, visualisiert. Dies vereinfacht die Kommunikation und strukturiert das Denken, da alle relevanten Sachverhalte offengelegt sind, über die sonst evtl. gar nicht nachgedacht wird.

Nachdem die Fragestellung bzw. das System modelliert ist, können darauf aufbauend Simulationen durchgeführt werden. So lässt sich untersuchen, wie sich das Problem im Zeitverlauf (dynamisch) entwickelt. Weiterhin lassen sich einzelne Parameter verändern, wodurch unterschiedliche Szenarien getestet werden können.

A.2 Beispiel zur Modellierung und Simulation[13]

A.2.1 Erste Orientierung: Registrierung, Oberfläche und Notation

Mit *Insight Maker* erstellte Modelle können in eigene Websites integriert oder per Link aufgerufen werden, wo sie sich von jedem ohne weitere Barrieren betrachten und simulieren lassen. Wenn Schüler lediglich mit vorgefertigten Modellen arbeiten sollen, ist keine Registrierung notwendig. Ansonsten empfiehlt sich eine Registrierung, da nur dann eigene Modelle erstellt (etwa im Rahmen des unten stehenden Tutorials) oder vorhandene Modelle modifiziert werden können. Bei der Registrierung werden jedoch keine sensiblen Daten erfragt. Sie erfolgt auf www.insightmaker.com über den Link ‚create free account‘. Anschließend erfolgt eine Weiterleitung in die persönliche Umgebung beziehungsweise den Heimbildschirm.

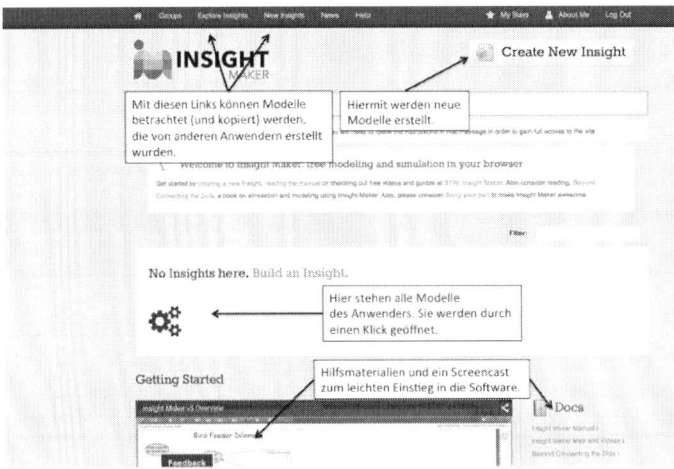

Abb. A.2- 1: Der Heimbildschirm

Im Heimbildschirm sehen die Anwender sämtliche Modelle, die sie sich selbst erstellt oder von anderen Nutzern kopiert haben, und können sie durch Anklicken öffnen. Im unteren Bereich des Bildschirms findet sich ein Screencast zur Einführung. Weitere Hilfen sind im rechten Bildschirmbereich verlinkt. Mit ‚Create New Insight‘ kann ein neues Modell erstellt werden. Um unerfahrene Nutzer nicht mit einem leeren Bildschirm zu konfrontieren, erscheint danach ein kleines

---

[13] Die folgenden Ausführungen sind weitgehend entnommen aus Arndt (2016).

Beispielmodell, das durch einen Klick auf den Button ‚Click me to Clear this Demo Model' gelöscht werden kann.

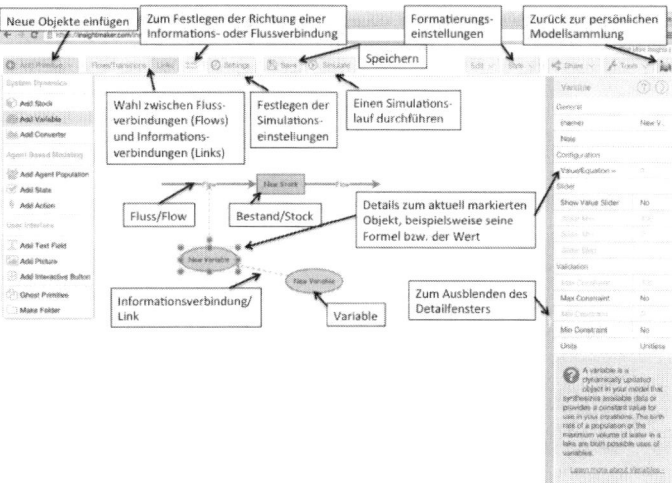

Abb. A.2- 2: Die Modellieroberfläche

Tabelle A.2-1 zeigt, wie wichtige Elemente der System Dynamics Notation in *Insight Maker* dargestellt werden.

Symbol	Bezeichnung Deutsch/ Englisch	Kommentar
	Bestand(-sgröße)/ Stock	Bestandsgrößen haben einen Anfangswert, der sich im Zeitverlauf durch Zu- und Abflüsse ändern kann. Wird erstellt über ‚Add Primitive/Add Stock'
Flow	Flussgröße/Flow	Flussgrößen verändern die Bestandsgrößen durch Zu- und Abflüsse. Um eine Flussgröße zu erstellen, muss zunächst im oberen Bereich des Fensters ‚Flows/Transitions' aktiviert sein. Anschließend zeigt man auf die Bestandsgröße, die durch den Fluss geändert werden soll und zieht den dort erscheinenden Pfeil an den gewünschten Ort beziehungsweise an eine andere Bestandsgröße. Durch Klicken auf das Symbol mit den beiden Pfeilen im oberen Bereich des Fensters kann definiert werden,

223

		ob es sich um einen Zu- oder Abfluss handeln soll.
- - - - - →	Informations-verbindung/Link	Informationsverbindungen sind nötig, um Informationen an die Variablen und Flussgrößen weiterzugeben. Um eine Informationsverbindung herzustellen, muss zunächst im oberen Bereich des Fensters ‚Links' aktiviert sein. Anschließend zeigt man auf die Bestandsgröße oder die Variable, von der die Informationen ausgehen und zieht den dort erscheinenden Pfeil auf das Zielobjekt (hierfür kommen in Frage: Stocks, Flows und Variablen).
(Ellipse)	Variable/Variable	Variablen können Formeln oder Werte enthalten. Um diese einzugeben, ist die Variable zunächst zu markieren. Dann können sie im rechten Fensterbereich in das Feld ‚Value/Equation' eingetragen werden. Entgegen der üblichen System Dynamics Notation unterscheidet *Insight Maker* nicht zwischen Variablen und Konstanten. Bei den Modellen des vorliegenden Buchs wird dies jedoch anders gehandhabt (vgl. Tabelle A.2-2)
(Hexagon)	Converter	Ein Converter ist eigentlich eine normale Variable mit einer speziellen Umwandlungsfunktion. Da *Insight Maker* die Formatierung von Objekten erlaubt, werden Converter in Modellen dieses Buchs wie normale Variablen dargestellt (vgl. Tabelle A.2-2).

Tabelle A.2- 1: System Dynamics Notation in Insight Maker beim Erstellen von Objekten

Da *Insight Maker* die Veränderung des Aussehens ermöglicht (vgl. Arndt 2016, S. 90–99), werden bei den Modellen dieses Buchs Objekte teilweise anders dargestellt, als dies zunächst mit der Software erfolgt. Damit geht der Vorteil einher, dass in den Modellen die übliche System Dynamics Notation verwendet werden kann und der Transfer zu anderen Softwaretools leichter möglich ist. Sowohl für Bestands- und Flussgrößen als auch für Informationsverbindungen ergeben sich keine Änderungen. Converter werden hingegen wie normale Variablen als Ellipse dargestellt. ‚Variable' die keine Formeln, sondern feste Werte enthalten, also systemexogene Variablen oder Konstanten sind, sind als Raute formatiert. Somit sind systemexogene Größen beziehungsweise ‚Konstante' leichter zu identifizieren. Dies ist hilfreich, wenn Simulationsläufe mit unterschiedlichen Werten beziehungsweise Parametern durchgeführt werden sollen. Häufig werden für diese Größen auch Schieberegler definiert, mit denen die Werte leichter veränderbar sind.

Die Elemente der Modelle des vorliegenden Buchs sind also wie in Tabelle A.2-2 dargestellt zu interpretieren.

Symbol	Bezeichnung
	Bestand(-sgröße)
➤Flow➤	Flussgröße
----➤	Informationsverbindung/Link
(Ellipse)	Variable mit Formel und Converter
(Raute)	Systemexogene Variable/Konstante

Tabelle A.2- 2: System Dynamics Notation bei den Modellen des Buchs aufgrund von nachträglichen Änderungen der Form

A.2.2 Tutorial

A.2.2.1 Ausgangsfall

Max bekommt von seinen Eltern zum 16. Geburtstag ein Girokonto mit einem Startguthaben von 150 € geschenkt. Spätere monatliche Einzahlungen bestehen aus 40 € Taschengeld und 30 €, die Max durch Nachhilfeunterricht verdient. Weiterhin werden die Kontoeinlagen mit 2,5 % jährlich verzinst, wobei die Zinsen monatlich auf das Konto fließen. Als Auszahlungen fließen jeden Monat 40 € vom Konto ab, die sich aus 10 € für seine Smartphoneflatrate und aus 30 € für andere Ausgaben zusammensetzen.

Aufgabe 1: Welche Informationen beziehungsweise Größen sind für die Modellierung des Sachverhalts bedeutsam? Ordnen Sie sie den nachstehenden Typen zu.

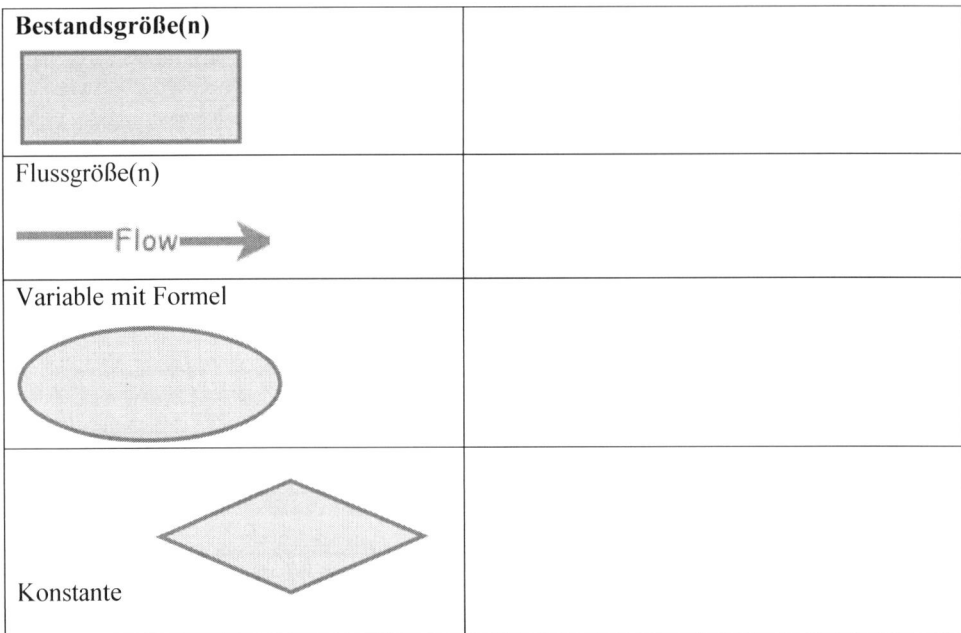

Aufgabe 2: Überlegen Sie, in welcher Beziehung die Elemente stehen könnten und halten Sie dies grafisch auf Papier fest. Gegebenenfalls sind einige Elemente mit Informationspfeilen miteinander zu verbinden.

A.2.2.2 Umsetzung des Sachverhalts in Insight Maker

Sollte dies Ihr erster Kontakt mit *Insight Maker* sein, müssen Sie sich zunächst registrieren (vgl. Arndt 2016, S. 67 – 72) und dann auf ‚Create New Insight‘ klicken. Daraufhin erscheint kein leerer Arbeitsbereich, sondern ein kleines Modell, das der Orientierung dienen soll. Löschen Sie es, indem Sie den Button ‚Click me to Clear this Demo Model‘ anklicken.

Beim Erstellen eines Modells bietet es sich an, mit einer Bestandsgröße zu beginnen und dann die zugehörigen Flussgrößen zu erstellen. Erstellen Sie also die Bestandsgröße ‚Kontostand‘, indem Sie entweder ‚Add Primitive/Add Stock‘ wählen oder mit einem Rechtsklick in den freien Arbeitsbereich das Kontextmenü öffnen und ‚Create Stock‘ auswählen. Unmittelbar nach dem Erstellen eines Objekts lässt sich sein Name festlegen. Im Nachhinein kann dies durch einen Doppelklick erfolgen. Als Name der Bestandsgröße dieses Modells bietet sich ‚Kontostand‘ an. Den Anfangsbestand des Kontos in Höhe von 150 € legen Sie fest, indem Sie das Objekt markieren und dann im rechten Fensterbereich bei ‚Initial Value‘ die Zahl ‚150‘ eintragen. An dieser Stelle können auch andere Eigenschaften des jeweiligen Objekts betrachtet und verändert werden, beispielsweise sein Name, eine erläuternde Beschreibung, ob die Bestandsgröße auch negative Werte aufweisen kann, Höchst- und Mindestwerte, Einheiten und ob zu der Größe ein Schieberegler angezeigt werden soll.

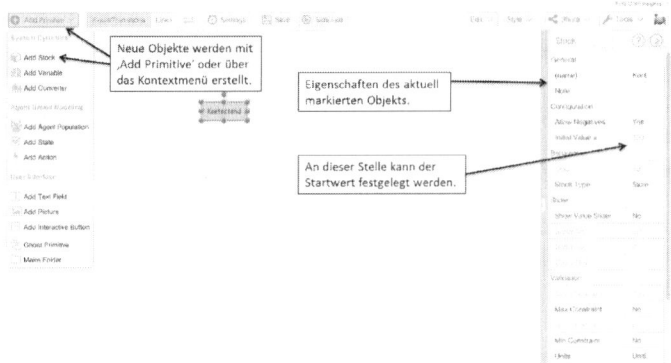

Abb. A.2- 3: Erstellen neuer Objekte

Objekte wie Bestandsgrößen können übrigens wie in anderen Programmen auch verschoben, gelöscht, kopiert und formatiert werden. Hierfür bietet sich das Kontextmenü an, wobei alternativ mit den üblichen Tastenkombinationen (zum Beispiel Strg + C für eine Kopie) oder den Schaltflächen ‚Edit' und ‚Style' im oberen Bereich gearbeitet werden kann.

Der Kontostand verändert sich durch Zu- und Abflüsse, nämlich durch die Ein- und Auszahlungen. Um diese zu erstellen, muss zunächst gewährleistet sein, dass die Wahlmöglichkeit zwischen ‚Flows/Transitions' und ‚Links' im oberen Fensterbereich auf ‚Flows/Transitions' gestellt ist. Dann brauchen Sie lediglich auf die Bestandsgröße ‚Kontostand' zu zeigen und den daraufhin erscheinenden Pfeil nach rechts zu ziehen. Benennen Sie das Element als ‚Auszahlungen' indem Sie entweder einen Doppelklick darauf tätigen oder den Namen in den Objekteigenschaften eintragen. Die mathematische Definition der Auszahlungen wird zu einem späteren Zeitpunkt bei der Eigenschaft ‚Flow Rate =' eingetragen.

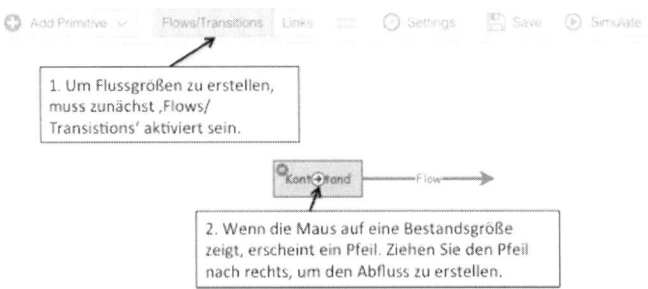

Abb. A.2- 4: Erstellen von Flussgrößen

Als nächstes wäre die Einzahlung festzulegen. Hierzu wird wieder der Pfeil in der Mitte der Bestandsgröße ‚Kontostand' verwendet, allerdings ist er dieses Mal nach links zu ziehen. Zunächst deutet die Pfeilrichtung jedoch an, dass es sich ebenfalls um einen Abfluss handelt. Dies wird durch einen Klick auf das Pfeilsymbol im oberen Arbeitsbereich geändert. Anschließend ist der Fluss noch als ‚Einzahlungen' zu benennen.

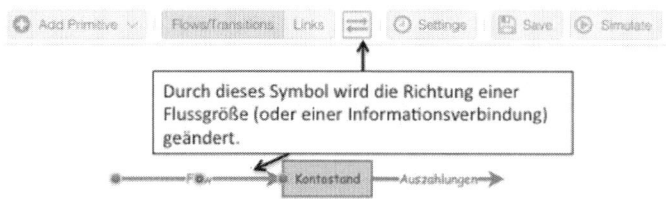

Abb. A.2- 5: Ändern der Richtung eines Flusses

Da die Auszahlungen leichter als die Einzahlungen zu modellieren sind, wird hiermit fortgefahren. Eine einfache Möglichkeit zur Festlegung der Auszahlungen bestünde darin, den Wert ‚40' (Summe aus 10 € für die Smartphoneflatrate und aus 30 € für die anderen Ausgaben) in die Eigenschaft ‚Flow Rate =' einzutragen. Dies mag in manchen Situationen durchaus zweckmäßig sein, hat aber die Nachteile, dass so die Struktur der Ausgaben nicht ersichtlich wird und die Werte für die Flatrate und die anderen Ausgaben später nicht per Schieberegler einzeln geändert werden können. Die Alternative besteht darin, zunächst zwei Variablen für die Ausgabenpositionen zu definieren und dann in der Flussgröße ‚Auszahlungen' ihre Werte zu addieren. Erstellen Sie hierfür zunächst eine Variable mit ‚Add Primitive/Add Variable' oder dem Kontextmenü. Benennen Sie sie dann als ‚Flatrate' und tragen bei ihrer Eigenschaft ‚Value/Equation =' die Zahl 10 ein. Gehen Sie analog für die anderen Ausgaben vor.

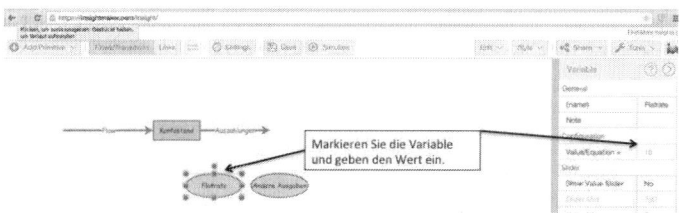

Abb. A.2- 6: Hinzufügen von Variablen beziehungsweise Konstanten

Im nächsten Schritt sollen die Werte der beiden erstellten Variablen an die Fluss-größe ‚Auszahlungen' übergeben werden, wo sie dann mit einer Formel zu addieren sind. Hierzu muss zunächst die Wahlmöglichkeit zwischen ‚Flows/Transitions' und ‚Links' im oberen Fensterbereich auf ‚Links' gestellt werden. Zeigen Sie anschließend auf die Variable ‚Flatrate'. Daraufhin erscheint ein Pfeil, den Sie auf die Flussgröße ‚Auszahlungen' ziehen. Sollte kein Pfeil erscheinen haben Sie vermutlich vergessen, ‚Links' auszuwählen. Erstellen Sie eine weitere Informationsverbindung von ‚Andere Ausgaben' zu ‚Auszahlungen'.

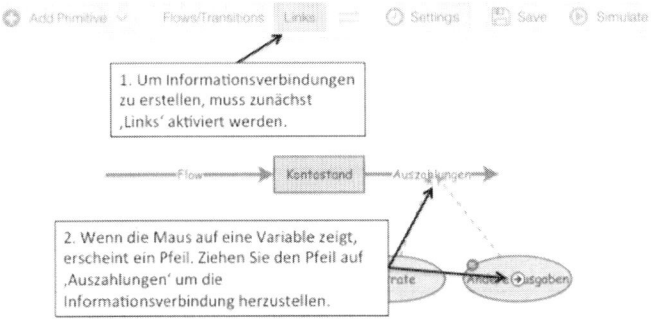

Abb. A.2- 7: Erstellen von Informationsverbindungen

Markieren Sie jetzt ‚Auszahlungen' und klicken Sie im rechten Fensterbereich bei der Eigenschaft ‚Flow Rate =' auf den Pfeil, woraufhin sich das Programmierfenster öffnet. Da Sie die Variablen ‚Kontostand', ‚Flatrate' und ‚Andere Ausgaben' mit dem aktuell markierten Objekt ‚Auszahlungen' verbunden haben, werden sie im rechten Fensterbereich unter ‚References' angezeigt. Durch Anklicken einer Variable erscheint sie im Formeleditor. Klicken Sie also auf ‚Andere Ausgaben', geben dann ein ‚+' zur Addition ein und klicken dann noch auf ‚Flatrate'. Sie können die Variablennamen auch direkt eingeben, müssen dann den Namen aber in eckigen Klammern schreiben. Weiterhin sind nur die Variablen verwendbar, die mit einer Informationsverbindung mit dem aktuellen Objekt verbunden sind. Weiterhin steht im Programmierfenster eine Vielzahl von Funktionen zur Verfügung, die für das vorliegende einfache Modell jedoch nicht benötigt wird. Sie speichern Ihre Änderungen mit ‚Apply'.

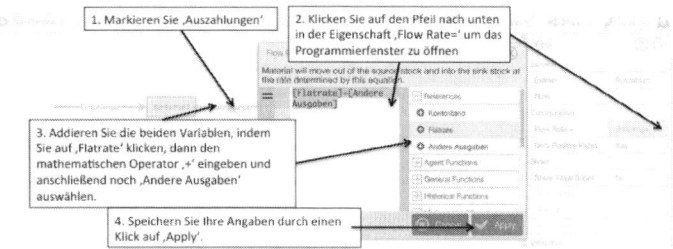

Abb. A.2- 8: Eingabe von Formeln I

Die Ergänzung des Modells um die Einzahlungen gestaltet sich zunächst analog. Erstellen Sie die Variablen ‚Taschengeld' mit einem Wert von 40 und ‚Verdienst' mit 30. Verbinden Sie diese Variablen mittels einer Informationsverbindung dann mit der Flussgröße ‚Einzahlungen'. Bevor die ‚Einzahlungen' berechnet werden können, sind noch die Zinsen zu berücksichtigen. Erstellen Sie dazu die Variable ‚Zinssatz' und tragen als Wert ‚2.5' ein. Achten Sie darauf, dass wie in amerikanischen Programmen üblich das Dezimaltrennzeichen kein Komma, sondern ein Punkt ist. Erstellen Sie nun noch die Variable ‚Zinsen'. Die Zinsen sind abhängig von dem Kontostand und dem Zinssatz. Ziehen Sie deswegen Informationspfeile von ‚Zinssatz' und ‚Kontostand' auf ‚Zinsen'. Nun können Sie das Formelfenster von ‚Zinsen' öffnen und die Formel eingeben: ‚([Kontostand]*[Zinssatz]/12)/100'. Die Division durch 12 ist nötig, da sich der Zinssatz auf die Zeiteinheit eines Jahres bezieht, während die restlichen Größen monatlich berechnet werden.[14]

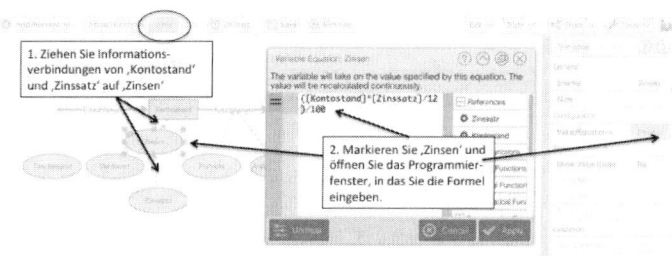

Abb. A.2- 9: Eingabe von Formeln II

---

[14] Zwar ist die Umrechnung von einem jährlichen Zinssatz auf einen monatlichen Zinssatz mit einer Division durch 12 mathematisch nicht ganz exakt, aber für den Zweck einer ersten Einführung ausreichend.

Abschließend muss noch eine Informationsverbindung von ‚Zinsen' auf ‚Einzahlungen' gezogen und dort die Formel ‚[Taschengeld]+[Verdienst]+[Zinsen]' eingegeben werden.

Damit ist das Modell in seinen Grundzügen erstellt. Um bei den darauf basierenden Simulationsläufen die Auswirkungen von unterschiedlichen Modellparametern (insbesondere bezüglich des Zinssatzes und der Ausgaben) untersuchen zu können, sollten noch Schieberegler (engl. Slider) hinzugefügt werden. Markieren Sie dazu die Variable ‚Zinssatz', deren Zahlenwert mit einem Regler verändert werden soll. Stellen Sie dann im rechten Fensterbereich die Eigenschaft ‚Show Value Slider' auf ‚Yes' und definieren Sie sinnvolle Werte für den Höchstwert, Mindestwert und den Intervallschritt, etwa 10, 0 und 0.1. Berücksichtigen Sie dabei wieder, dass *Insight Maker* den Punkt als Dezimaltrennzeichen verwendet. Wenn Sie möchten, können Sie auch für weitere systemexogene Variablen (‚Taschengeld'; ‚Verdienst'; ‚Flatrate'; ‚Andere Ausgaben') Schieberegler hinzufügen.

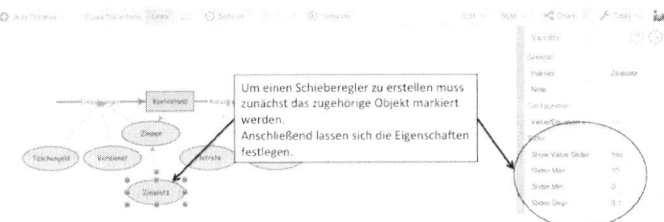

Abb. A.2- 10: Definition von Schiebereglern

Sollten Sie das Modell noch nicht gespeichert haben, klicken Sie nun auf die Schaltfläche ‚Save'. Sie können in das sich öffnende Fenster neben einem Modelltitel auch eine ausführlichere Beschreibung und Stichworte eingeben, die anderen Anwendern das Finden Ihres Modells erleichtert. Dabei besteht die Möglichkeit, das Modell zu veröffentlichen oder es niemandem zugänglich zu machen.

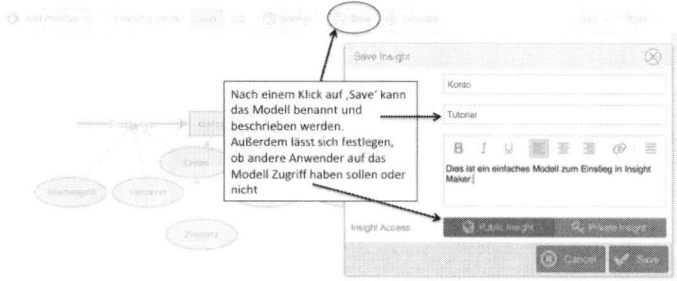

Abb. A.2-11: Speichern und Beschreiben eines Modells

A2.2.3 Simulation des Modells

Nachdem das Modell in seiner Grundstruktur erstellt ist, kann es simuliert wer-
den. Klicken Sie dazu auf die Schaltfläche ‚Simulate'. Daraufhin erscheint ein
Fenster in dem die Simulationsergebnisse als Diagramm dargestellt werden.
Durch einen Klick auf den Button ‚Configure' können Sie das Diagramm verän-
dern. Hier ist durch eine entsprechende Auswahl auf ‚Legend Position' eine
Legende integrierbar. Weiterhin lassen sich in diesem Fenster unter anderem der
Diagrammtyp definieren, im Diagramm anzuzeigende Größen auswählen und
eine Sekundärachse festlegen. Lassen Sie sich eine Legende und die Elemente
‚Kontostand', ‚Taschengeld', ‚Verdienst', ‚Zinsen', ‚Einzahlungen' und ‚Aus-
zahlungen' im Diagramm anzeigen.

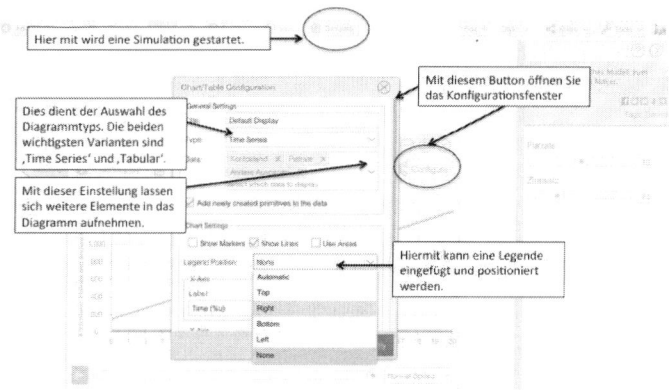

Abb. A.2-12: Definition des Simulationsfensters

Die Anzeige der Legende ist nicht nur wichtig um das Diagramm besser interpretieren zu können, sondern erlaubt auch ein einfaches Ein- und Ausblenden von Variablen im Diagramm. So brauchen Sie nur auf das entsprechende Legendenelement zu klicken und das zugehörige Diagrammobjekt wird ein- oder ausgeblendet, was zu aussagekräftigen Diagrammen führt.

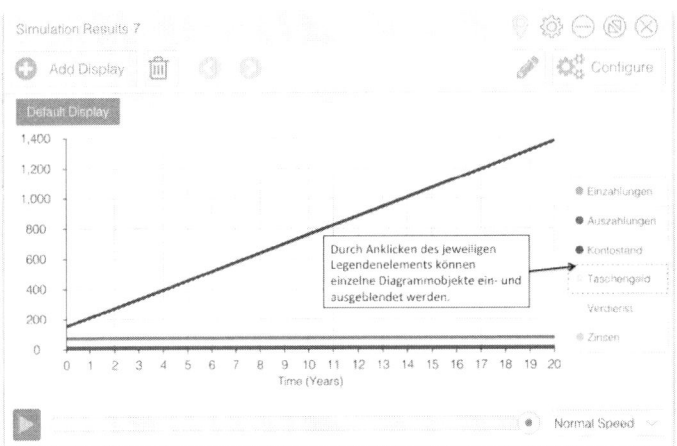

Abb. A.2- 13: Ein- und Ausblenden von Informationen im Simulationsfenster

Je nach Erkenntnisinteresse sind unterschiedliche Diagramme bedeutsam. Vor diesem Hintergrund ist die Möglichkeit attraktiv, mehrere Diagramme mit ‚Add Display' im Simulationsfenster zu definieren.

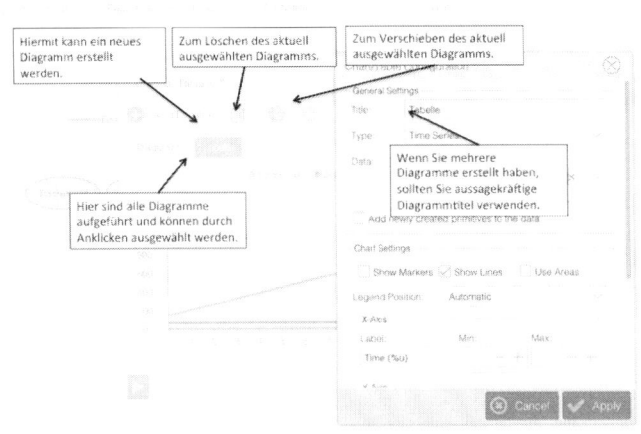

Abb. A.2- 14: Erstellen mehrerer Simulationsdiagramme

Bemerkenswert ist, dass mit jedem Simulationslauf die zugehörigen Parameter gespeichert werden und dass mehrere Simulationsfenster gleichzeitig geöffnet sein können. Dies ermöglicht einen unmittelbaren Vergleich unterschiedlicher Szenarien. Wenn Sie beispielsweise den Einfluss des Ausgabeverhaltens auf den Kontostand eruieren möchten, können Sie zunächst die ‚Anderen Ausgaben‘ mit dem Schieberegler auf einen niedrigen Wert setzen und eine Simulation laufen lassen. Anschließend erhöhen Sie die ‚Anderen Ausgaben‘ und führen eine erneute Simulation durch. Die beiden Fenster zeigen nun die entsprechenden Verläufe an. Selbstverständlich können auch mehrere Parameter gleichzeitig verändert werden.

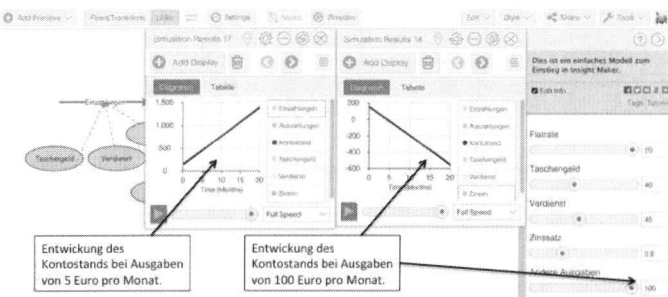

Abb. A.2- 15: Analyse von Szenarien mittels mehrerer Simulationsfenster

Eine weitere interessante Möglichkeit der Darstellung von Simulationsergebnissen besteht darin, eine bestimmte Simulation durch Anklicken des Symbols ♀ mit dem Modell zu verknüpfen. Wenn Sie dann mit der Maus auf ein Objekt des Modells zeigen, wird darüber seine Entwicklung im Zeitverlauf angezeigt.

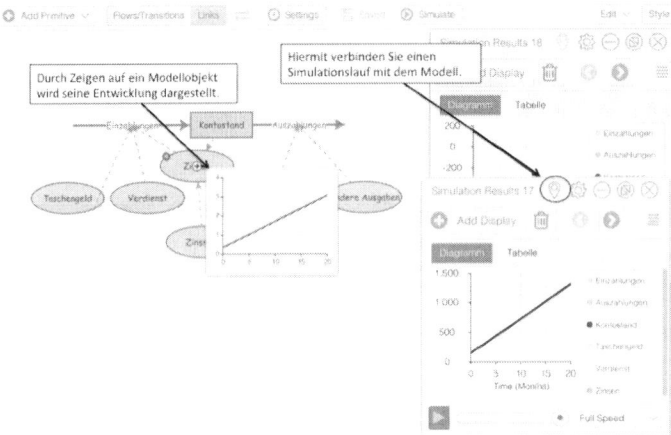

Abb. A.2- 16: Verbindung eines Simulationslaufs mit dem Modell

Wenn Sie eine Verknüpfung zwischen Modell und einem Simulationslauf herge-stellt haben, können Sie übrigens die Schieberegler verändern und die veränder-ten Ergebnisse werden sofort im Simulationsfenster angezeigt. So lassen sich sehr schnell und intuitiv unterschiedliche Szenarien untersuchen.

Schließlich sind noch die Simulationseinstellungen bedeutsam, die über den Button ‚Settings' aufgerufen werden. So lässt sich die Anzahl der Simulationspe-rioden verändern. Dies bietet sich insbesondere bei Modellen mit exponentiellem Wachstum an. Wenn Sie die Simulationszeit auf 1000 erhöhen und eine Simula-tion laufen lassen, wird das exponentielle Wachstum des Kontostands aufgrund der Zinseszinseffekte deutlich. Standardmäßig ist die Simulationsdauer auf die Einheit eines Jahres gesetzt. Da eine Simulationsperiode im vorliegenden Modell jedoch einem Monat entspricht, sollten Sie hier ‚Months' auswählen. Erwäh-nenswert ist noch die Möglichkeit, die Simulation immer wieder zu pausieren. Wenn Sie bei der Option ‚Pause Interval' einen Wert eingetragen haben, können Sie im Simulationslauf zu den Pausen jeweils die Modellparameter verändern. Hierfür werden dann im Simulationsfenster Schieberegler angezeigt.

Abb. A.2- 17: Festlegen der Simulationseinstellungen

Anhang B   Einführung in ARIS

ARIS heißt Architektur integrierter Informationssysteme. Der Begriff bezeichnet sowohl eine Software als auch ein betriebswirtschaftliches Konzept zur Beschreibung von Unternehmen. Zu dieser Beschreibung kann das Softwaretool ARIS eingesetzt werden, muss aber nicht. Im Folgenden wird eine sehr kurze Einführung in das Konzept und die Software gegeben, die Sie in die Lage versetzt, Prozesse mit der Software abzubilden und auszuwerten. Tiefergehende Kenntnisse können mithilfe der einschlägigen Fachliteratur erarbeitet werden, beispielsweise mit:

– Seidlmeier, Heinrich: Prozessmodellierung mit ARIS: Eine beispielorientierte Einführung für Studium und Praxis. Wiesbaden 2002
– Staud, Josef: Geschäftsprozessanalyse. Ereignisgesteuerte Prozessketten und objektorientierte Geschäftsprozessmodellierung für Betriebswirtschaftliche Standardsoftware. 2. Aufl., Berlin 2001

B.1   Komplexitätsreduzierung mit den Sichten des ARIS-Hauses

In Kapitel 6 wurde der Nutzen der Prozessmodellierung dargestellt. Wichtig bei der Modellierung ist insbesondere die erhöhte Anschaulichkeit und Verständlichkeit gegenüber Texten. Allerdings können eEPKs schon bei sehr kleinen Prozessen aufgrund ihrer Informationsdichte unübersichtlich werden (siehe nebenstehende Abbildung). Das Problem hat zwei Ursachen. Einmal nimmt die detaillierte Darstellung sämtlicher Prozesse eines Unternehmens sehr viel Platz in Anspruch – deren Darstellung ergäbe etliche Quadratmeter eng bedruckten Papiers. Die Lösung dieses Problems liegt in der Aufteilung aller Prozesse in verschiedene Modelle, die auf unterschiedlichen Aggregationsniveaus dargestellt werden. Das zweite Problem liegt darin, dass in einer Darstellung neben Funktionen und Ereignissen auch Organisationseinheiten und Informationsobjekte enthalten sein können. Das ARIS-Sichtenkonzept erlaubt eine Reduktion der

Komplexität, indem nicht immer die gesamten Informationen dargestellt werden, sondern die, die für spezifische Fragestellungen interessant sind.

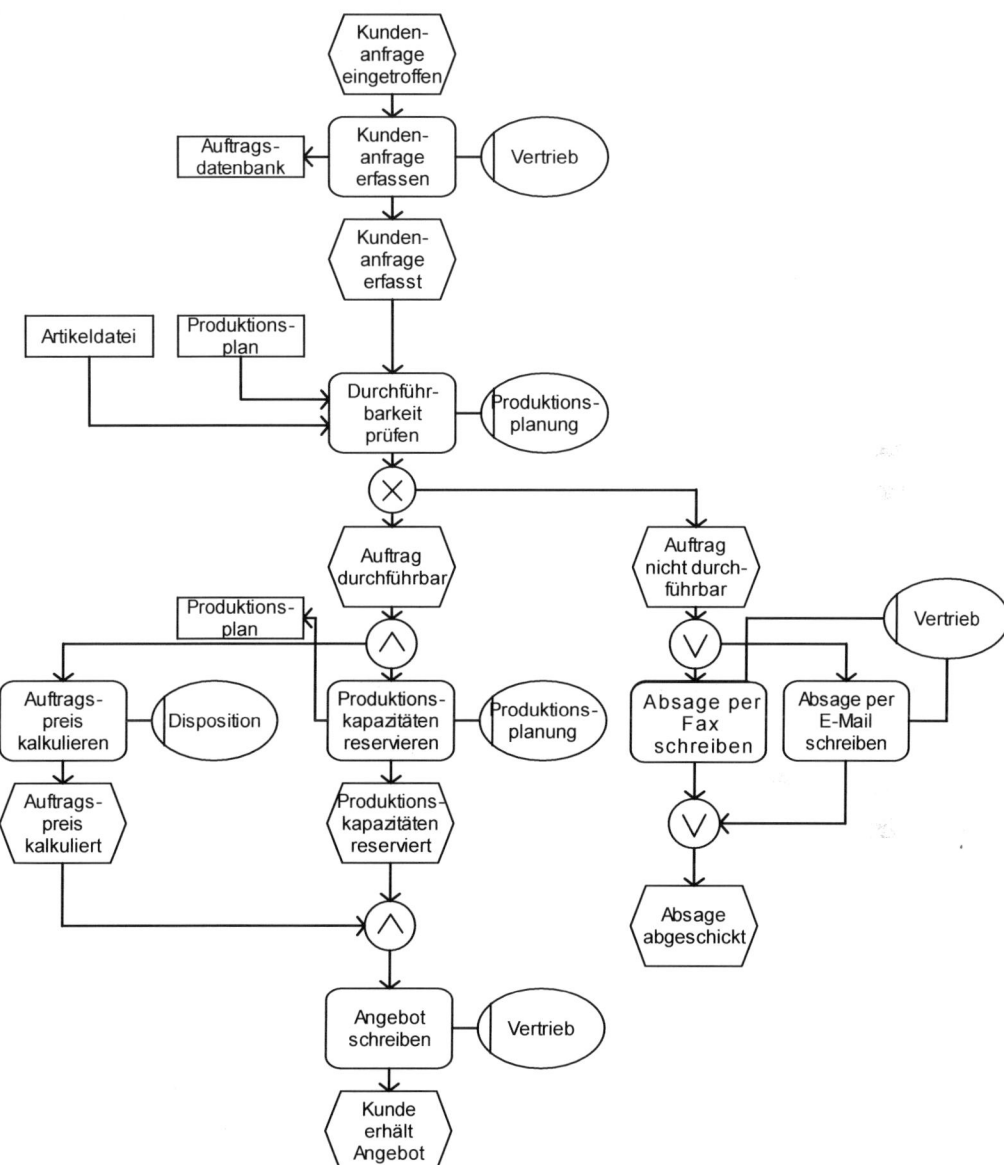

Zur spezifischen Blickweise existieren in ARIS die sogenannten Sichten, die im ARIS-Haus dargestellt sind.

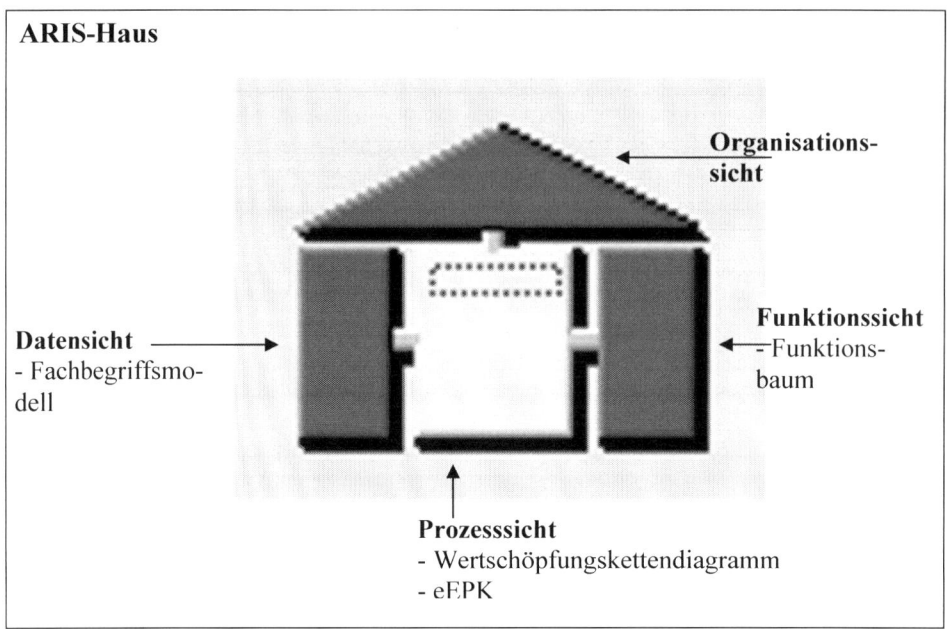

ARIS-Haus

Organisations-
sicht

Datensicht
- Fachbegriffsmo-
dell

Funktionssicht
-Funktions-
baum

Prozesssicht
- Wertschöpfungskettendiagramm
- eEPK

Das grundlegendste Modell der **Funktionssicht** ist der Funktionsbaum. In diesem Modelltyp werden nur die Funktionen eines Prozesses in ihrem Zusammenhang dargestellt. Die Grafik zeigt einen Funktionsbaum aus dem Bereich der Beschaffungslogistik. So ist die Darstellung wesentlich verständlicher als in einer eEPK, die die gesamte Beschaffungslogistik mit Ereignissen, Organisationseinheiten und Informationsobjekten abgebildet zeigt.

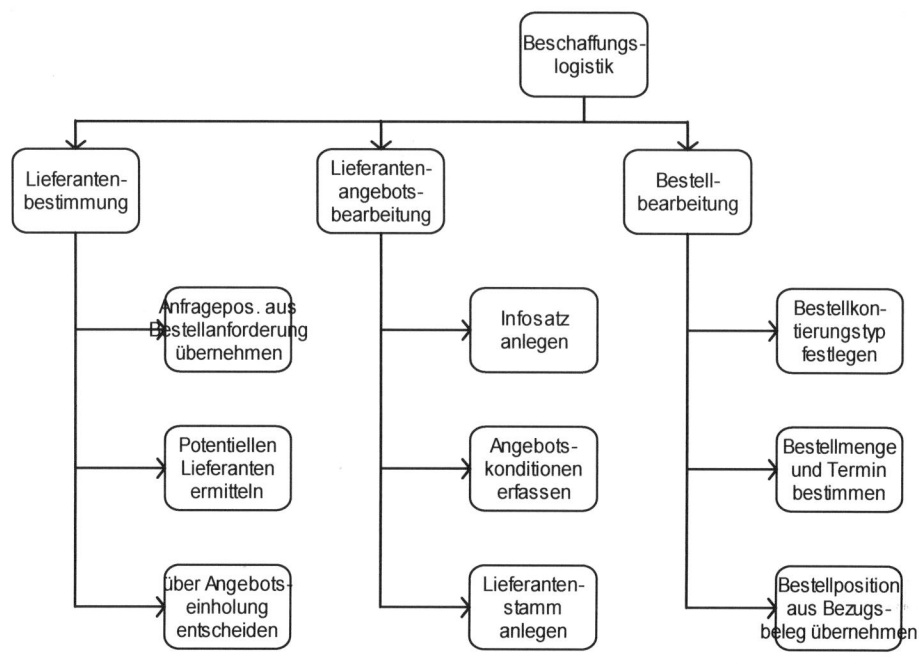

Die **Datensicht** ist für den Einstieg in ARIS nicht nötig. Das (vorläufig) interessanteste Modell ist das Fachbegriffsmodell, das hilft, die oft nur schwer überschaubare Begriffsvielfalt zu systematisieren, indem es die Beziehungen einzelner Begriffe zueinander veranschaulicht. So wird in der Produktion etwas anderes unter dem Begriff ‚Auftrag' verstanden als in der Beschaffung.

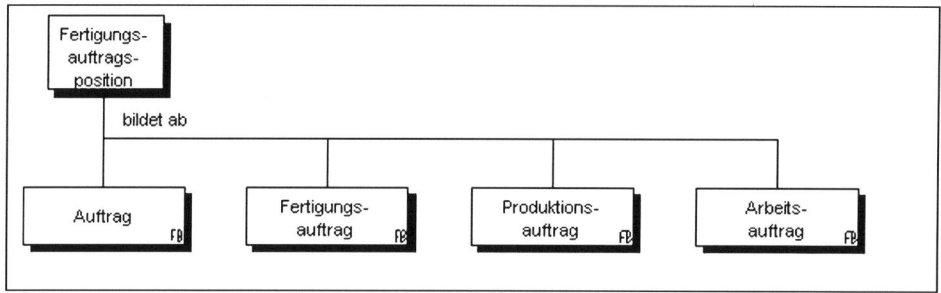

Das bekannteste Modell der **Organisationssicht** ist das Organigramm. Das Organigramm stellt die Aufbauorganisation dar und zeigt die Organisationseinheiten eines Unternehmens auf. Je nach Detaillierungsgrad sind auch die zugehörigen Stellen und Personen abgebildet.

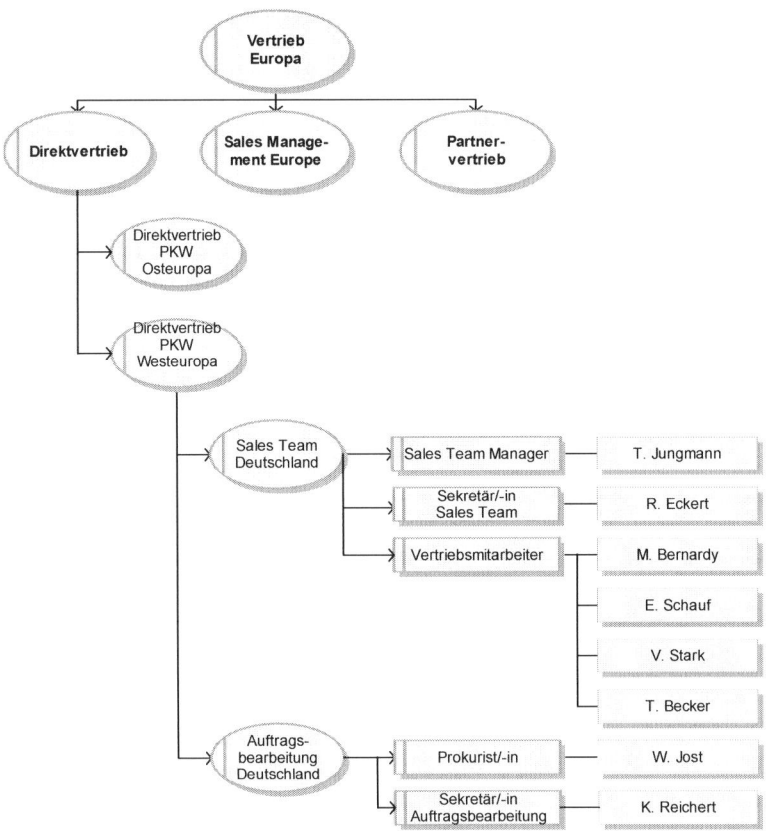

Durch die Aufteilung der Prozesse in einzelne Sichten lässt sich zwar die Komplexität reduzieren, allerdings geht der Gesamtzusammenhang zwischen den einzelnen Sichten verloren. Durch die **Prozesssicht** wird er wieder hergestellt. Hier können die Informationen aus den anderen Sichten zusammengeführt werden. Zu dieser Sicht gehören beispielsweise die (e)EPK, das Wertschöpfungskettendiagramm und das Funktionszuordnungsdiagramm. Letzteres zeigt sämtliche Verbindungen zu einer Funktion auf.

Übersichts-modelle

Grob-modelle

Detail-modelle

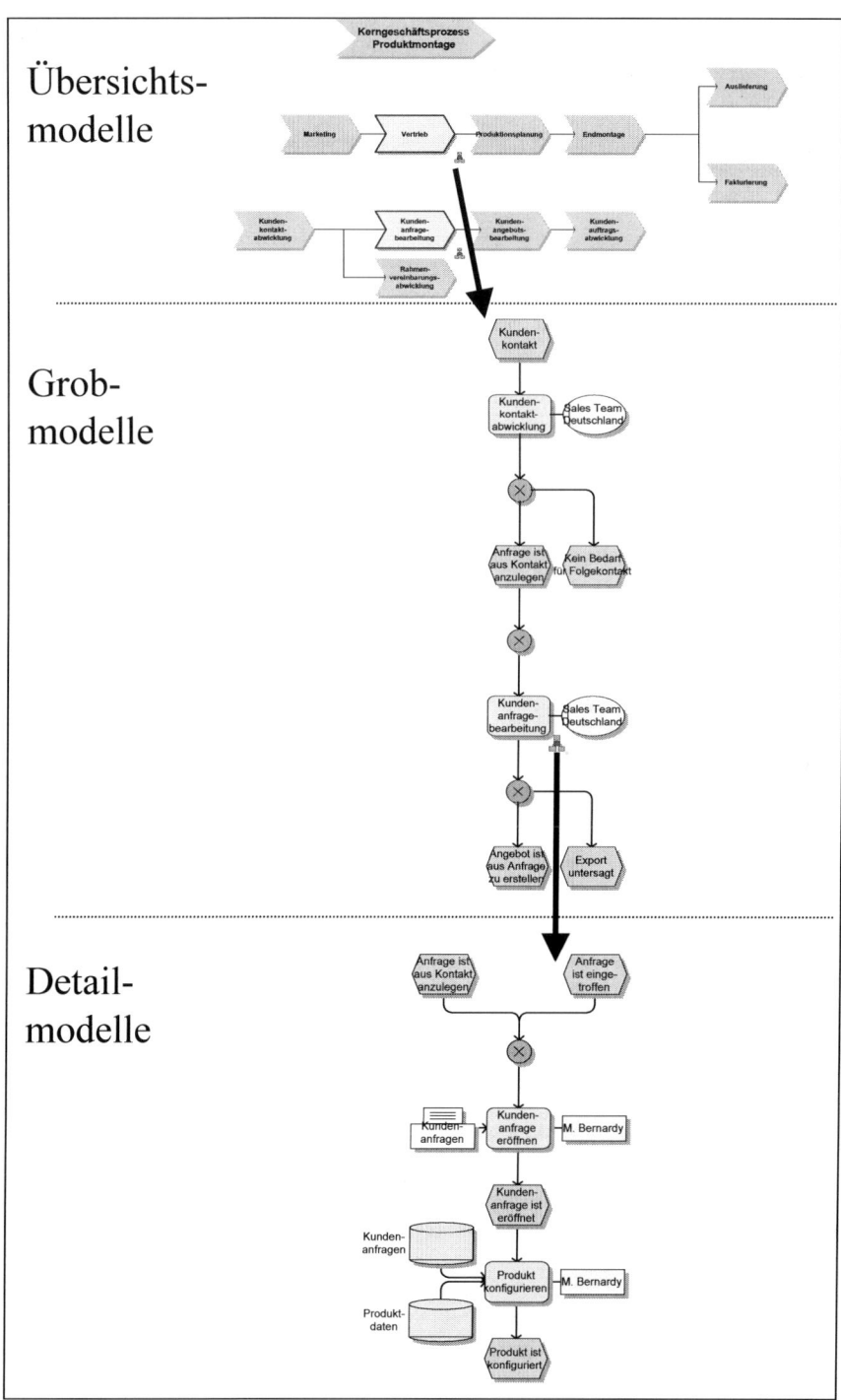

Neben der Komplexitätsreduzierung mittels unterschiedlicher Sichten lässt sich die Anschaulichkeit erhöhen, indem mit verschiedenen Modellierungsebenen gearbeitet wird, die sich miteinander verknüpfen lassen. Auf der obersten Ebene sollten grobe Übersichtsmodelle stehen, beispielsweise Wertschöpfungskettendiagramme und Organigramme ohne Stellenbeschreibungen. Erst eine Stufe tiefer sollten dann zu den einzelnen Elementen der Wertschöpfungskette eEPKs definiert werden, die ggf. die Prozesse noch nicht bis ins Detail darstellen, sondern auf die nächste Ebene verweisen, auf der die Teilprozesse dann genau geschildert sind.

B.2 Prozesse modellieren mit der Software ARIS

In diesem Abschnitt wird in Auszügen schrittweise ein Unternehmen mit seinen Prozessen in ARIS modelliert und analysiert. Dafür wird eine entsprechende Datenbank angelegt, Verzeichnisse sind zu definieren und verschiedene Modelle (Organigramme, Wertschöpfungskettendiagramme, eEPKs) zu erstellen und miteinander zu verknüpfen. Zum Ende dieser Einführung werden Möglichkeiten der Auswertung skizziert.

B.2.1 Datenbanken erstellen und anmelden

Für jedes Projekt (beispielsweise Modellierung eines bestimmten Unternehmens) ist eine Datenbank innerhalb von ARIS anzulegen. Dort werden sämtliche Informationen (Modelle, Objekte) gespeichert. Dazu klicken Sie mit der rechten Maustaste im ARIS-Explorer auf den Server (meistens ‚LOCAL') und wählen im Kontextmenü Neu/Datenbank. Dann ist der Name der Datenbank zu vergeben.

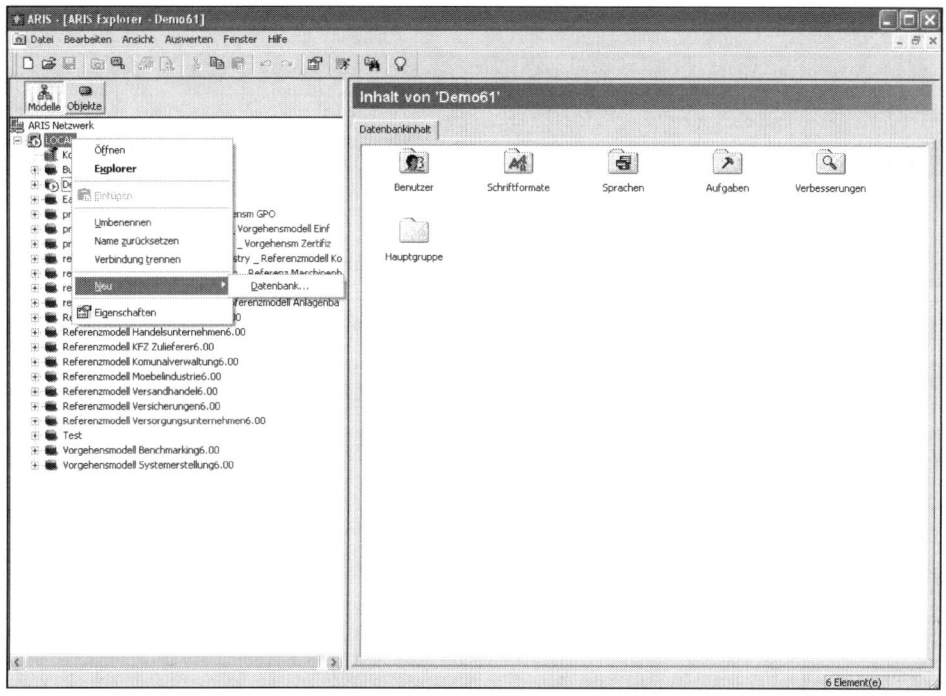

Wenn Sie sich für eine Datenbank anmelden, werden Sie nach Ihrem Benutzernamen und Passwort gefragt. Solange diesbezügliche keine Änderungen vorgenommen werden, heißt der Standardnutzer ‚system' und hat das Kennwort ‚manager'. Anschließend werden Sie nach einem Methodenfilter gefragt. Vom gewählten Methodenfilter hängt ab, welche Objekte Ihnen später beim Modellieren zur Verfügung stehen. Beim ‚Easy-Filter' werden nur die wichtigsten, am häufigsten Elemente angezeigt, während beispielsweise die ‚Gesamtmethode' sämtliche Objekte bereitstellt. Dies muss allerdings kein Vorteil sein, da der Einsteiger schnell von der Vielzahl der Objekte irritiert wird, weswegen am Anfang grundsätzlich der ‚Easy-Filter' gewählt werden sollte.

In der Grundeinstellung von ARIS werden Sie übrigens nicht zur Anmeldung aufgefordert und es wird automatisch der ‚Easy-Filter' verwendet. Wollen Sie hingegen einen anderen Filter, müssen sie im Explorer mit der rechten Maustaste die Datenbank anklicken und ‚anmelden' auswählen. Sollten Sie bereits angemeldet sein, müssen Sie sich – ebenfalls mit der rechten Maustaste - erst wieder abmelden.

Bereits in diesen ersten Ausführungen wird deutlich: der rechten Maustaste (dem Kontextmenü) kommt in ARIS elementare Bedeutung zu. Fast alle Aktionen können über das Kontextmenü aufgerufen werden. Wenn Sie also mit einem Objekt etwas machen wollen, klicken Sie es an und öffnen Sie das Kontextmenü.

Aufgabe 1: Erstellen Sie eine neue Datenbank mit dem Namen ‚ARIS Einfuehrung'.

Wichtig: Verwenden Sie keine Umlaute. Je nach ARIS-Version können Sie die Datenbank sonst später nicht mehr öffnen!

B.2.2 Verzeichnisstrukturen anlegen

Ähnlich wie auf der Festplatte Dateien in unterschiedlichen Ordnern verwaltet werden, um die Festplatte übersichtlich zu strukturieren, sollten Modelle und Objekte in ARIS ebenfalls in strukturierten Ordnern bzw. Gruppen abgelegt sein. Nur so können Sie bei komplexeren Projekten die Übersicht behalten. Außerdem erleichtert eine durchdachte Gruppenstruktur die Verteilung von Zugriffsrechten (die in dieser Einführung nicht thematisiert werden), da die Rechte sich auf alle Elemente einer Gruppe beziehen.

Gruppen werden innerhalb der ‚Hauptgruppe' eines Modells angelegt. Dazu wieder ein Rechtsklick auf die Gruppe, in der eine neue (Unter-)Gruppe angelegt werden soll (in diesem Fall ‚Hauptgruppe'), dann Neu/Gruppe.

Aufgabe 2: Erstellen Sie unter der ‚Hauptgruppe' folgende Gruppen:

- Anwendungssysteme
- Aufbauorganisation
- Geschäftsprozesse
  - Strategieentwicklung
  - Forschung & Entwicklung
  - Marketing
  - Vertrieb
    - Kundenanfragebearbeitung
    - Kundenangebotsbearbeitung
    - Kundenauftragsbearbeitung
  - Produktionsplanung

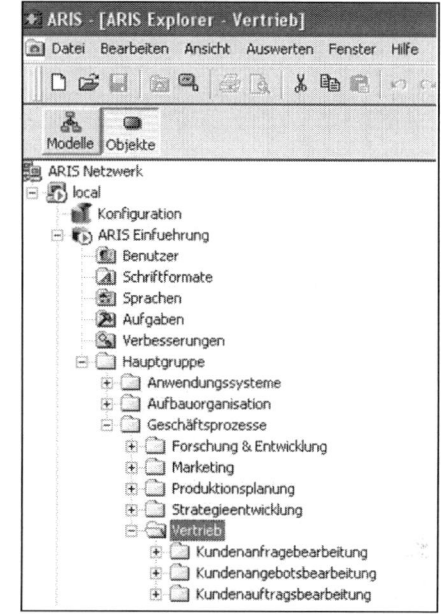

B.2.3 Organigramme erstellen

Organigramme bilden die Aufbauorganisation eines Unternehmens ab. Sie informieren über den Aufbau der Abteilungen, deren Stellen und die den Stellen zugeordneten Personen. Hier die wichtigsten ARIS-Objekte für Organigramme:

Organisationseinheiten sind z.B. Bereiche oder Abteilungen. Sie setzen sich normalerweise aus Stellen zusammen. Wenn Sie zwei Organisationseinheiten durch Kanten verbinden, müssen Sie noch entscheiden, in welchem Verhältnis sie zueinander stehen. Im Easy-Filter sind folgende Kantentypen verfügbar:

- ist übergeordnet
- wird gebildet durch

Stelle

Stellen sind die kleinsten Organisationseinheiten im Unterneh-men. Sie werden durch eine Person besetzt. Zwischen Stellen und Organisationseinheiten bzw. zwischen Stellen untereinander gibt es im Easy-Filter keine Wahl bzgl. des Kantentyps. Sie geht aus der Pfeilrichtung hervor:

- von Organisationseinheit zur Stelle: wird gebildet durch
- von Stelle zur Organisationseinheit: ist organisationsverantwortlich für
- zwischen Stellen: wird gebildet durch

Person intern

Personen sind die Mitarbeiter eines Unternehmens. Sie können entweder Stellen besetzen oder direkt den Organisationseinheiten zugeordnet werden. Zwischen Stelle und Person gibt es die Kantentypen:

- ist organisationsverantwortlich für
- besetzt

Zwischen Person und Organisationseinheit ist im Easy-Filter wieder die Pfeil-richtung entscheidend:

- von Person zur Organisationseinheit: ist organisationsverantwortlich für
- von Organisationseinheit zur Person: gehört zu

Aufgabe 3: Das Unternehmen setzt sich zusammen aus der Geschäftsführung, für die Herr Karl Hack organisationsverantwortlich ist. Die Geschäftsführung ist den Organisationseinheiten Disposition, Produktionsplanung, Vertrieb und Lager übergeordnet. Eva Loose ist organisationsverantwortlich für die Disposition. Hans Stepp gehört zu dieser Abteilung. Für die Produktionsplanung ist Achim Koch verantwortlich. Ufuk Özem gehört zur Produktionsplanung. Die Vertriebs-abteilung besteht aus zwei Stellen: der Leiter Vertrieb ist organisationsverant-wortlich, die Stelle Sachbearbeiter Vertrieb bildet die Abteilung. Erstere Stelle wird besetzt durch Sophie Jeune, letztere durch Frank Senk.

a) Erstellen Sie ein Organigramm (Name: Organigramm – Übersicht) in der Gruppe Aufbauorganisation, das nur einen groben Überblick geben soll und deshalb bloß aus der Geschäftsführung und den Abteilungen besteht.

b) Erstellen Sie in der Gruppe Aufbauorganisation ein weiteres Organigramm (Name: Organigramm – Detail), das den geschilderten Sachverhalt detailliert abbildet.

Tipp: kopieren Sie die Objekte aus ‚Organigramm – Übersicht' und fügen Sie sie im anfangs noch leeren ‚Organigramm – Detail' ein. Anschließend ergänzen Sie die fehlenden Informationen.

Tipp: wenn Sie sich ARIS selbständig ohne Trainer aneignen, lesen Sie noch den übernächsten Abschnitt (Layout gestalten), bevor Sie zu modellieren beginnen.

Die in Aufgabe 3 geschilderte Vorgehensweise ist generell bei der Modellierung empfehlenswert. Erstellen Sie vom gleichen Sachverhalt mehrere Modelle mit unterschiedlichem Detaillierungsgrad, wobei erst die allgemeinen, dann die konkreten Modelle gebaut werden sollten. Dadurch erhalten Sie die Übersicht – sowohl beim Betrachten als auch beim Erstellen der Modelle. Weiterhin können Sie beim Erstellen anderer Modelle gezielter auf einzelne Objekte zurückgreifen (s. u.).

B.2.4 Attribute pflegen und anzeigen

Zu sämtlichen Modellen und Objekten (und außerdem zu Sprachen, Schriftformaten, Benutzern, Benutzergruppen, Gruppen und Kanten) lassen sich eine Vielzahl von weiteren Informationen hinterlegen, betrachten und auswerten.

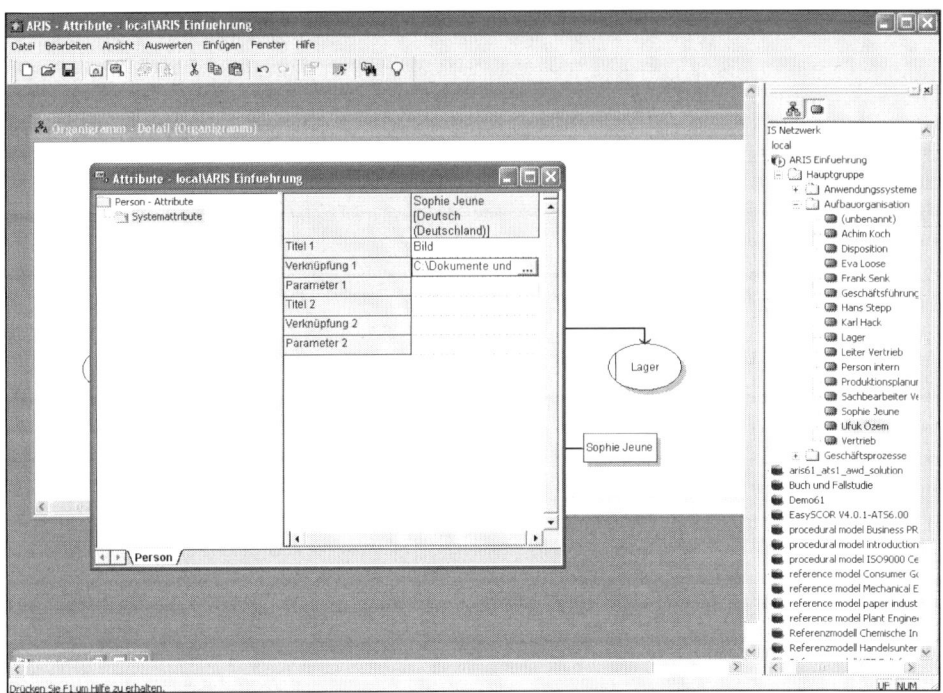

Einem Objekt ‚Person' können u.a. Telefon- und Faxnummern, E-Mail-Adressen und Bemerkungen zugeordnet werden. Dazu klicken Sie mit der rechten Maustaste auf das entsprechende Objekt und wählen im Kontextmenü ‚Attribute' aus. Zusätzlich können noch Verknüpfungen zu anderen Programmen/Dateien bei den Attributen hinterlegt werden, beispielsweise ein Foto oder ein Word-Dokument. Dies erfolgt innerhalb der Attribute bei den ‚Systemattributen'.

Die Attribute können entweder wieder über das Attributfenster betrachtet oder direkt im Modell angezeigt werden. Letzteres muss erst noch in den Eigenschaften eingestellt werden. Markieren Sie zuerst das Objekt (die Objekte), dessen Attribut(e) Sie im Modell anzeigen wollen. Öffnen Sie dann das Kontextmenü und wählen Sie ‚Eigenschaften'. Dort wählen Sie zuerst in der linken Fensterhälfte ‚Attributplatzierungen'. Anschließend wählen Sie in der Mitte unten das Attribut aus, das angezeigt werden soll, und bestimmen abschließend rechts oben, wo es am Objekt erscheinen soll.

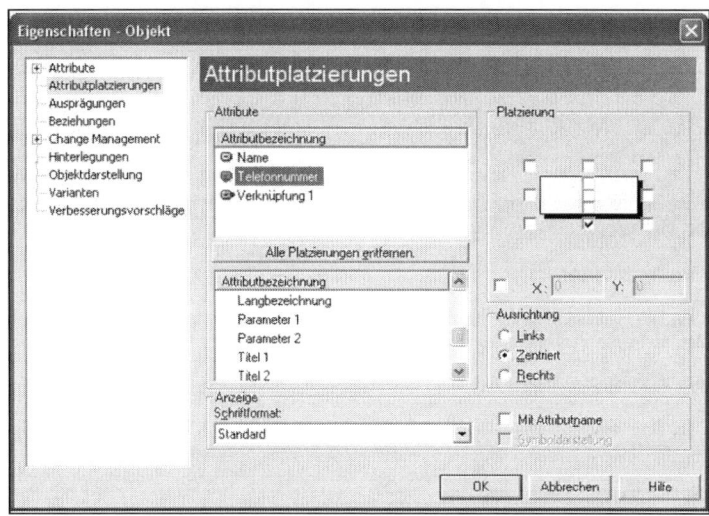

Bis auf Verknüpfungsobjekte werden alle Attribute direkt angezeigt. Verknüpfungen hingegen müssen Sie erst starten. Dazu markieren Sie zuerst das Objekt, das als Attribut die Verknüpfung enthält. Erst dann können Sie auf den Attributplatzhalter doppelklicken.

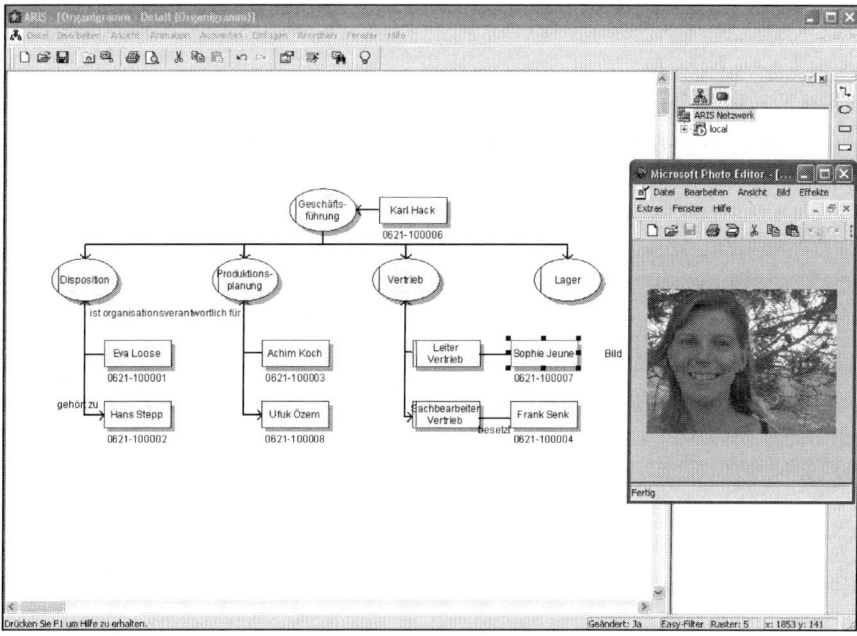

Aufgabe 4: Hinterlegen Sie zu jedem Mitarbeiter innerhalb des Organigramms die zugehörige Telefonnummer. Lassen Sie sie unterhalb der Objekte anzeigen.

Experimentieren Sie auch mit den Verknüpfungen, beispielsweise indem Sie einer Person ein Photo zuordnen oder einer Stelle eine Stellenbeschreibung in Form eines Word-Dokuments.

Name	Telefon
Achim Koch	0621-100003
Eva Loose	0621-100001
Frank Senk	0621-100004
Hans Stepp	0621-100002
Karl Hack	0621-100006
Sophie Jeune	0621-100007
Ufuk Özem	0621-100008

B.2.5 Das Layout gestalten

ARIS bietet vielfältige Möglichkeiten die Optik der Modelle zu beeinflussen. Im Folgenden eine kleine Auswahl der wichtigsten Gestaltungsmöglichkeiten.

Den **Namen** eines Objekts verändern Sie durch Markieren des Objekts und Drücken der Taste F2. Ein Zeilenumbruch wird in ARIS mit STRG + ENTER erzeugt.

Um eine **Kante** (eine Pfeilverbindung) zwischen zwei Objekten zu erstellen sollten diese nicht markiert sein. Weiterhin muss der Kantenmodus eingeschaltet sein:

Gehen Sie dann auf den Rand des ersten Objekts – am Mauszeiger erscheint:
– und ziehen Sie nun zum Zielobjekt. Sollte eine Verbindung zum Zielobjekt nicht erlaubt sein, verändert sich der Mauszeiger:

Wollen Sie mehrere Objekte auf einmal **markieren** können Sie entweder einen Markierungskasten um sie ziehen oder sie nacheinander mit gedrückter STRG-Taste anklicken.

Hilfreich beim Modellieren ist die Möglichkeit, im Nachhinein an einer bestimmten Stelle einen **Freiraum** für neue Objekte **einzufügen**. Dazu klicken Sie wieder mit der rechten Maustaste auf den Modellhintergrund und wählen im Kontextmenü den Punkt *Freiraum einfügen und entfernen*. Durch Ziehen von oben nach unten oder von links nach rechts schaffen Sie an den entsprechenden Stellen zusätzlichen Platz. Haben Sie hingegen zu viel Platz, können Sie analog Freiräume entfernen, indem Sie von unten nach oben bzw. von rechts nach links ziehen.

Das **Raster** hilft, Objekte gleichmäßiger auszurichten. Sie aktivieren es über die Modelleigenschaften. Klicken Sie mit der rechten Maustaste auf den Modellhintergrund und wählen Sie im Kontextmenü die ‚Eigenschaften'. Aktivieren Sie links die ‚Modelldarstellung' und anschließend rechts das Häkchen ‚Raster benutzen'. Alternativ können Sie das Raster über die Formatierungssymbolleiste (de-)aktivieren.

Sehr hilfreich beim Formatieren ist die **Symbolleiste Formatierung**. Falls sie nicht eingeblendet sein sollte, klicken Sie mit der rechten Maustaste auf eine existierende Symbolleiste und wählen Sie im Kontextmenü ‚Formatierung'.

1. Hiermit können Formatvorlagen auf das ganze Modell angewendet werden. So lässt sich mit zwei Mausklicks die ganze Modelldarstellung verändern.
2. Diese Symbole helfen Ihnen, mehrere Objekte aneinander auszurichten, sie beispielsweise alle auf eine Höhe zu bekommen. Dazu müssen Sie die Objekte vorher markieren.
3. Dadurch lässt sich der Abstand zwischen mehreren Objekten angleichen.
4. Mit dem Symbol kann das Raster ein- und ausgeschaltet werden.
5. Hiermit ist der Rang der Objekte veränderbar: wenn ein Objekt ein anderes überlappt, kann damit eingestellt werden, welches Objekt oben bzw. unten liegen soll.
6. Damit lassen sich mehrere Objekte dauerhaft zu einer Gruppe zusammenfassen. Sämtliche Aktionen (Verschieben, Formatierungen etc.) beziehen sich dann auf alle Elemente der Gruppe.
7. Dies ist eine Möglichkeit, das automatische Layout (s. u.) nur auf die markierten Objekte anzuwenden, statt auf das ganze Modell.
8. Ändert die Füllfarben der markierten Objekte.
9. Ändert die Linienfarbe der Objekte.

10. Ermöglicht andere Linienstärken.

Mit all diesen Möglichkeiten lässt sich das Layout sehr individuell gestalten. Wer hingegen großen Wert auf eine besonders schnelle Gestaltung legt, sollte auch mit dem Layout-Assistenten arbeiten. Sie öffnen ihn durch einen Rechtsklick auf den Modellhintergrund mit dem Punkt ‚Layoutassistent‘ aus dem Kontextmenü. Experimentieren Sie mit den unterschiedlichen Einstellmöglichkeiten – durch Anklicken der Vorschau können Sie das Ergebnis betrachten. Falls Ihnen ein erstelltes Layout nicht gefallen sollte, können Sie die Aktion wie in den meisten Windows-Programmen wieder rückgängig machen. Wählen Sie im Kontextmenü nur ‚Layout‘ statt ‚Layoutassistent‘ werden sofort die Einstellungen des ‚Layout-Assistenten‘ angewendet. Wollen Sie den Layoutassistenten nur auf einen Teil des Modells anwenden, markieren Sie ihn und klicken auf das siebte Symbol der Symbolleiste Formatierung.

Bei der Modellierung können zusätzliche Fenster, die Sie über den Menüpunkt ‚Ansicht‘ erreichen, hilfreich sein. Bei sehr umfangreichen Modellen gibt Ihnen die ‚Modellübersicht‘ einen Überblick, welcher Ausschnitt des Modells gerade angezeigt wird. Die Strukturansicht zeigt den ARIS-Explorer. Sie können ihn verwenden, um verschiedene Objekte der Datenbank anzeigen zu lassen. Sie können sie dann in das Modell ziehen und brauchen sie so nicht neu zu erstellen. Wenn Sie beispielsweise eine detaillierte eEPK erstellen, können Sie sich die Personen des Organigramms in der Strukturansicht anzeigen lassen und sie dann einfach ins Modell ziehen. So sparen Sie sich Tipparbeit und vermeiden außerdem Fehler.

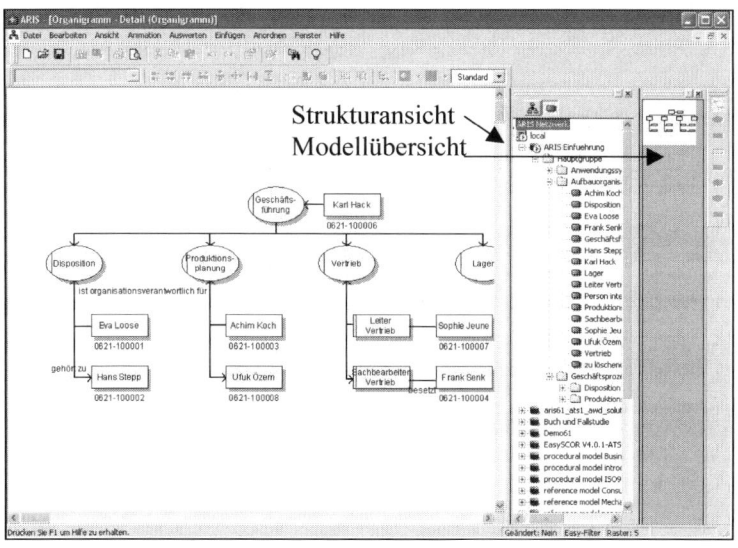

Aufgabe 5: Experimentieren Sie mit den Möglichkeiten der Formatierung, insbesondere mit dem Layoutassistenten und den Vorlagen.

B.2.6 Das ARIS-Datenbankkonzept

Bei der bisherigen Arbeit mit ARIS sind Ihnen möglicherweise einige Dinge aufgefallen:

- Wenn ein Objekt kopiert und anschließend umbenannt wird, ändert sich auch der Name des ursprünglichen Objekts.

- Wird ein neues Objekt erstellt, das den gleichen Namen erhält wie ein in der Datenbank bereits vorhandenes (es kann auch in einem anderen Modell stehen), erscheint ein Fenster, das darauf hinweist.

- Wird ein Objekt in einem Modell erstellt und wieder gelöscht, ist es nicht dauerhaft gelöscht. Das lässt sich daran erkennen, dass das gerade angesprochene Fenster erscheint, wenn Sie ein neues Objekt gleichen Namens erstellen wollen.

All dies liegt daran, dass sämtliche Objekte nicht (nur) in den jeweiligen Modellen gespeichert werden, sondern in einer Datenbank. Bei jedem neu erstellten Objekt lässt sich so überprüfen, ob ein so benanntes Objekt bereits existiert.

Dadurch werden unnötige Wiederholungen (Fachbegriff: Redundanzen) vermieden und der Pflegeaufwand verringert sich. Hat sich ein Attribut eines Objekts geändert (beispielsweise der Name oder die Bearbeitungszeit), muss es nur in einem Modell geändert werden, der Rest passt sich automatisch in allen Modellen an. Soll nun ein Objekt dauerhaft gelöscht werden, reicht es nicht aus, dies in einem Modell zu tun. Stattdessen ist das Objekt in der Datenbank zu löschen. Dazu gehen Sie in den ARIS-Explorer, markieren das Verzeichnis, in dem das Objekt steht, lassen es sich anzeigen und löschen es:

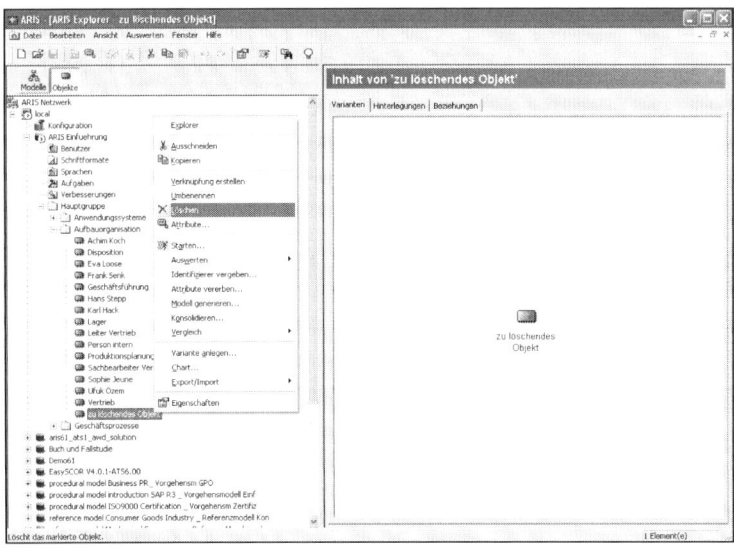

Neben Redundanzprüfung und vereinfachten Änderungen ergeben sich aus dem Datenbankkonzept von ARIS weitere Vorteile, über die rein grafische Modellierungstools wie Sisy oder Visio nicht verfügen. So kann die Software mit den sogenannten Semantikchecks automatisch prüfen, ob gegen Modellierungsregeln verstoßen wurde. Weiterhin können aus der Datenbank heraus sehr schnell neue Modelle und Auswertungen generiert werden (siehe B.2.10). Durch Erwerb eines Zusatzmoduls lassen sich mit ARIS auch Simulationen durchführen, allerdings nicht so intuitiv und einfach wie mit Powersim.

B.2.7 Objekte im Explorer erstellen

Objekte können nicht nur in Modellen erstellt werden, sondern direkt auf Datenbankebene im Explorer. Diese Technik bietet sich zur Strukturierung komplexer Sachverhalte an, bei deren Modellierung evtl. auch mehrere Menschen beteiligt sind. Zuerst werden auf Datenbankebene Objekte erstellt, und bei der Modellierung darf nur auf diese bereits erstellten Objekte zugegriffen werden. Dadurch entstehen keine Fehler bei der Modellierung, die aus unterschiedlicher Schreibweise des gleichen Sachverhalts entstehen. Wird den Modellierern bei der Bezeichnung großer Freiraum gegeben, kann dies dazu führen, dass das gleiche Objekt als Tabellenkalkulation, als Excel oder als MS-Excel bezeichnet wird. Geben Sie den Namen hingegen vor, kann dieses Problem leicht vermieden werden.

Um Objekte im Explorer zu erstellen, klicken Sie an der entsprechenden Stelle im Verzeichnispfad die rechte Maustaste und wählen Neu/Objekt. Im erscheinenden Fenster entscheiden Sie über den Objekttyp, den Sie erstellen wollen, und geben dann alle Objektnamen ein.

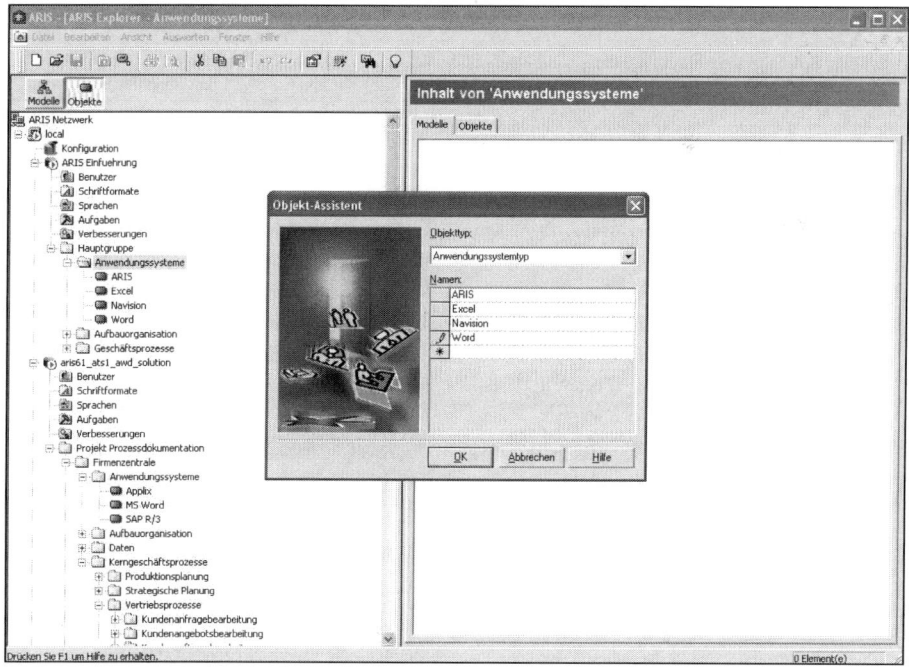

Aufgabe 6: Erstellen Sie in der Gruppe Anwendungssystem die Objekte ARIS, Excel, Navision und Word. Ihr Objekttyp ist Anwendungssystemtyp.

B.2.8 Wertschöpfungskettendiagramm anfertigen

Wie bereits in 6.3.2.1 erläutert, dienen Wertschöpfungskettendiagramme (WKD) der groben, überblicksartigen Darstellung von Prozessen. Das wichtigste Element des WKD ist die Funktion, deren Bedeutung bereits bei den eEPKs in 6.3.2.2 erläutert wurde. Allerdings werden Sie bei WKDs anders dargestellt und wegen des hohen Abstraktionsniveaus oft unterschiedlich benannt: statt aus einem Informationsobjekt (Kundenauftrag) und einem Verb (bearbeiten) werden Funktionen in WKDs oft mit einem Substantiv bezeichnet, z.B. Produktentwicklung, Beschaffung oder Strategische Planung.

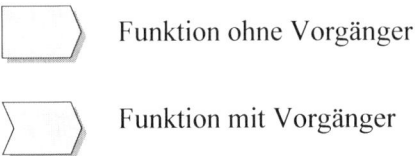

Funktion ohne Vorgänger

Funktion mit Vorgänger

In Beziehung werden Funktionen des WKD mit den Kantentypen:
- ist Vorgänger von (der im Easy-Filter einzige verfügbare Kantentyp)
- ist prozessorientiert übergeordnet
Darüber hinaus können Funktionen der WKD noch Organisationseinheiten zugeordnet werden, die in B.2.3 beschrieben sind.

Aufgabe 7: Erstellen Sie ein WKD namens ‚Geschäftsprozesse – Überblick' im Ordner Geschäftsprozesse, das folgenden Sachverhalt abbildet:
Die Strategieentwicklung setzt Impulse für die Forschung & Entwicklung, die entsprechende Produkte entwickeln. Es schließt sich das Marketing an, auf das Vertriebsprozesse folgen. Direkt nach den Vertriebsprozessen folgen sowohl die Produktionsplanung als auch das Kundenmanagement.

B.2.9 eEPKs und Hinterlegungen erstellen

Die Symbolik und Logik der eEPKs ist Ihnen aus 6.3.2.2 bekannt. An dieser Stelle ist noch hinzuzufügen dass Ereignisgesteuerte Prozessketten „schlank" und „erweitert" modelliert werden können. Schlanke EPKs bestehen nur aus Funktionen, Ereignissen und Konnektoren, während erweiterte EPKs (eEPK) noch zusätzliche Objekte wie Organisationseinheiten oder Informationsobjekte beinhalten können. Schlanke EPKs sind gemeinhin übersichtlicher und werden eher auf gröberen Modellierungsebenen (beispielsweise direkt unterhalb von Wertschöpfungskettendiagrammen) verwendet.

Aufgabe 8: Erstellen Sie eine schlanke EPK für folgenden Vertriebsprozess in der Gruppe Vertrieb mit dem Namen Vertriebsprozesse:
Der Prozess beginnt mit dem Eintreffen einer Kundenanfrage. Daraufhin wird ein Angebot erstellt. Auf diese Funktion können zwei Ereignisse folgen, die sich gegenseitig ausschließen: entweder es geht ein Kundenauftrag ein oder der Kunde erteilt eine Absage. Falls ein Kundenauftrag eingeht, wird der Kundenauftrag bearbeitet. Das Ergebnis dieser Funktion ist eine versendete Auftragsbestätigung.

Sie haben nun ‚Vertriebsprozesse' auf zwei unterschiedlichen Modellierungsebenen abgebildet. Einmal sehr grob im Wertschöpfungskettendiagramm ‚Geschäftsprozesse – Überblick' und einmal – immer noch recht grob – in der EPK ‚Vertriebsprozesse'. Damit Sie direkt vom allgemeinen WKD in die konkretere EPK springen können, ist eine sogenannte Hinterlegung wie folgt zu erstellen:

1. Rechtsklick auf das zu hinterlegende Objekt (beispielsweise ‚Vertriebsprozesse' im WKD)
2. Im Kontextmenü ‚Hinterlegungen/Erzeugen' auswählen
3. Festlegen, ob auf ein bereits vorhandenes oder neu zu erstellendes Modell Bezug genommen werden soll und um welchen Modelltyp es sich dabei handelt.
4. Ort und Name des Verknüpfungsmodells auswählen.

Anschließend erscheint das entsprechende Symbol einer Hinterlegung am Objekt. Durch Doppelklicken auf das Symbol wird das hinterlegte Modell geöffnet.

Der Rücksprung zum übergeordneten Modell erfolgt am einfachsten durch Schließen des Untermodells.

So wie zwischen einem WKD und einer eEPK Hinterlegungen definiert werden können, lassen sich auch zwischen zwei eEPKs Verbindungen herstellen. Beim Untermodell müssen jedoch einige Besonderheiten beachtet werden.

1. Am Anfang und Ende steht der Name des aufrufenden, übergeordneten Prozesses in dem Symbol Prozessschnittstelle:

An diesen Symbolen erzeugt ARIS automatisch eine Hinterlegung, durch die per Doppelklick zum Hauptmodell zurückgesprungen werden kann.

2. Die Start- und Endereignisse der Funktion im Hauptprozess müssen im Unterprozess wiederholt werden.

3. Dann erfolgt in detaillierterer Darstellung – ggf. ergänzt um weitere Objekttypen – die Aufschlüsselung der groben Funktion des Hauptmodells in mehrere Schritte des Untermodells.

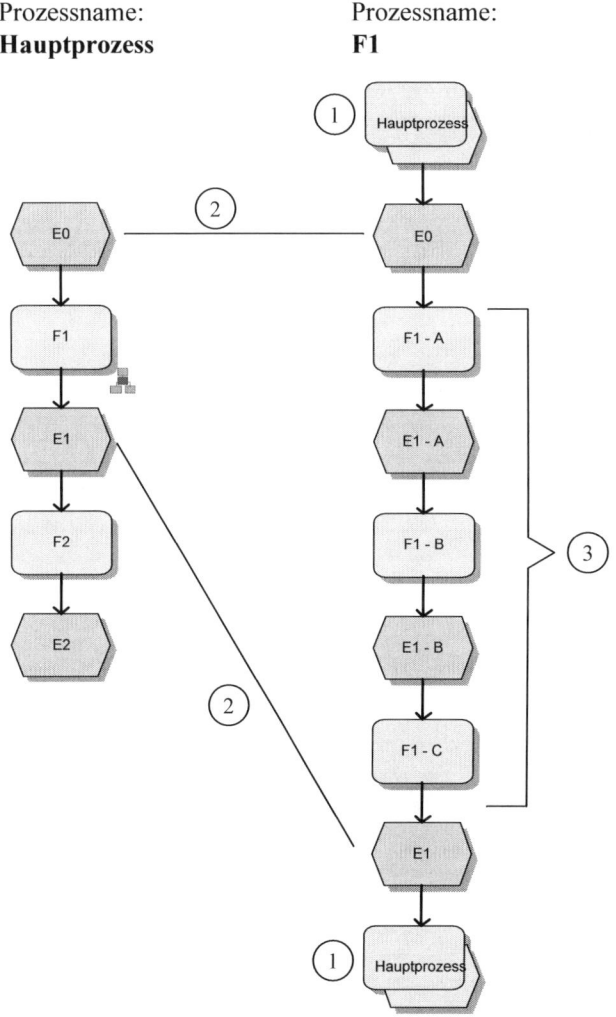

Prozessname:
Hauptprozess

Prozessname:
F1

Aufgabe 9: Erstellen Sie im Modell Vertriebsprozesse aus Aufgabe 8 an die Funktion ‚Angebot erstellen' eine Hinterlegung. Erstellen Sie dann als Detailmodell eine eEPK mit Namen ‚Angebot erstellen' in der Gruppe Kundenangebotsbearbeitung. Das Modell Kundenangebotsbearbeitung entspricht weitgehend der eEPK auf S. 109 (Beispiel Kapitel 6.3). Allerdings muss es um die Prozessschnittstellen zu Beginn und Ende der eEPK ergänzt werden. Außerdem sollte nach der letzten Funktion nicht das Ereignis ‚Angebot geschrieben' stehen, sondern die sich gegenseitig ausschließenden Ereignisse ‚Kundenauftrag eingegangen' und ‚Kundenabsage eingegangen'. Sie können bei dieser Übung auf die Modellierung der Informationsobjekte verzichten.

Tipp: Da im Untermodell einige Elemente (die Start- und Endereignisse) des Hauptmodells verwendet werden, können diese vom Hauptmodell in das zu erstellende Untermodell kopiert werden.

Tipp: Arbeiten Sie bei der Modellierung mit der Strukturansicht. Lassen Sie sich dort die Objekte des bereits erstellten Organigramms anzeigen. Sie können diese Objekte dann in das Modell ziehen und brauchen sie nicht mühsam neu zu erstellen.

B.2.10 Neue Modelle und Auswertungen generieren

Eine sehr hilfreiche Funktionalität von ARIS ist die Möglichkeit, aufgrund von in der Datenbank gespeicherten Modellen oder Objekten neue Modelle zu erstellen. So können beispielsweise aus eEPKs Funktionsbäume, Organigramme oder eEPK Gesamtprozessmodelle erstellt werden. So könnten Sie auch aus mehreren Detail-eEPKs eine große eEPK erstellen. Unter dem Aspekt der Schnittstellenanalyse ist insbesondere die eEPK in Spaltendarstellung interessant. Sie ist allerdings nicht im Easy-Filter verfügbar, sodass Sie sich ggf. in der Datenbank neu anmelden müssen (mit Rechtsklick auf Datenbank und evtl. vorher abmelden).

Ein neues Modell erstellen Sie, indem Sie einen Rechtsklick auf ein altes Modell tätigen und ‚Modell generieren' auswählen. Anschließend können Sie noch weitere Modelle bzw. Objekte auswählen, die als Basis des neu zu erstellenden Objekts dienen sollen. Dann brauchen Sie nur noch anzugeben, was für ein Modelltyp generiert wird und wie das neue Modell heißen soll. Den Rest erledigt ARIS.

Aufgabe 10: Lassen Sie sich auf Basis der eEPK ‚Angebote erstellen' eine eEPK in Spaltendarstellung und einen Office Process generieren.

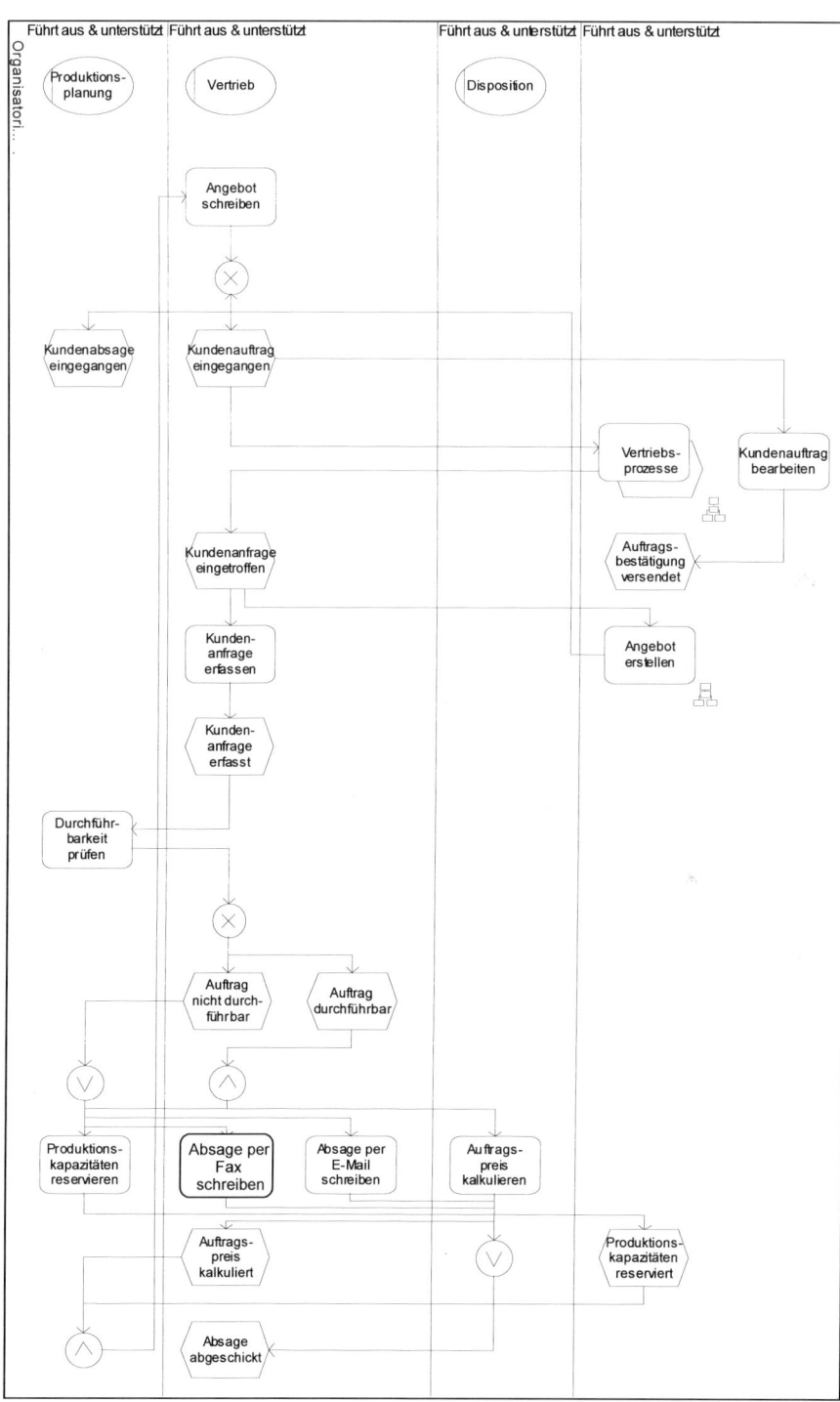

Sie können Ihre Datenbanken, Modelle und Objekte in vielerlei Hinsicht mittels der Reports analysieren. Dazu klicken Sie das Element mit der rechten Maustaste an, von dem Sie einen Report erstellen möchten. Wählen Sie dann Auswerten/Report. Daraufhin erscheint eine Vielzahl an vorprogrammierten Berichten, aus denen Sie den gewünschten auswählen. Eine Übersicht zu den einzelnen Reports erhalten Sie in der Hilfe: Menü Hilfe – Hilfethemen – ARIS Report – Reportskripte.

B.2.11   Lösungsvorschläge zu den ARIS-Übungsaufgaben

Lösung Aufgabe 3a

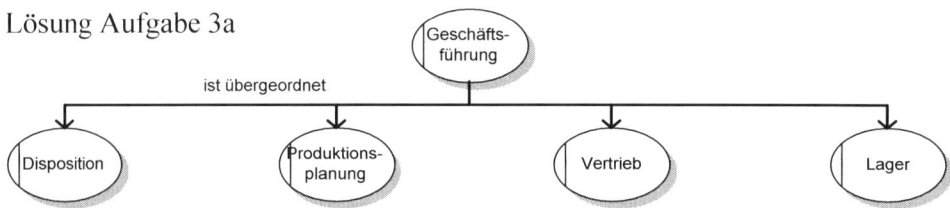

Lösung Aufgabe 3b

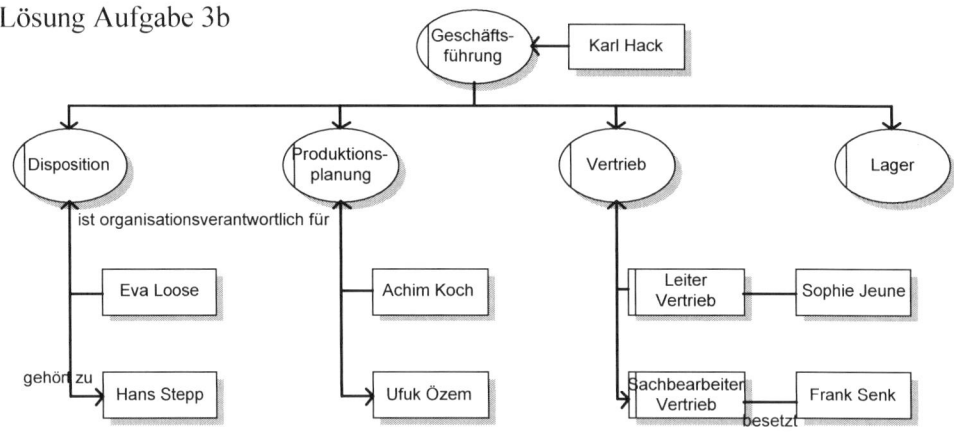

264

Lösung Aufgabe 7

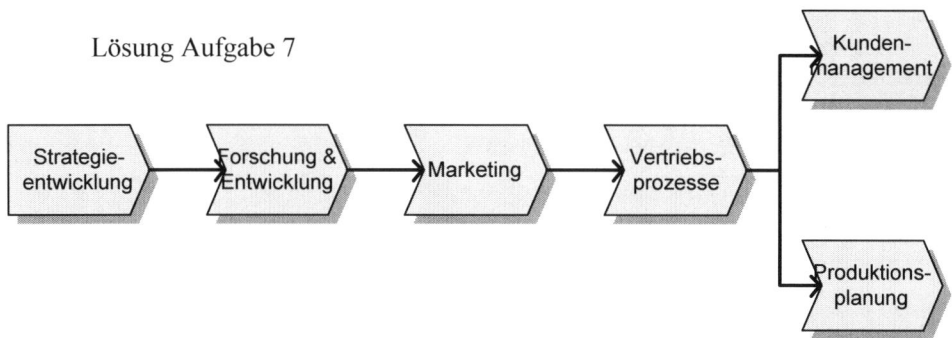

Lösung Aufgabe 8

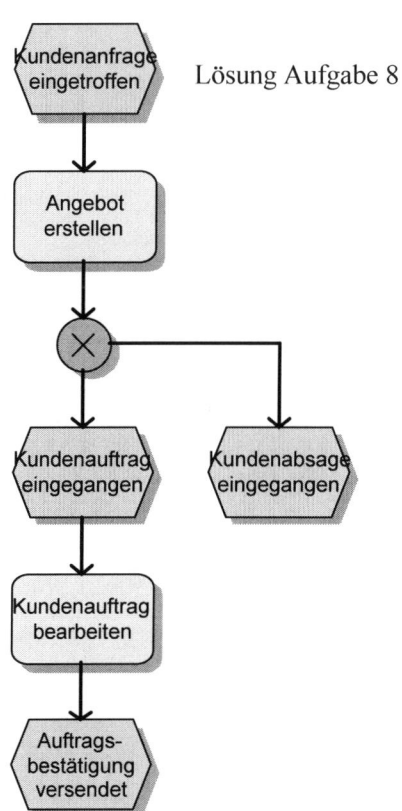

265

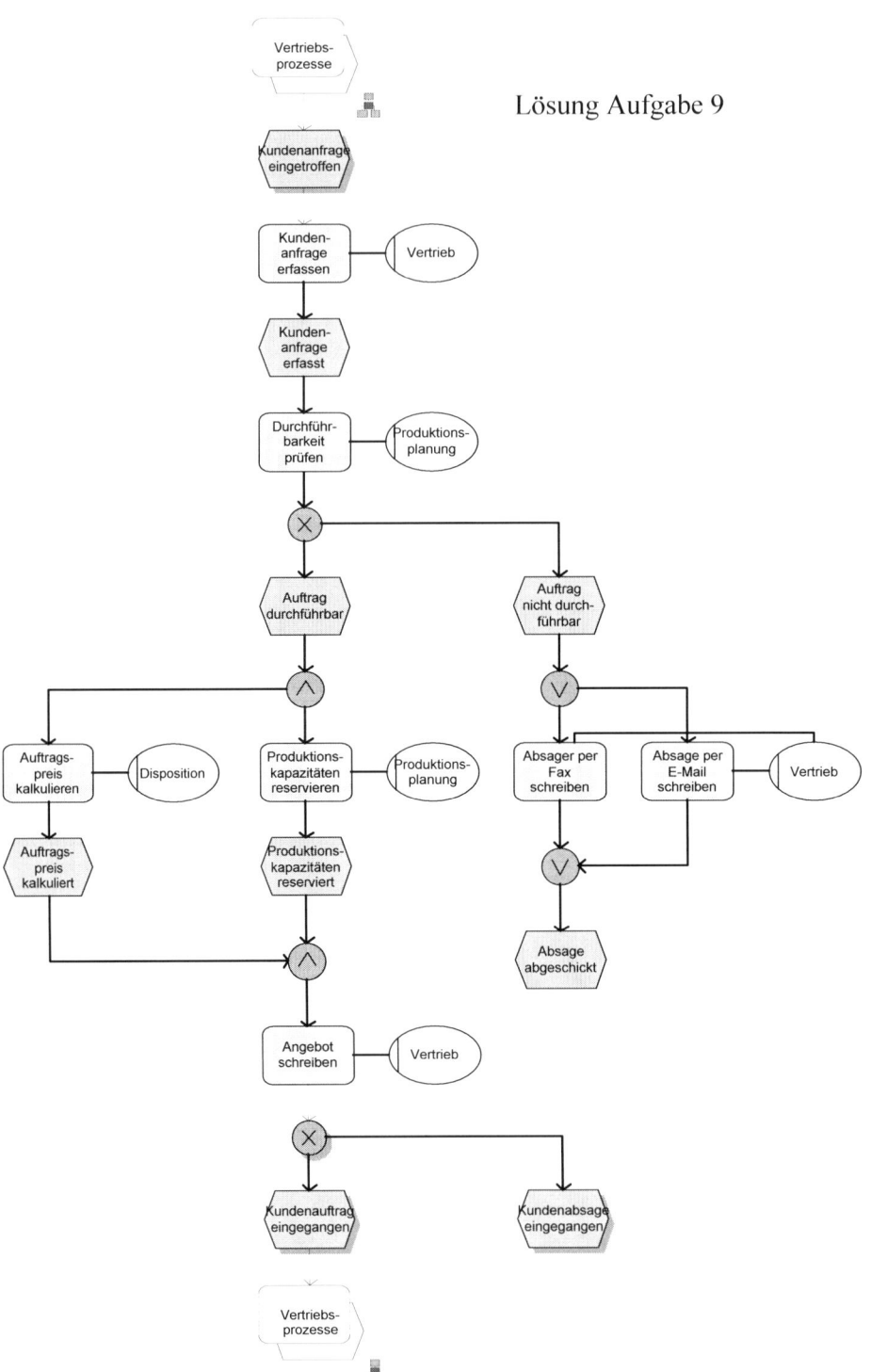

Lösung Aufgabe 9

Bibliographie

Ambrosius, Gerold: Wirtschaftsraum Europa. Vom Ende der Nationalökonomien. Frankfurt am Main 1996

Arndt, Holger: Förderung der Handlungskompetenz durch Modellbildung und Simulation in der kaufmännischen Ausbildung – konkretisiert an der Neuordnung des Ausbildungsberufs Industriekaufmann/Industriekauffrau. Erziehungswissenschaft und Beruf 4/2002, S. 407-424

Arndt, Holger: Systemisches Denken im Wirtschaftsunterricht. Erlangen 2016

Arndt, Holger: Was der Schweinezyklus mit Angebots- und Nachfragekurven zu tun hat - Systemdynamische Modellierung und Simulation im Unterricht am Beispiel des Preisbildungsmodells. Unterricht Wirtschaft 4/2005, S. 18-22

Arndt, Holger: Zur Relevanz des Supply-Chain-Management-Ansatzes für die berufliche Bildung. Erziehungswissenschaft und Beruf 3/2004, S. 317-327

Bartsch, Helmut; Bickenbach, Peter: Supply Chain Management mit SAP APO. Supply-Chain-Modelle mit dem Advanced Planner & Optimizer 3.1. Bonn 2002

Bichler, Klaus; Schröter, Norbert: Praxisorientierte Logistik. 2. Auflage. Stuttgart 2000

Bousonville, Thomas; Wiggen, Michael: Eine simulations- und internetbasierte Trainingsumgebung für das Management von Logistiknetzwerken; www.biba.uni-bremen.de/projects/logtrain/download/MD_logistik99_bou_wig.pdf

Busch, Axel; Dangelmaier, Wilhelm (Hrsg.): Theorie und Praxis effektiver unternehmensübergreifender Geschäftsprozesse. Wiesbaden 2002

Chopra, Sunil: Supply Chain Management. London 2000

Christopher, Martin: Logistics and Supply Chain Management: Strategies for Reducing Cost and Improving Service. London 1998

Cohen, Shsoshanah; Roussel, Joseph: Strategic Supply Chain Manamgement. The Five Disciples for Top Performance. New York 2005

Corsten, Daniel; Gabriel, Christoph: Supply Chain Management erfolgreich umsetzen. Grundlagen, Realisierung und Fallstudien. Berlin 2002

Graf, Hartmut; Putzlocher, Stefan: DamlerChrysler: Integrierte Beschaffungsnetzwerke. S. 47-61 in: Corsten, Daniel; Gabriel, Christoph: Supply Chain Management erfolgreich umsetzen. Grundlagen, Realisierung und Fallstudien. Berlin 2002

Ehrmann, Harald: Logistik. 3. Auflage. Ludwigshafen am Rhein 2001

Hill, James: Basics of Supply Chain Management. Boca Raton 2000

Hillen, Stefanie; Paul, Gunnar; Puschhof, Frank: Systemdynamische Lernumgebungen. Modellbildung und Simulation im kaufmännischen Unterricht. Frankfurt am Main 2002

Hughes, Jon u.a.: Supply Chain Management - So steigern Sie die Effizienz Ihres Unternehmens durch perfekte Organisation der Wertschöpfungskette. Landsberg 2000

Jost, Wolfram; Scheer, August-Wilhelm (Hrsg.): ARIS in der Praxis. Gestaltung, Implementierung und Optimierung von Geschäftsprozessen. Berlin 2002

Kuhn, Axel; Hellingrath, Bernd: Supply Chain Management: Optimierte Zusammenarbeit in der Wertschöpfungskette. Berlin 2002

La Roche, Ulrich; Simon, Martin: Geschäftsprozesse simulieren. Flexibel und zielorientiert führen mit Fließmodellen. Zürich 2000

Lawrenz, Oliver u.a.: Supply Chain Management. Konzepte, Erfahrungsberichte und Strategien auf dem Weg zu digitalen Wertschöpfungsnetzen. 2. Auflage

Marquardt, Ulrich u.a.: Integrative Logistikstrategien. http://www.diebold.de/media/ pdf/ SCM_Studie_Inhalt.pdf

Melzer-Ridinger, Ruth: FAQ Supply Chain Management. Troisdorf 2003

Milling, Peter; Größler, Andreas: Management von Material- und Informationsflüssen in Supply Chains: System-Dynamics-basierte Analysen. Forschungsberichte der Fakultät für Betriebswirtschaftslehre, Universität Mannheim, Nr. 2001-01, Mannheim 2001

Moritz, Petra; Zandonella Bruno: Europa für Einsteiger. Bonn 1998

Rosenkranz, Friedrich: Geschäftsprozesse: modell und computergestützte Planung. Berlin 2002

Rump, Frank: Geschäftsprozessmanagement auf der Basis ereignisgesteuerter Prozessketten. Stuttgart 1999

Scheer, August-Wilhelm u.a. (Hrsg.): Business Process Change Management. ARIS in Practice. Berlin 2003

Scheer, August-Wilhelm u.a. (Hrsg.): Business Process Excellence. ARIS in Pracice. Berlin 2002

Scheid, Wolf-Michael: Unerkannte Abhängigkeiten mindern die Leistungsfähigkeit automatisierter Lager. material management 8.Jg., November 2001, S. 18-21

Schulte, Christof: Logistik. Wege zur Optimierung des Material- und Informationsflusses. 3. Auflage. München 1999

Seidlmeier, Heinrich: Prozessmodellierung mit ARIS: Eine beispielorientierte Einführung für Studium und Praxis. Wiesbaden 2002

Senge, Peter: The Fifth Discipline. New York 1990

Simchi-Levi, David u.a.: Designing and Managing the Supply Chain. Concepts, Strategies, and Case Studies. Boston 1999

Smith, Adam: Der Wohlstand der Nationen. München 1974 (urspr. 1776)

Sommerer, Gerhard: Unternehmenslogistik. Ausgewählte Instrumentarien zur Planung und Organisation logistischer Prozesse. München 1998

Staud, Josef: Geschäftsprozessanalyse. Ereignisgesteuerte Prozessketten und objektorientierte Geschäftsprozessmodellierung für Betriebswirtschaftliche Standardsoftware. 2. Aufl., Berlin 2001

Sterman, John: Business Dynamics. Systems Thinking and Modeling for a Complex World. Boston 2000

Thaler, Klaus: Supply Chain Management. Prozessoptimierung in der logistischen Kette. Köln 2001

Weber, Jürgen; Dehler, Markus: Entwicklungsstand der Logistik. S. 45-68 in: Pfohl, Hans-Christian: Supply Chain Management: Logistik plus? Logistikkette – Marketingkette – Finanzkette. Darmstadt 2000

Werner, Hartmut: Supply Chain Management. Grundlagen, Strategien, Instrumente und Controlling. Wiesbaden 2000

Wiendahl, Hans-Peter (Hrsg.): Erfolgsfaktor Logistikqualität: Vorgehen, Methoden und Werkzeuge zur Verbesserung der Logistikleistung. 2. Auflage. Berlin 2002

Stichwortverzeichnis

Printed in Germany
by Amazon Distribution
GmbH, Leipzig